普通高等教育"十一五"国家级规划教材

U0365886

董小园 编著

Java面向对象
程序设计

21世纪计算机科学与技术实践型教程

丛书主编 陈明

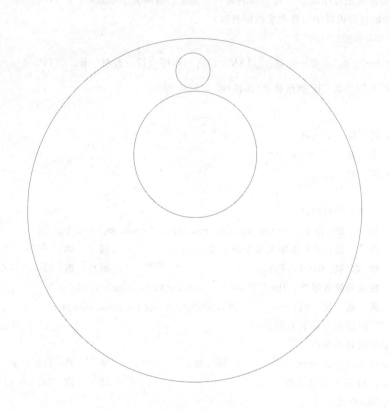

清华大学出版社

北京

内 容 简 介

本书以面向对象程序设计思想为主线,将 Java 语法知识及应用程序的开发贯穿其中,让读者在理解面向对象编程思想的同时逐步掌握 Java 程序设计语言,并且在能够使用 Java 编写应用程序后,建立起完整的面向对象编程思想体系。

全书共 13 章,内容包括 Java 概述、面向对象编程中的对象、基本数据类型、运算符、数组、方法、类的定义、对象的使用、类库、继承、接口、多态、异常处理、可视化程序开发、多线程等。本书重点是 Java 程序编写、类与对象、继承和多态三部分,最后通过一个完整的可视化程序开发实例将主要知识点进行了综合应用。

本书行文流畅,实例丰富,描述细致严谨,并提供相关电子资料(清华大学出版社网站下载)可作为高等院校相关专业的 Java 程序设计课程教材,也可作为 Java 语言的自学用书。

图书在版编目(CIP)数据

Java 面向对象程序设计 / 董小园编著. —北京:清华大学出版社,2011.6(2021.12 重印)
(21 世纪计算机科学与技术实践型教程)
ISBN 978-7-302-24886-6

Ⅰ. ①J… Ⅱ. ①董… Ⅲ. ①JAVA 语言－程序设计－教材 Ⅳ. ①TP312

中国版本图书馆 CIP 数据核字(2011)第 033265 号

责任编辑:谢 琛 张为民
责任校对:梁 毅
责任印制:宋 林

出版发行:清华大学出版社
    网 址:http://www.tup.com.cn,http://www.wqbook.com
    地 址:北京清华大学学研大厦 A 座   邮 编:100084
    社 总 机:010-62770175   邮 购:010-83470235
    投稿与读者服务:010-62776969,c-service@tup.tsinghua.edu.cn
    质 量 反 馈:010-62772015,zhiliang@tup.tsinghua.edu.cn
印 装 者:三河市龙大印装有限公司
经 销:全国新华书店
开 本:185mm×260mm   印 张:21   字 数:498 千字
版 次:2011 年 6 月第 1 版   印 次:2021 年 12 月第 13 次印刷
定 价:59.00 元

产品编号:040521-05

《21 世纪计算机科学与技术实践型教程》

序

　　21 世纪影响世界的三大关键技术：以计算机和网络为代表的信息技术；以基因工程为代表的生命科学和生物技术；以纳米技术为代表的新型材料技术。信息技术居三大关键技术之首。国民经济的发展采取信息化带动现代化的方针，要求在所有领域中迅速推广信息技术，导致需要大量的计算机科学与技术领域的优秀人才。

　　计算机科学与技术的广泛应用是计算机学科发展的原动力，计算机科学是一门应用科学。因此，计算机学科的优秀人才不仅应具有坚实的科学理论基础，而且更重要的是能将理论与实践相结合，并具有解决实际问题的能力。培养计算机科学与技术的优秀人才是社会的需要、国民经济发展的需要。

　　制订科学的教学计划对于培养计算机科学与技术人才十分重要，而教材的选择是实施教学计划的一个重要组成部分，《21 世纪计算机科学与技术实践型教程》主要考虑了下述两方面。

　　一方面，高等学校的计算机科学与技术专业的学生，在学习了基本的必修课和部分选修课程之后，立刻进行计算机应用系统的软件和硬件开发与应用尚存在一些困难，而《21 世纪计算机科学与技术实践型教程》就是为了填补这部分空白。将理论与实际联系起来，使学生不仅学会了计算机科学理论，而且也学会了应用这些理论解决实际问题。

　　另一方面，计算机科学与技术专业的课程内容需要经过实践练习，才能深刻理解和掌握。因此，本套教材增强了实践性、应用性和可理解性，并在体例上做了改进——使用案例说明。

　　实践型教学占有重要的位置，不仅体现了理论和实践紧密结合的学科特征，而且对于提高学生的综合素质，培养学生的创新精神与实践能力有特殊的作用。因此，研究和撰写实践型教材是必需的，也是十分重要的任务。优秀的教材是保证高水平教学的重要因素，选择水平高、内容新、实践性强的教材可以促进课堂教学质量的快速提升。在教学中，应用实践型教材可以增强学生的认知能力、创新能力、实践能力以及团队协作和交流表达能力。

　　实践型教材应由教学经验丰富、实际应用经验丰富的教师撰写。此系列教材的作者不但从事多年的计算机教学，而且参加并完成了多项计算机类的科研项目，他们把积累的经验、知识、智慧、素质融于教材中，奉献给计算机科学与技术的教学。

　　我们在组织本系列教材过程中，虽然经过了详细的思考和讨论，但毕竟是初步的尝试，不完善甚至缺陷不可避免，敬请读者指正。

本系列教材主编　陈明

2005 年 1 月于北京

前　言

1. 写作意图

本书的全部编写工作自始至终秉承一个主旨,即"为面向对象编程技术 Java 语言的初学者提供一套有效的学习资料,并倡导一种全新的学习方式"。

本书打破了同类书籍的传统结构,充分考虑到读者在学习中可能出现的各种问题和感受,提出以面向对象程序设计思想为引导的学习思路,并提供大量在教学实践中积累而来的典型实例及经验总结,带领读者通过不断地编写程序掌握 Java 语言的核心思想及应用。希望本书能够最大限度地给予读者在学习、工作上的帮助。

2. 主要内容

全书共 13 章,各章内容简介如下:

第 1 章对 Java 的含义、特点、工作方式等进行了介绍,对 Java 程序的结构、基本语法、编写及运行做了详尽的描述,让读者直接通过程序编写去感受 Java。

第 2~4 章对面向对象思想中的类和对象进行了介绍和探讨,并融入 Java 语法知识进行详细讲解。

第 5 章从时间、空间的角度对类与对象的定义、应用进行更深入的研究。

第 6 章介绍 Java 类库的典型应用。

第 7 章和第 8 章将面向对象思想的学习带入更高层次的继承和多态。

第 9 章介绍 Java 的异常处理机制,帮助读者进一步完善程序编写。

第 10 章和第 11 章集中讲授 Java 可视化界面程序的实现。

第 12 章对 Java 多线程进行了介绍。

第 13 章是 Java 程序设计基础综合应用实例。

除正文外,本书还提供了 Java 编程环境准备、关键词索引等附录,以方便读者在学习中查阅。

3. 本书特色

(1) 注重实践、例程丰富。

本书配有大量程序例子,并对实例做了详细的说明。各章正文前均给出一个综合体现本章知识点的完整实例,每章各知识点均有丰富的典型例程。全书的所有实例均由作者从教学及实践中积累、筛选而来,尽量做到内容易懂、特点突出。

(2) 资料完善、辅助学习。

每章都配有实验与训练指导,并给出详细参考答案。本书还提供了 JDK 1.6、Eclipse 3.1 的安装和使用说明,引导读者使用主流开发工具,在实操中掌握编程理论。同时还提供配套的 PPT 讲义。

(3) 描述精准、生动易懂。

作者尽量考虑到读者在阅读及学习过程中可能出现的各种问题和感受,以最通俗易懂的语言对内容进行叙述,并使用比喻、举例、图、表等多种方式对较抽象的知识点进行描述,还总结了大量操作步骤、注意事项、内容要点,对重要描述和关键代码进行了加粗显示,以最直观高效的方式帮助读者掌握各章节内容的精髓。作者在撰写本书时均查阅了相关资料及经典书籍,书中重要词汇的描述和解释、关键性叙述等力求做到准确。

4. 读者对象

本书适用于以下读者使用:

(1) 希望全面了解并掌握面向对象程序设计思想及应用的读者。

(2) 希望学习 Java 程序设计语言并进行实际应用的读者。

(3) 希望找到良好的配套教学资源的读者。

读者学习使用本书之前,需要具备基本的程序设计知识,但可以不必了解 C 语言或面向对象程序设计的思想。

5. 技术支持

本书提供相关的电子资料,包括 PPT 讲义、实验与训练参考代码和综合实例完整代码,可以在清华大学出版社网站(www. tup. com. cn)下载,也可以通过电子邮箱 xydong2011@gmail.com 与作者联系后获取。

由于作者水平有限,书中难免有不妥之处,敬请同仁和广大读者批评指正。

作　者

2011 年 4 月

目　　录

第 1 章　了解 Java ……………………………………………………………… 1

1.1　Java 概述 …………………………………………………………………… 2

　　1.1.1　什么是 Java …………………………………………………………… 2

　　1.1.2　Java 的特点 …………………………………………………………… 2

　　1.1.3　Java 的工作方式 ……………………………………………………… 3

　　1.1.4　Java 技术平台简介 …………………………………………………… 3

　　1.1.5　Java 开发环境的准备 ………………………………………………… 3

1.2　开发 Java 应用程序 ………………………………………………………… 4

　　1.2.1　两类 Java 程序 ………………………………………………………… 4

　　1.2.2　一个简单的 Java 应用程序 …………………………………………… 4

　　1.2.3　代码编写及保存 ……………………………………………………… 5

　　1.2.4　程序编译及运行 ……………………………………………………… 5

　　1.2.5　初识类 …………………………………………………………………… 7

1.3　main()方法与命令行参数 ………………………………………………… 7

1.4　Java 基本语法 ……………………………………………………………… 10

　　1.4.1　基本数据类型 ………………………………………………………… 10

　　1.4.2　标识符命名规则及规范 ……………………………………………… 10

　　1.4.3　注释语句 ……………………………………………………………… 11

　　1.4.4　流程控制语句 ………………………………………………………… 12

　　1.4.5　选择结构语句 ………………………………………………………… 12

　　1.4.6　循环结构语句 ………………………………………………………… 16

1.5　了解 Java Applet 小程序 ………………………………………………… 20

　　1.5.1　Java Applet 小程序实例代码及结构分析 …………………………… 20

　　1.5.2　Java Applet 小程序的编译和运行 …………………………………… 21

　　1.5.3　Java Applet 小程序的使用说明 ……………………………………… 22

1.6　初学 Java 的注意事项 …………………………………………………… 23

　　1.6.1　注意事项 ……………………………………………………………… 23

　　1.6.2　常见错误 ……………………………………………………………… 23

实验与训练 ……………………………………………………………………… 24

第2章　面向对象的"对象" ……………………………………………………… 25

2.1　面向对象程序设计思想 ……………………………………………………… 26
2.2　认识对象 ……………………………………………………………………… 27
2.2.1　对象的概念 ………………………………………………………… 27
2.2.2　对象的两种成员 …………………………………………………… 27
2.2.3　对象之间的关系 …………………………………………………… 28
2.3　认识类 ………………………………………………………………………… 28
2.3.1　类的概念 …………………………………………………………… 28
2.3.2　类的定义 …………………………………………………………… 29
2.4　类与对象的关系 ……………………………………………………………… 30
2.5　创建第一个对象 ……………………………………………………………… 30
2.5.1　对象的声明 ………………………………………………………… 30
2.5.2　对象的创建 ………………………………………………………… 31
2.5.3　对象的使用 ………………………………………………………… 32
2.5.4　对象的引用与对象的实体 ………………………………………… 33
实验与训练 ……………………………………………………………………… 35

第3章　对象的属性——成员变量详述 …………………………………………… 37

3.1　变量与基本数据类型 ………………………………………………………… 39
3.1.1　整数类型 …………………………………………………………… 39
3.1.2　浮点类型 …………………………………………………………… 39
3.1.3　字符类型 …………………………………………………………… 40
3.1.4　逻辑类型 …………………………………………………………… 40
3.1.5　数据类型的转换 …………………………………………………… 41
3.2　常量 …………………………………………………………………………… 43
3.3　字符串类型 …………………………………………………………………… 44
3.4　运算符 ………………………………………………………………………… 45
3.4.1　算术运算符 ………………………………………………………… 45
3.4.2　自增、自减运算符 ………………………………………………… 46
3.4.3　关系运算符 ………………………………………………………… 47
3.4.4　逻辑运算符 ………………………………………………………… 48
3.4.5　赋值运算符 ………………………………………………………… 49
3.4.6　条件运算符 ………………………………………………………… 49
3.5　数组 …………………………………………………………………………… 50
3.5.1　数组的声明 ………………………………………………………… 50
3.5.2　数组的创建 ………………………………………………………… 51

3.5.3 数组的初始化 ……………………………………… 53

3.5.4 数组的 length 属性 ……………………………… 55

3.5.5 数组元素的使用 …………………………………… 56

3.5.6 类类型数组 ………………………………………… 60

3.5.7 数组的引用 ………………………………………… 63

3.6 接收用户输入的数据 ………………………………………… 64

3.7 成员变量 ……………………………………………………… 69

3.7.1 成员变量的默认值 ………………………………… 69

3.7.2 复杂类型的成员变量 ……………………………… 71

实验与训练 ……………………………………………………… 73

第 4 章 对象的行为——成员方法 …………………………… 75

4.1 自定义方法 …………………………………………………… 77

4.1.1 方法的定义和调用 ………………………………… 77

4.1.2 方法的返回值 ……………………………………… 79

4.1.3 方法的参数 ………………………………………… 81

4.1.4 实参与形参之间的数据传递 ……………………… 83

4.1.5 引用型数据做方法参数 …………………………… 84

4.2 类中的方法 …………………………………………………… 86

4.3 方法重载 ……………………………………………………… 87

4.4 构造方法 ……………………………………………………… 89

4.4.1 构造方法的定义 …………………………………… 89

4.4.2 构造方法的使用 …………………………………… 90

4.5 封装与 Getters、Setters 方法 …………………………… 93

实验与训练 ……………………………………………………… 96

第 5 章 生命周期及作用域 …………………………………… 97

5.1 对象的生命周期 ……………………………………………… 98

5.1.1 对象生命周期的开始与结束 ……………………… 98

5.1.2 对象生命周期结束的三种情况 …………………… 98

5.2 作用域 ………………………………………………………… 99

5.2.1 语句块限定作用域 ………………………………… 99

5.2.2 不同语句块中的同名变量 ………………………… 100

5.3 访问权限 ……………………………………………………… 102

5.3.1 公共变量和公共方法 ……………………………… 103

5.3.2 受保护的变量和方法 ……………………………… 104

5.3.3 默认包范围的变量和方法 ………………………… 104

5.3.4 私有变量和私有方法 ……………………………… 104

　　　　　5.3.5　不同访问修饰符修饰的类 ················· 108

　　5.4　类的静态成员 ················· 108

　　　　　5.4.1　静态成员变量 ················· 108

　　　　　5.4.2　静态成员方法 ················· 110

　　5.5　包 ················· 112

　　　　　5.5.1　package 语句 ················· 112

　　　　　5.5.2　使用包 ················· 112

　　实验与训练 ················· 113

第 6 章　Java 常用类 ················· 115

　　6.1　Eclipse 集成开发环境 ················· 116

　　6.2　Java 常用类及核心包 ················· 116

　　6.3　Integer 类及其他基本数据类型类 ················· 117

　　　　　6.3.1　基本数据类型类介绍 ················· 117

　　　　　6.3.2　Integer 类 ················· 117

　　　　　6.3.3　其他基本数据类型类 ················· 119

　　6.4　Math 类 ················· 120

　　6.5　Random 类 ················· 122

　　6.6　JOptionPane 类 ················· 123

　　　　　6.6.1　确认对话框 ················· 123

　　　　　6.6.2　提示输入文本对话框 ················· 124

　　　　　6.6.3　显示信息对话框 ················· 124

　　　　　6.6.4　OptionDialog 对话框 ················· 125

　　　　　6.6.5　显示标准对话框方法说明 ················· 126

　　　　　6.6.6　标准对话框应用实例 ················· 128

　　6.7　Vector 类 ················· 130

　　6.8　字符串类详述 ················· 132

　　　　　6.8.1　String 类 ················· 132

　　　　　6.8.2　StringBuffer 类 ················· 134

　　　　　6.8.3　String 类与 StringBuffer 类的异同 ················· 136

　　6.9　使用 Java API 文档 ················· 137

　　实验与训练 ················· 139

第 7 章　面向对象中的继承 ················· 141

　　7.1　类的继承 ················· 142

　　　　　7.1.1　继承的实现 ················· 143

　　　　　7.1.2　继承的层次 ················· 144

　　　　　7.1.3　继承的意义 ················· 145

　　　　7.1.4　所有类的父类——Object 类　……………………………………… 145

　7.2　子类覆盖父类的方法　……………………………………………………… 147

　　　　7.2.1　方法覆盖　…………………………………………………………… 147

　　　　7.2.2　Java 中静态方法和非静态方法覆盖的区别　………………………… 148

　7.3　子类与父类的进一步说明　………………………………………………… 149

　　　　7.3.1　关于子类的构造方法　……………………………………………… 149

　　　　7.3.2　this 关键字的使用　………………………………………………… 151

　　　　7.3.3　super 关键字的使用　……………………………………………… 152

　　　　7.3.4　父类和子类对象的转换　…………………………………………… 153

　　　　7.3.5　继承的使用说明　…………………………………………………… 156

　7.4　面向对象编程的多态　……………………………………………………… 156

　　　　7.4.1　运行时多态　………………………………………………………… 156

　　　　7.4.2　方法重载与方法覆盖的比较　……………………………………… 158

　实验与训练　………………………………………………………………………… 158

第 8 章　面向对象中的多态　……………………………………………………… 160

　8.1　final 关键字　………………………………………………………………… 161

　　　　8.1.1　final 修饰的最终类　………………………………………………… 162

　　　　8.1.2　final 修饰的最终方法　……………………………………………… 162

　　　　8.1.3　final 修饰的常量　…………………………………………………… 163

　8.2　抽象类与抽象方法　………………………………………………………… 163

　　　　8.2.1　抽象类与抽象方法的定义　………………………………………… 163

　　　　8.2.2　抽象类与抽象方法的使用　………………………………………… 164

　　　　8.2.3　对抽象类与抽象方法的总结　……………………………………… 166

　8.3　接口　………………………………………………………………………… 167

　　　　8.3.1　接口的定义　………………………………………………………… 167

　　　　8.3.2　接口的使用　………………………………………………………… 167

　　　　8.3.3　接口的相关说明　…………………………………………………… 171

　8.4　多态的应用　………………………………………………………………… 172

　　　　8.4.1　多态的进一步理解　………………………………………………… 172

　　　　8.4.2　抽象类与接口的多态性应用　……………………………………… 173

　　　　8.4.3　多态使用的注意事项　……………………………………………… 177

　实验与训练　………………………………………………………………………… 178

第 9 章　使用异常处理　…………………………………………………………… 180

　9.1　异常和异常处理　…………………………………………………………… 181

　　　　9.1.1　异常和异常类　……………………………………………………… 181

　　　　9.1.2　try…catch…finally…语句块　……………………………………… 182

9.1.3　使用异常处理的相关说明 ……………………………… 184

9.2　自定义异常 ……………………………………………………… 186

9.2.1　自定义异常类 …………………………………………… 186

9.2.2　throw 与 throws 的使用 ……………………………… 189

实验与训练 …………………………………………………………… 190

第 10 章　基于 Swing 的图形界面编程 ……………………………… 191

10.1　图形界面编程与相关包 ………………………………………… 193

10.1.1　GUI 与 AWT 包、Swing 包 ………………………… 193

10.1.2　Swing 包简介 …………………………………………… 194

10.1.3　编写 GUI 程序的注意事项 …………………………… 196

10.2　窗口的实现 ……………………………………………………… 196

10.2.1　框架类 JFrame ………………………………………… 196

10.2.2　面板类 JPanel …………………………………………… 199

10.3　组件类的使用 …………………………………………………… 200

10.3.1　组件的添加与去除 ……………………………………… 200

10.3.2　设置组件的大小与位置 ………………………………… 200

10.3.3　设置组件的颜色和字体 ………………………………… 201

10.3.4　设置组件的可用性与可见性 …………………………… 202

10.4　按钮与标签 ……………………………………………………… 203

10.4.1　按钮类 JButton ………………………………………… 203

10.4.2　标签类 JLabel …………………………………………… 207

10.4.3　自定义具备组件的框架类 ……………………………… 208

10.5　文本输入组件 …………………………………………………… 211

10.5.1　文本框类 JTextField …………………………………… 211

10.5.2　文本区类 JTextArea …………………………………… 212

10.5.3　密码框类 JPasswordField ……………………………… 213

10.6　选择性组件 ……………………………………………………… 214

10.6.1　复选框类 JCheckBox …………………………………… 214

10.6.2　单选按钮类 JRadioButton ……………………………… 217

10.6.3　组合框类 JComboBox …………………………………… 219

10.7　菜单组件 ………………………………………………………… 220

10.7.1　菜单栏类 JMenuBar …………………………………… 221

10.7.2　菜单类 JMenu …………………………………………… 221

10.7.3　菜单项类 JMenuItem …………………………………… 222

10.7.4　菜单组件综合应用 ……………………………………… 225

10.8　Swing 布局管理 ………………………………………………… 227

10.8.1　FlowLayout 布局 ………………………………………… 227

　　　　10.8.2　BorderLayout 布局 ·················· 228
　　　　10.8.3　GridLayout 布局 ···················· 230
　　　　10.8.4　null 布局及其他布局 ················ 232
　　　　10.8.5　布局方式的配合使用 ·············· 234
　　10.9　其他 Swing 高级组件 ···················· 236
　　　　10.9.1　表格类 JTable ······················ 236
　　　　10.9.2　树类 JTree ·························· 238
　　　　10.9.3　滚动窗格类 JScrollPane ············ 240
　　　　10.9.4　拆分窗格类 JSplitPane ············· 243
　　实验与训练 ······································ 245

第 11 章　可视化程序的事件处理 ················· 247

　　11.1　事件处理机制 ·························· 249
　　　　11.1.1　Java 事件处理机制 ················ 249
　　　　11.1.2　事件处理接口及事件类 ············ 250
　　　　11.1.3　使用事件处理机制 ·············· 251
　　11.2　常用组件的事件处理 ··················· 252
　　　　11.2.1　按钮的单击事件处理 ·············· 253
　　　　11.2.2　其他组件的事件处理 ·············· 254
　　11.3　窗口事件处理 ·························· 258
　　11.4　鼠标事件处理 ·························· 260
　　　　11.4.1　鼠标事件处理的实现 ·············· 260
　　　　11.4.2　鼠标指针的设置 ·················· 262
　　11.5　键盘事件处理 ·························· 264
　　　　11.5.1　键盘事件处理的实现 ·············· 264
　　　　11.5.2　组合键事件的处理 ················ 267
　　11.6　对话框的应用 ·························· 268
　　　　11.6.1　常用对话框类 JDialog ············· 269
　　　　11.6.2　文件对话框类 JFileChooser ········ 270
　　　　11.6.3　颜色对话框类 JColorChooser ······· 273
　　实验与训练 ······································ 275

第 12 章　Java 多线程机制 ······················· 278

　　12.1　多线程机制 ···························· 279
　　　　12.1.1　进程与线程 ······················ 279
　　　　12.1.2　多线程机制 ······················ 280
　　12.2　线程的创建 ···························· 280
　　　　12.2.1　使用 Thread 类 ···················· 280

12.2.2 使用 Runnable 接口 ………………………………… 282

12.3 线程的生命周期及控制 ………………………………… 283

12.3.1 线程的生命周期和状态 ………………………… 284

12.3.2 多线程的基本控制及方法 ……………………… 284

12.4 线程的同步机制 …………………………………………… 285

12.5 计时器 Timer 类 ………………………………………… 285

实验与训练 …………………………………………………………… 288

第 13 章 综合实例——计算器的设计 …………………………… 289

13.1 项目描述 …………………………………………………… 289

13.2 需求分析 …………………………………………………… 289

13.3 概要设计 …………………………………………………… 290

13.4 详细设计 …………………………………………………… 291

13.4.1 主框架的设计和实现 …………………………… 291

13.4.2 数字按钮 ………………………………………… 292

13.4.3 小数点按钮 ……………………………………… 293

13.4.4 正负号按钮 ……………………………………… 294

13.4.5 等号按钮 ………………………………………… 295

13.4.6 运算按钮 ………………………………………… 296

13.4.7 退格按钮 ………………………………………… 297

13.4.8 清空按钮 ………………………………………… 298

13.4.9 退出按钮 ………………………………………… 299

13.5 完整源代码 ………………………………………………… 299

附录 A Java 开发环境的准备 ……………………………………… 309

附录 B Eclipse 的安装和使用 …………………………………… 312

索引 ………………………………………………………………………… 318

第 1 章　了解 Java

学习目标：

- 了解什么是 Java 程序设计语言；
- 理解 Java 的工作方式；
- 掌握 Java 程序框架，理解类和方法的结构；
- 熟悉简单 Java 应用程序的书写格式；
- 在 Java 环境下编写第一个 Java 程序并执行。

不论是否接触过程序设计，大家都听说过 Java。在当今信息化时代，Java 的应用早已渗透到我们的日常生活当中。从本章开始，将近距离接触 Java 编程。

学习完本章内容后，可编写、运行简单的 Java 应用程序。

例 1-1　一个完整的 Java 应用程序。

将用户输入的命令行参数转换为整数，找出该整数的所有因子并将它们显示在屏幕上。

```java
public class MyApplication {

    public static void main(String[] args) {

        int num=Integer.parseInt(args[0]);
        System.out.println("因子就是所有可以整除这个数的数,但是不包括这个数
自身。");
        System.out.println(num+"的因子有:");
        for(int i=1;i<num;i++){
            if(num%i==0)
                System.out.print(i+" ");
        }
        System.out.println();

    }

}
```

程序运行结果如图 1-1 所示。

图 1-1　例 1-1 程序运行结果

程序的编写和执行步骤参见 1.2.3 节和 1.2.4 节。

1.1　Java 概述

1.1.1　什么是 Java

Java 是一种面向对象的程序设计语言。

可以使用 Java 编写大型的应用程序，还可以针对 Internet 进行网络开发。在当今很多新兴的技术领域（如电子商务、手机游戏等），Java 也大显身手，成了主流的开发语言。

提到 Java，我们总会联想到一杯冒着热气的咖啡，即，它是 Java 的标志。Java 一词的原意是盛产咖啡的爪哇岛，Sun 公司的开发人员设计出了编程语言，并为它命名 Java。

1.1.2　Java 的特点

Java 令人感到如此亲切并大受欢迎，是因为它与以往的程序设计语言不同，有很多自己独到的优秀之处：

1. 简单

Java 易学易用。Java 是用来和计算机打交道的语言，虽然我们容易对"计算机程序设计语言"感到陌生而心生畏惧，但同样用来表达和沟通，却比我们学过的古文、英语都要简单得多。

2. 面向对象

早先的程序设计语言都是面向过程的，Java 采取更先进的面向对象编程思想，更符合人的思维模式，更容易解决现实世界中的复杂问题。

3. 与平台无关

不管你的计算机是什么品牌、什么配置、什么操作系统，只要安装了 Java 运行环境，就可以运行 Java 编写的程序，对别人来说也一样。即 Java 编写的程序可以跨平台使用，"一次写成，处处运行"。Sun 公司提出并实现的"write once，run anywhere"，在编程领域是非常经典的一句话。

4. 多线程

多线程使 Java 编写的程序可以在执行的时候"同时"完成多个任务。其实每个时刻处理器还是只执行一个任务，但它以毫秒级的速度在不同任务间切换，快得让人察觉不到,所以产生了是多个任务在"同时"执行的错觉。

5. 安全

在 Internet 应用上,可以放心地运行 Java Applet 小程序,不必担心病毒和其他恶意企图,Java Applet 小程序被限制在 Java 运行环境中,不会访问计算机的其他部分。

6. 动态

Java 程序中有些内容是用户自己编写的,有些是从类库中拿来用的,类在运行时动态装载,使得 Java 可以在分布环境中动态地维护程序及类库。

Java 还有很多其他特性,上面提到的也许还不是很好懂,以后会慢慢学到并逐渐领悟。

说明:可以登录 Sun 公司的 Java 网站 http://java.sun.com,或 Java 中国官方网站 http://www.java.com/zh_CN,在那里几乎可以找到所需的所有 Java 信息。

1.1.3　Java 的工作方式

用 Java 语言开发应用程序,首先要编写好程序代码,通常称为编写源文件,源文件要保存成后缀为.java 的文件。源文件写好后要检查有没有错误,如果没有问题就要进一步生成字节码文件,这个过程叫做编译,产生的字节码文件后缀是.class。把字节码文件交给计算机的 Java 虚拟机,就会产生适合当前计算机执行的内容,运行可以看到这个应用程序的结果。整个过程如图 1-2 所示。

图 1-2　Java 工作方式

计算机并不是把编写的 Java 源代码直接拿过来执行,它需要的是字节码文件。不管什么样的计算机和操作系统,字节码文件都能被 Java 虚拟机转换成适合具体环境执行的内容,这就实现了 Java 的平台无关性。

1.1.4　Java 技术平台简介

Java 平台分为三种,以适用于不同应用领域的程序开发,它们是:

(1) J2SE:Java 标准版,适用于开发桌面应用程序。

(2) J2ME:Java 微型版,适用于嵌入式消费产品,如为手机、掌上计算机、电视机顶盒等进行程序开发。

(3) J2EE:Java 企业级版,用来构建企业级服务应用。

本书学习并使用的是 J2SE。

1.1.5　Java 开发环境的准备

Java 程序是与平台无关的,它依赖的是 Java 虚拟机。为此必须安装 Java 软件开发工具 JDK,目前最新的版本是 JDK 1.6。安装 JDK,也就是安装了开发并支持 Java 程序运行的环境。安装后还需要设置一下当前计算机的环境变量,使 JDK 对整个系统有效。这样 Java 的开发环境便准备好了。

Java 开发环境准备的具体步骤参阅附录 A。

1.2 开发 Java 应用程序

1.2.1 两类 Java 程序

使用 J2SE 可以开发两种程序:Java 应用程序和 Java 小程序。它们各自的特点是:Java 应用程序(Java Application)能在支持 Java 的平台上通过 Java 解释器独立运行,Java 小程序(Java Applet)需要通过支持 Java 的浏览器来运行。

本书对 Java 编程的讲授是围绕 Java 应用程序开发展开的,实例均为 Java 应用程序代码。

1.2.2 一个简单的 Java 应用程序

例 1-2 图 1-3 右半部分是一个简单的 Java 应用程序源代码,代码左半部分对应的是其基本框架。

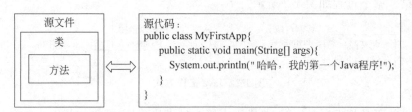

图 1-3 Java 程序框架

从左半部分的程序框架中可以看出,这个程序包含一个类,类的内部又包含一个方法。源代码中的大括号和结构图中的层次关系相对应,其中 public class MyFirstApp 声明了一个公共类,MyFirstApp 是类的名称,由用户指定;public static void main(String[] args)声明了一个方法,main 方法有特殊的含义。

每一个 Java 应用程序必须定义一个 main 方法,main 方法是程序运行的起始位置,方法首部为 public static void main(String s[]),除小括号中的 s 可由用户自定义外,其他部分书写必须与此严格一致。

这个程序运行时将在输出界面上显示"哈哈,我的第一个 Java 程序!"。由此可见,System. out. println()是用来实现输出功能的。System. out. println()能够输出小括号里的内容,然后换行,光标出现在下一行首位置。此外,还可以用 System. out. print()实现输出功能,它们的区别在于后者输出内容后不换行。

1.2.3 代码编写及保存

现在来编写这个 Java 程序。只需要打开记事本，输入代码，然后保存成后缀为 .java 的文件就可以了，如图 1-4 所示。

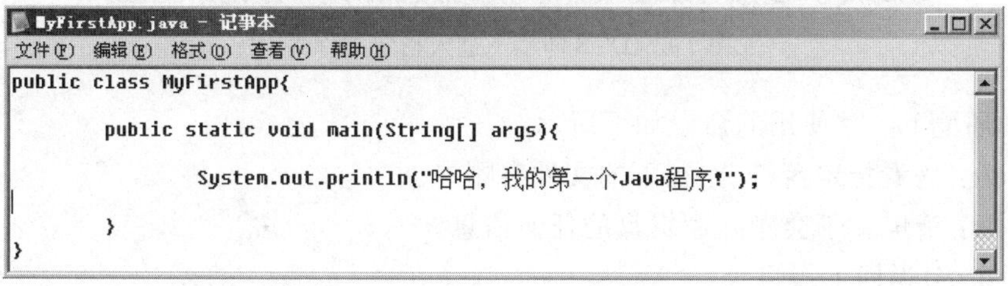

```
MyFirstApp.java - 记事本
文件(F) 编辑(E) 格式(O) 查看(V) 帮助(H)
public class MyFirstApp{

        public static void main(String[] args){

                System.out.println("哈哈，我的第一个Java程序！");

        }

}
```

图 1-4　在记事本中编写 Java 程序

现在对 Java 的了解还非常有限，所以编写代码时要十分认真，要注意字母的大小写、中英文输入法的切换、拼写、空格等，如双引号、分号等必须使用英文输入法输入，否则会引起不易察觉的编写错误而导致程序无法运行。

记事本并不是专门用来编写 Java 程序的工具，有很多专门支持 Java 程序开发的工具，具备对代码进行自动检验、自动提示等功能。Eclipse 开发工具就是其中之一。

编写完成后，保存成 MyFirstApp.java 文件。

注意：

（1）Java 规定，如果源代码中有公共类（public 修饰的类），那么文件保存的名称必须和该类一致，并且 main 方法通常放在这个类中。

（2）公共类只能写一个。

（3）如果源代码中没有公共类，那么文件名称和任意一个类名称一致就可以了。

保存文件时，一定要把保存类型选为"所有文件"，然后再输入后缀为 .java 的完整文件名称，如图 1-5 所示。否则文件有可能默认后缀仍为 .txt 的文本文件。

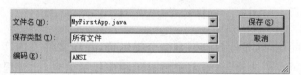

文件名(N):	MyFirstApp.java		保存(S)
保存类型(T):	所有文件		取消
编码(E):	ANSI		

图 1-5　Java 源文件的保存

1.2.4 程序编译及运行

假设把源文件保存在了 F:\demo 文件夹下，那么就要在 DOS 环境中进入相应的位置，然后通过相应 Java 命令对源代码进行编译、执行。

1. DOS 环境下进入相应文件夹

选择"开始"→"运行"命令，在弹出的"运行"对话框中的"打开"下拉列表框中输入 cmd，出现 MS-DOS 窗口。在命令行输入"f："，进入 F 盘。在命令行输入 cd demo，进入

demo 文件夹,如图 1-6 所示。

图 1-6 DOS 环境下进入指定文件夹

DOS 环境下经常使用的命令如下所示。

(1) dir:查看指定盘符、路径下的文件有哪些。

(2) cls:清屏。不会删除逻辑盘的任何信息。

(3) cd..:返回上级目录。

(4) cd\:返回根目录。

(5) cd 文件夹名:进入子目录,改变当前目录。如 cd demo 为进入当前位置下的 Demo 目录(文件夹)。

(6) 盘符:进入指定逻辑盘,改变当前逻辑盘。如"D:✓"为进入到 D 盘。

另外,在打开当前 DOS 环境下,历史输入的所有命令可以通过键盘上的上下箭头快捷地找到。

2. 编译源文件

目录位置正确后,在命令行输入 javac MyFirstApp. java,然后按 Enter 键,如图 1-7 所示。

图 1-7 编译 Java 源文件 MyFirstApp. java

如果程序没有问题,则光标自动回到命令提示符,并在文件夹内产生相应的. class 字节码文件。如果代码有语法错误,屏幕中将显示相应提示信息,此时程序不能进一步被执行。修改代码排除错误后,新的源程序需要重新编译,直到确定无误为止。

3. 运行程序

在命令行输入 java MyFirstApp,刚才编译产生的字节码文件被解释并运行,将看到程序的运行结果,如图 1-8 所示。

对 Java 程序编译和运行的总结:

(1) javac 是 JDK 提供的 Java 源程序编译器,用来对源程序进行语法检查并将其翻译成适合当前计算机运行的字节码文件,使用时其后必须写上源程序的文件全名。如 javac MyFirstApp. java 就是对 MyFirstApp. java 这个源文件进行编译。

(2) java 是 JDK 提供的解释器,用来解释字节码文件,同时执行其指令,实现程序的

图 1-8 程序 MyFirstApp 运行结果

运行。如 java MyFirstApp 就是将编译后的字节码放在解释器上执行。

从中可以看出,java 语言的执行过程是先编译后解释执行的。

1.2.5 初识类

类是组成 Java 程序的基本结构单元,它的具体功能和含义将在第 2 章介绍,目前只需要知道形如

```
public class MyFirstApp{
    //…
    //类内部成员定义
    //…
}
```

这样的代码就是一个类。

可以在源程序中编写一个或多个类,每个类都要符合上面的格式。

编写类的注意事项:

(1) class 很重要,不能写错,它是定义类的关键字。

(2) class 前面是访问修饰符,有时写 public,有时不写或写别的。

(3) 如果在一个源程序中定义了多个类,则其中只能有一个公共类(public 修饰),公共类的名称必须与文件名称保持拼写和大小写一致。

(4) class 后面的 MyFirstApp 是类的名称,可以在符合"标识符命名规则及规范"(见1.4.2 节)的前提下随便写,但就像姓张的人不会起名字叫张牙舞爪,随便起名是不好的,要像专业开发人员那样规范地给类命名。

(5) 定义类一定不要忽略那对大括号{},要按上面代码的样子写,类的内容都要写在这对大括号里。

在 Java 中,所有的东西都会属于某个类。想想编译之后产生的字节码文件后缀.class,它实际就是类文件。程序运行时,Java 虚拟机会加载这些类,找到程序的入口,然后执行一系列语句。

1.3 main()方法与命令行参数

main()方法是每个 Java 应用程序执行的入口,源程序中必须有一个类包含该方法,main()方法通常写在 public 修饰的公共类中。Java 程序的执行从 main()方法的第一条

语句开始,到它的所有代码执行结束为止。

main()方法的方法头必须严格书写为 public static void main(String[] args),其中 args 可以由用户修改为其他名称,其他部分不允许修改,若有变动则 Java 识别不到程序的入口,程序不能被运行。

main 方法参数表中的 String[] args 叫做命令行参数,这是一个字符串数组,可以接收执行程序的同时用户所给的一些初始数据。

例 1-3 命令行参数的使用:接收用户在命令行输入的内容并进行显示。

```java
public class ArgsTest {
    public static void main(String[] args) {
        System.out.println("您输入的第一个命令行参数是"+args[0]);
            String s=args[1];
            System.out.println("您输入的第二个命令行参数是"+args[1]);
    }
}
```

编译并运行程序,如图 1-9 和图 1-10 所示。

图 1-9 编译例 1-3 程序

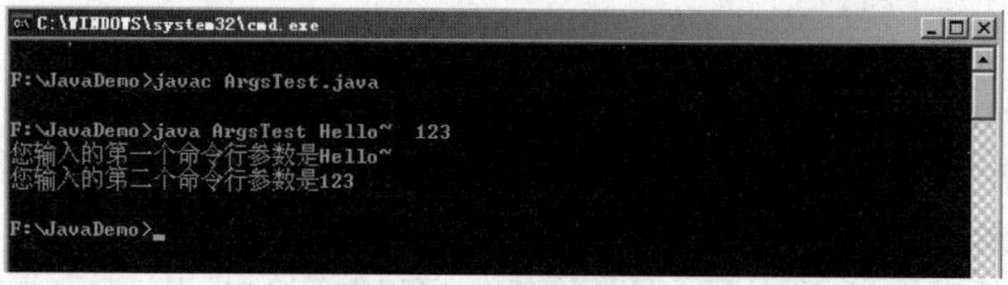

图 1-10 运行例 1-3 程序

执行本例时,在命令行输入的是 java ArgsTest Hello~ 123,其中的 Hello~ 和 123 就是命令行参数。main()方法的 args[]用来接收在命令行输入的数据,如果执行 java 程序时带一个参数,这个参数就放在 args[0]里面;如果带两个参数,那么第一个参数放在 args[0]里面,第二个参数放在 args[1]里面,依此类推。命令行带有多个参数时,各参数之间用空格分开,在本例中,Hello~ 放在 args[0]里,123 存放在 args[1]里。

命令行参数都是字符串。用户可以输入任意内容,所有内容都作为字符序列被接收进来。因此可以使用 System. out. println()直接输出命令行参数的内容,也可以将命令行参数保存到 String 字符串类型的变量中再使用。

注意:若运行程序时没有给出足够的命令行参数,则会产生异常程序运行出错,如图 1-11 所示。

例 1-4 命令行参数的使用:接收用户在命令行输入的两个整数,输出它们的和。

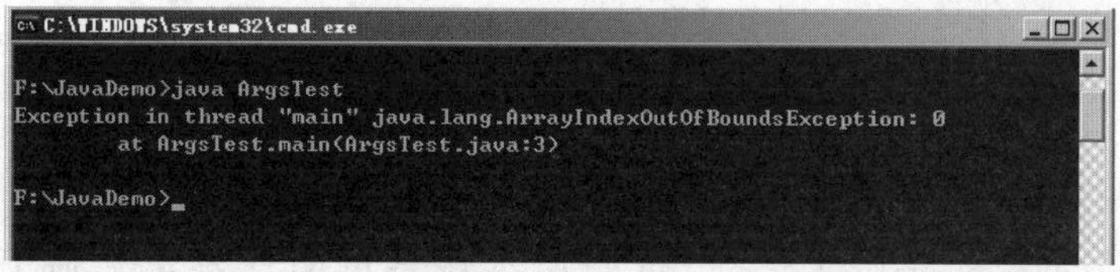

图 1-11 运行时未给出足够数据而导致异常

```java
public class SumTest {
    public static void main(String[] args) {
        int a, b, sum;
        a=Integer.parseInt(args[0]);   //将 args[0]由字符串转换为整数
        b=Integer.parseInt(args[1]);   //将 args[1]由字符串转换为整数
        sum=a+b;
        System.out.println(a+"+"+b+"="+sum);
    }
}
```

编译并运行程序,如图 1-12 和图 1-13 所示。

图 1-12 编译例 1-4 程序

图 1-13 运行例 1-4 程序

在本例中,3 存放在 args[0]里,5 存放在 args[1]里。由于命令行参数都是字符串类型的数据,因此,如果需要把输入的内容当成其他类型数据来用,需要使用一些方法进行类型转换,常用的类型转换方法如下。

例如,假设命令行参数输入了"7 3.5 ABC",则会有下列几种情况:

(1) 将字符串"7"转换为整数 7 存到变量 a 中。

```java
int a=Integer.parseInt(args[0]);
```

(2) 将字符串"3.5"转换为单精度实数 3.5 存到变量 b 中。

```java
float b=Float.parseFloat(args[1]);
```

(3) 将字符串"3.5"转换为双精度实数 3.5 存到变量 c 中。

```
double c=Double.parseDouble(args[1]);
```

（4）得到字符串"ABC"中的第二个字符，存到变量 ch 中。

```
char ch=args[2].charAt(1); //位置索引值从 0 开始计数
```

其中的 Integer. parseInt（）专门负责把小括号里的字符串转换为整数，Float. parseFloat()用来把小括号里的字符串转换为单精度实数，Double. parseDouble()把小括号里的字符串转换为双精度实数，charAt()按照小括号中的索引数值得到字符串相应位置的字符。

用 System. out. println()实现输出时，双引号内是照原样显示的内容，要输出变量、表达式的值时，只需要用加号"＋"把各部分连接在一起就可以了。

1.4 Java 基本语法

1.4.1 基本数据类型

Java 的基本数据类型总结如表 1-1 所示。

表 1-1 基本数据类型

数据类型		内存位	运算
整型	byte	8	＋，－，＊，/，％，＋＋，－－，＋＝，＜＜，＞＞，…
	short	16	
	int	32	
	long	64	
浮点型	float	32	
	double	64	
布尔型	boolean	8	&&，||，！
字符型	char	16	＋，－，＊，/，…

将在第 3 章详细介绍各类型的定义及使用。这里要理解，Java 的基本数据类型与它们的字面名称含义类似，使用方式也与日常理解相同。但布尔类型值得注意，布尔类型用来表示逻辑值，只有真、假两种取值，Java 用 true 和 false 来代表。布尔类型变量不能保存这两个值之外的其他任何数据，而且不能转换为整数。

注意：很多其他编程语言没有专门表示真假的数据，通常把逻辑值转换为整数 0 或 1，要注意区分它们。

1.4.2 标识符命名规则及规范

在程序中经常要自己定义一些常量、变量、类、方法等，定义时所起的名称是一些有效

字符组成的序列,被称为标识符。Java有严格的标识符命名规则:

(1) 由字母、数字、下划线(_)或美元符号($)组成。

(2) 不能用数字做第一个字符。

(3) 标识符区分大小写。

(4) 中间不能出现空格。

(5) 不能与关键字重名。

Java所有的关键字如下:

abstract	continue	finally	interface	public	throw
boolean	default	float	long	return	throws
break	do	for	native	short	transient
byte	double	if	new	static	true
case	else	implements	null	super	try
catch	extends	import	package	switch	void
char	false	instanceof	private	synchronized	volatile
class	final	int	protected	this	while

良好的Java编程习惯提倡在标识符命名时除符合语法规定外,还要符合专业的命名规范。

Java的命名规范及约定通常有:

(1) 每个名字可以由几个单词连接而成。

(2) 对于类名,每个单词的开头字母应该大写。如MyFirstApp。

(3) 对于方法名和变量名,类似类名的命名规则,但第一个字母不用大写,即从第二个单词开始首字母大写。如myMethod()。

(4) 常量应该用全部大写的标识符定义。

(5) 包名应该全部小写。如java.awt.*中的awt包。

包的概念及相关知识将在第5章详细介绍。

1.4.3 注释语句

给程序的关键代码加上注释语句,能够使程序更容易阅读,增强代码的可维护性,这是编写程序的良好习惯。

注释语句通常是对代码功能和用途的说明,开发人员可以使用任意文字进行注释的编写,因为注释语句在程序编译时都会被忽略,就好像不存在一样。

Java语言中注释的语法有三种:单行注释、多行注释和文档注释。

1. 单行注释

以两个斜线开始,其后续内容都是注释的内容,注释内容不能换行。单行注释一般书写在需要说明的代码的上一行,或者该行代码的结束处。如:

```
//将命令行参数 args[0]转换为整数,存至变量 a 中
int a=Integer.parseInt(args[0]);
```

```
int sum=0; //声明用来存放求和结果的变量 sum
```

2. 多行注释

多行注释可以将注释内容书写在任意多行,一般用于说明比较复杂的内容,例如程序逻辑或算法实现原理等。

多行注释以"/＊"开始,以"＊/"结束,中间是任意多行注释内容,当然也可以把它们写在同一行。如:

```
/*
    将命令行参数 args[0]转换为整数,
    存至变量 a 中
*/
int  a=Integer.parseInt(args[0]);
```

3. 文档注释

文档注释一般对程序的结构进行说明,如类、属性、方法和构造方法的说明,文档注释可以被提取出来形成程序文档的注释格式。

文档注释以"/＊＊"开始,以"＊/"结束,中间是任意多行注释内容。形如:

```
/**
    注释内容
*/
```

在实际的项目开发中,在修改代码后,一定要修改对应的注释内容,保持代码和注释内容的同步一致。

1.4.4　流程控制语句

语句是构成程序的基本单位,每一条语句都以分号";"结束。不同的语句能够控制程序运行时不同的执行流程,Java 的控制语句分为三大结构:顺序、选择、循环。

顺序结构是 Java 程序最基本的结构,实际上 Java 程序就是按照语句出现的先后顺序,自上而下执行的。

选择结构和循环结构相对略复杂一些,经常会出现复合语句的使用。复合语句也称块语句,是包含在一对大括号中的语句序列。复合语句内可以定义数据,但这些数据仅在定义它的复合语句内有效,复合语句内还可以包含另外的复合语句。

1.4.5　选择结构语句

选择结构语句分为 if 条件语句和 switch 开关语句,其中 if 语句又有三种结构,它们的格式分别如下。

1. 单分支 if 选择结构语句

```
if ( 表达式 ) {
```

```
    //若干语句;
}
```

例 1-5　得到一个数的绝对值。

```
public class AbsTest{                              //声明一个叫做 AbsTest 的公共类
    public static void main(String[] args){       //main 方法首部
        int a=-7;                                 //声明一个整型变量 a 并赋初值为 10
        if (a<0)                                  //如果 a 是负数就变成正的,得到绝对值
            a=-a;
        System.out.println ("这个数的绝对值是"+a);   //输出结果
    }                                             //main 方法结束
}                                                 //AbsTest 类结束
```

程序运行后在屏幕上显示:

这个数的绝对值是 7

2. 双分支 if 选择结构语句

```
if (表达式){
    若干语句;
}
else{
    若干语句;
}
```

例 1-6　得到两个整数中的较大值。

```
public class MaxTest{                              //声明一个叫做 MaxTest 的公共类

    public static void main(String[] args){    //main 方法首部
        int a=3, b=7, bigger=0;               //声明三个整型变量并分别赋初值
        //下面的 if else 语句对 a 和 b 进行大小比较,将较大值保存到 bigger 中
        if(a>=b)
            bigger=a;
        else
            bigger=b;
        System.out.println("a 和 b 的较大值是"+bigger);    //输出 a、b 中的较大值
    }                                         //main 方法结束

}
```

程序运行后在屏幕上显示:

a 和 b 的较大值是 7

例 1-7　得到若干个整数中的较大值。

可以采用方法定义和方法调用的方式来实现最大值的比较,这样做的好处是凡遇到比较数的情况都可以采用方法调用来解决,无需每次重新写 if else 语句。Java 中方法的介绍见第 4 章。

```java
public class MaxTest02{                                //声明一个叫做 MaxTest02 的公共类

    public static void main(String[] args){    //main 方法首部
        int a=3, b=7, c=9, m=0;                //声明 4 个整型变量并分别赋初值
        m=max(a,b);      //调用 max 方法得到 a、b 中的较大值存至变量 m 中
        System.out.println("a 和 b 的较大值是 "+m);          //输出 a、b 中的较大值
        //下面的语句在输出中调用 max 方法得到 m 与 c 的较大值并显示结果
        System.out.println("a、b、c 三个数的最大值是 "+max(m,c));
    }                                          //main 方法结束

    public static int max(int num1, int num2){ //max 方法首部
        //比较大小并返回较大值
        if(num1>num2)
            return num1;
        else
          return num2;
    }                                          //max 方法结束

}                                              //MaxTest 类结束
```

程序运行后在屏幕上显示:

a 和 b 的较大值是 7
a、b、c 三个数的最大值是 9

3. 多分支 if 选择结构语句

```java
if (表达式){
    若干语句;
}
else if (表达式){
    若干语句;
}
else if (表达式){
    若干语句;
}
else{
    若干语句;
}
```

例 1-8   台风预警。根据风力的所在范围,发出不同级别的预警信息。

台风预警信号共分 5 级,分别是白色、绿色、黄色、红色和黑色。风力 6 级以下为白色

台风信号;风力 6~7 级为绿色台风信号;风力 8~10 级为黄色台风信号;风力 11~12 级为红色台风信号;风力 12 级以上为黑色台风信号。

```java
public class StormLevel {
    public static void main(String[] args) {
        int wind=Integer.parseInt(args[0]);   //将命令行输入的风力转换为整数
        if(wind<6)
            System.out.println("白色台风信号");
        else if(wind<=7)
            System.out.println("绿色台风信号");
        else if(wind<=10)
            System.out.println("黄色台风信号");
        else if(wind<=12)
            System.out.println("红色台风信号");
        else
            System.out.println("黑色台风信号");
    }
}
```

编译并运行程序,如图 1-14 和图 1-15 所示。

图 1-14 编译例 1-8 程序

图 1-15 运行例 1-8 程序

if else 语句的使用注意事项:

(1)条件要用小括号括起来。

(2)小括号内必须是 boolean 类型表达式或数据。

(3)小括号后不要乱加分号。

(4)执行语句为多条时,要使用大括号把这一系列语句括起来。

(5)else 必须和 if 搭配使用。

(6)多分支结构要注意 if else 的配对,建议执行语句均用大括号括起来。

(7)多分支结构各个条件之间要注意共同构成的情况判断的完整性。

4. switch 多分支开关语句

```
switch(整数表达式){
    case 常量表达式 1:
                    若干语句;
                    break;
    case 常量表达式 2:
                     若干语句;
                     break;
  ⋮
case 常量表达式 n:
                    若干语句;
                    break;
    default:
                    若干语句;
}
```

例 1-9　学校开运动会,规定第一名奖励一副羽毛球拍,第二名奖励一副乒乓球拍,第三名奖励一对哑铃,第四名到第六名都是奖励运动水壶一个。根据命令行输入的名次,看看能得到什么奖品?

```java
public class RankTest {
    public static void main(String[] args) {
        int rank;
        rank=Integer.parseInt(args[0]);   //将命令行输入的名次转换为整数
        switch(rank){
        case 1: System.out.println("得到一副羽毛球拍"); break;
        case 2: System.out.println("得到一副乒乓球拍"); break;
        case 3: System.out.println("得到一对哑铃"); break;
        case 4:
        case 5:
        case 6: System.out.println("得到一个运动水壶"); break;
        default:System.out.println("未取得名次,下次加油!");
        }
    }
}
```

switch 语句的使用注意事项:

(1) 小括号里的表达式只能是整型或字符型表达式。

(2) case 中的值必须是整型或字符型常量,且互不相同。

(3) 多个 case 要执行相同的操作,可共用一组语句。

(4) 使用 break 语句完成开关功能,避免各个 case 执行混乱。

1.4.6　循环结构语句

循环结构语句是根据某些条件进行判断,条件成立的时候就反复执行某些语

句。Java 中的循环语句主要有 while 循环、do…while 循环和 for 循环语句，如图 1-16
所示。

循环结构语句 { while：当满足条件才执行循环体 } 循环体内要有趋向条件结束的语句
do…while：先执行循环体再判断条件
for：最灵活的循环语句

图 1-16　三种循环结构语句

三种循环结构语句的格式如下。

1. while"当型"循环语句

while"当型"循环语句执行流程如图 1-17 所示。

```
while( 表达式 ){

循环体语句;

}
```

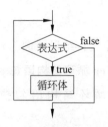

例 1-10　求 1～10 的累加和，用 while 语句实现。　　图 1-17　while 循环语句执行流程

```
public class SumDemo1{
    public static void main(String[] args) {
        int i=1, sum=0;
        while (i<=10){
            sum=sum+i;
            i=i+1;
        }
        System.out.println("1~10 的累加和是"+sum);
    }
}
```

程序运行后在屏幕上显示：

1~10 的累加和是 55

2. do…while"直到型"循环语句

do…while"直到型"循环语句执行流程如
图 1-18 所示。

```
do
{
    循环体语句;

}while(表达式);
```

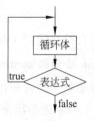

图 1-18　do…while 循环语句执行流程

例 1-11　求 1~10 的累加和,用 do…while 语句实现。

```java
public class SumDemo2 {
    public static void main(String[] args) {
        int i=1, sum=0;
        do{
            sum+=i;         //相当于语句 sum=sum+i;
            i++;            //相当于语句 i=i+1;
        }while (i<=10);
        System.out.println("1~10 的累加和是"+sum);
    }
}
```

程序运行结果同例 1-10。

3. for 循环结构语句

for 循环结构语句执行流程如图 1-19
所示。

```java
for (表达式 1;表达式 2;表达式 3){
    循环体语句;
}
```

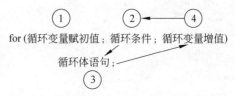

图 1-19　for 循环结构语句执行流程

for 循环结构语句的执行流程如图 1-19 所示,按照标号依次执行各部分语句,如果标号 2 处的循环条件成立,则按箭头方向进入循环,直到某次判断条件不再成立,循环结束。

for 循环语句小括号中的第 1 部分和第 4 部分可以根据具体情况写多个表达式,中间用逗号分开即可。如下面例子中小括号里第 1 部分给 i 和 sum 两个变量赋初值。

例 1-12　求 1~10 的累加和,用 for 语句实现。

```java
public class SumDemo3{
    public static void main(String[] args) {
        int i , sum ;
        for(i=1, sum=0; i<=10; i++)
            sum+=i;    //sum=sum+i;
        System.out.println("1~10 的累加和是"+sum);
    }
}
```

程序运行结果同例 1-10。

4. break 语句和 continue 语句

在循环语句中经常使用 break 和 continue 语句,用这两个关键字加上分号就构成了执行语句。break 语句用来结束当前循环体的执行,把控制转移到循环体外下一个可执行语句。continue 语句用来跳过循环体中它后面的所有语句,控制转移到循环体的条件判断处。

例 1-13　找到能够同时被 3,7,13 整除的最小的数,使用 break 帮助实现。

```java
public class FindNumber1 {
    public static void main(String[] args) {
        int i=13;
        while (true){
            //由三个数中最大的 13 开始不断增大,查找,若找到同时能够整除
            //的数则立即退出循环,输出结果
            if(i%3==0 && i%7==0 && i%13==0)
                break;
            i++;
        }
        System.out.println("能够同时被 3,7,13 整除的最小的数是"+i);
    }
}
```

程序运行后在屏幕上显示:

能够同时被 3,7,13 整除的最小的数是 273

例 1-14　在 50～100 之间,有谁是 13 的倍数? 使用 continue 帮助实现。

```java
public class FindNumber2 {
    public static void main(String[] args) {
        int i;
        System.out.print("50~100 之间 13 的倍数有:");
        for(i=50; i<=100; i++){
            if (i%13!=0)                //若当前整数不能被 13 整除,则跳过输出进入下一循环
                continue;
            System.out.print(i+" ");
        }
    }
}
```

程序运行后在屏幕上显示:

50~100 之间 13 的倍数有:52 65 78 91

循环结构语句的使用注意事项:

(1)条件要用小括号括起来,小括号后不要随便加分号。

(2)while 与 do…while 语句不要忘记给变量赋初值,循环体内要有影响条件变化的语句。

(3)for 循环语句小括号内有时根据情况可省略某些部分,如变量在前面使用赋值语句已赋好初值,则小括号内第一部分可省略。但注意两个分号无论何时都必须要写。

(4)循环体为多条语句时,要用大括号将它们括起来形成复合语句。

1.5　了解 Java Applet 小程序

1.5.1　Java Applet 小程序实例代码及结构分析

例 1-15　一个 Java Applet 小程序。

```
import  java.awt.*;                          //引入 java.awt 包的所有内容
import  java.applet.Applet;                  //引入 java.applet 包里的 Applet 类

public class  FirstApplet  extends  Applet{
    public void paint(Graphics g){
        g.drawString("欢迎学习 java 语言",20,20);  //在 (20,20)位置显示文字
    }
}
```

代码的前两行使用 import 关键字引入 java.awt 包里的所有内容,引入 java.applet 包里的 Applet 类。对 Applet 小程序来说这是必须要写的。

Java Applet 小程序也是由一个个类组成的,在代码中必须有一个主类继承 Applet 类。在本例中,程序只有一个类 FirstApplet,它从 Applet 类继承而来,代码中的 extends Applet 表明了这一点。继承的概念将在第 7 章介绍。

Applet 小程序不需要 main()方法,它有和程序运行执行入口、执行顺序相关的多个方法,本例使用的是 paint()方法。

注意:paint()方法不能随意乱写,其修饰符、返回值类型、方法名、参数表都要严格和例 1-15 一致,它是用来在输出界面上绘制内容的方法。

g.drawString()方法用来在输出界面上显示文字,小括号内第一个参数是输出内容,后两个参数指明输出的位置(x、y 坐标)。输出界面坐标系以左上角(0,0)为原点,x 轴和 y 轴分别向右、向下正向增大。

Applet 小程序不是本书重点,故此处不做细致的分析,读者只需掌握本例的编写和运行即可。更多讲解请参考相关书籍。

与 Java 应用程序一样,源代码编写完成后保存为后缀是 .java 的文件,同样要求文件名称与公共类名称保持一致,包括拼写和大小写等,如图 1-20 所示。

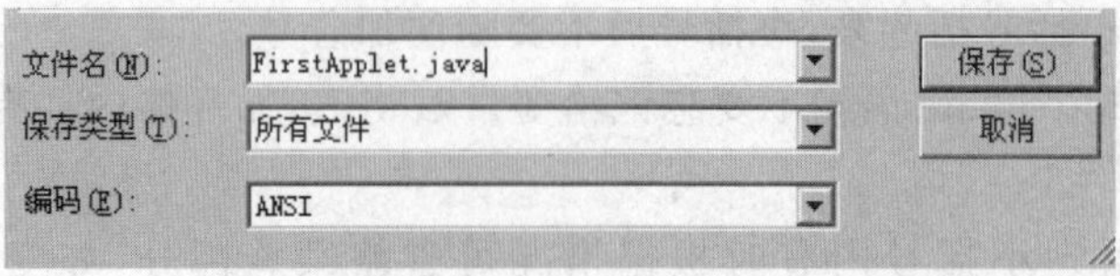

图 1-20　保存 Applet 小程序源文件

1.5.2　Java Applet 小程序的编译和运行

1. 代码编译

与 Java 应用程序一样，在 DOS 环境下使用 javac 编译源文件，如图 1-21 所示。

图 1-21　编译 Applet 小程序源文件

2. 编写一个 HTML 文档

Java Applet 由浏览器运行，因此需要编写一个超文本文件，该文件应含有 applet 标记的 Web 页，以通知浏览器来运行某个 Java Applet。可以使用记事本编写该文件，代码如图 1-22 所示。

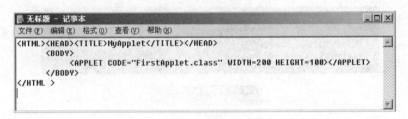

图 1-22　支持 Applet 运行的超文本文件

将代码保存为后缀为.html 或.htm 的文件，文件名可以自己命名，如图 1-23 所示。

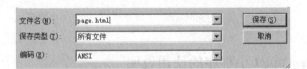

图 1-23　保存超文本文件

注意：所需的超文本文件不是必须按上面的代码来写，也可简单写为：

```
<applet  code="FirstApplet.class"  width=300 height=100></applet>
```

也就是说，只要在超文本文件中通过如上代码指定浏览器要运行哪个 Applet 小程序即可。Applet 小程序的字节码文件名后缀为.class。

3. 运行 Applet 小程序

运行 Java Applet 小程序有两种方法。

方法一：在浏览器中运行 page.html。直接将该文件拖曳至浏览器，或右键打开方式中选择浏览器即可，如图 1-24 所示。

方法二：使用 JDK 提供的测试用命令 appletviewer。在 DOS 命令行执行

图 1-24　Applet 小程序运行结果

appletviewer page.html，即可看到运行结果，如图 1-25 所示。

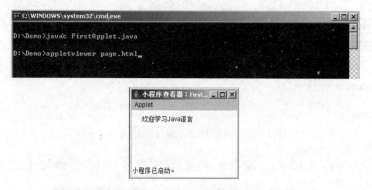

图 1-25　使用 appletviewer 命令运行 Applet 小程序

1.5.3　Java Applet 小程序的使用说明

Java Applet 小程序在本书中不做重点介绍，此处将 Applet 小程序编写的基本注意事项总结如下：

（1）Java Applet 小程序必须包含一个公共类。

（2）这个公共类必须是 java.applet.Applet 的子类。

（3）在保存文件时文件名必须与该类名一致。

（4）文件的扩展名必须是 java。

（5）Java Applet 小程序中没有 main 方法。

（6）必须有一个 paint 方法 public void paint(Graphics g){…}，paint 方法的作用就是在 applet 上绘图。

Applet 小程序也有很多丰富多彩的应用，它还具备其他诸多功能独特的方法，它与应用程序在编写、运行逻辑上有很大的区别。感兴趣的读者可查阅相关书籍进行学习。

1.6　初学 Java 的注意事项

1.6.1　注意事项

（1）标识符命名要符合命名规定和专业规范。

（2）程序代码书写注意拼写、大小写、中英文输入法的切换，成对符号（括号、引号等）要一起输入，然后退到符号中间输入内容。

（3）文件名称要和公共类名称完全一致。

（4）涉及 Java 程序的文件路径，应尽量避免出现空格和中文。如 jdk 的安装目录、自己编写程序所保存的文件夹目录等。

（5）在原有程序上进行代码修改后，要保存文件、重新编译，产生新的字节码后再运行，才能看到更改后新程序的运行结果。

1.6.2　常见错误

1. 无法读取文件

如图 1-26 所示，该错误通常由两种原因导致：

图 1-26　无法读取文件

（1）文件名称错误。如将 Demo01.java 误写为 Demo.java，因而找不到文件，提示无法读取。

（2）文件所在目录错误。如程序代码存在于 E:\mytest 文件夹内，误进入 E:\javatest 文件夹，因而找不到文件，提示无法读取。

2. 文件名错误

如图 1-27 所示，该错误表示文件名称与公共类名称不一致。在本例中，源代码的类名误写成 MyFristApp，其实中间的 ri 应该是 ir。

图 1-27　文件名错误

3. 非法字符错误

如图 1-28 所示,出现非法字符提示,通常都是在中文输入法的情况下输入了程序所用的符号。最常见而不易察觉的就是双引号、括号、分号等。在本例中,执行语句最后面的分号写成了中文字符的分号,应切换到英文输入法改正。

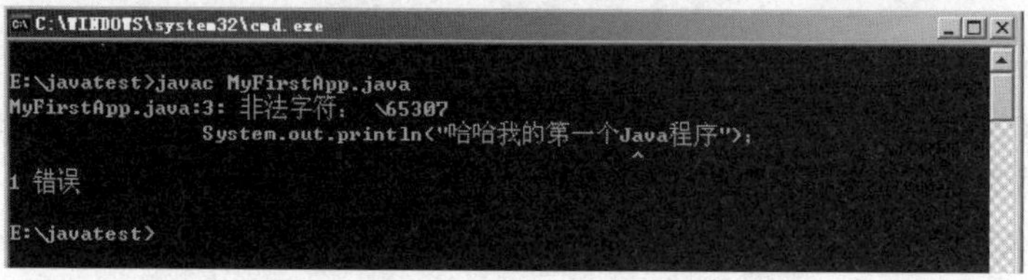

```
C:\WINDOWS\system32\cmd.exe

E:\javatest>javac MyFirstApp.java
MyFirstApp.java:3: 非法字符:  \65307
            System.out.println("哈哈我的第一个Java程序");
                                                          ^
1 错误

E:\javatest>
```

图 1-28　非法字符错误

实验与训练

1. 编写一个程序,将用户在命令行输入的 24 小时制时间转换为 12 小时制。

2. 用户输入 x 的数值,根据如下规则输出计算后的结果 y 值。

$$y = \begin{cases} x & (x < 1) \\ 2x - 1 & (1 \leqslant x < 10) \\ 3x - 11 & (x \geqslant 10) \end{cases}$$

3. 编写一个 Java 应用程序,由命令行参数输入一个百分制成绩,要求打印出成绩等级 A、B、C、D、E。90 分以上为 A;80~89 分为 B;70~79 分为 C;60~69 分为 D;60 分以下为 E。

要求使用 switch 语句实现。

程序运行结果如图 1-29 所示。

4. 假设今天是星期日,编写一个程序,求 n 天后是星期几。要求:n 的数值由命令行输入;使用 switch 语句实现。

5. 用户在命令行输入一个数字,按照数字输出相应个数的星号。

6. 编写程序,求 0~100 之间的偶数和。

要求:分别用 while 语句、do…while 语句和 for 循环语句实现。

图 1-29　第 3 题程序运行结果

7. 输入一个大于 1 的整数,求 1 到这个数的阶乘。用三种循环语句实现。

提示:5 的阶乘表示为 5!,计算公式为 5!=1×2×3×4×5。

8. 用 for 循环语句打印九九乘法表。

第 2 章　面向对象的"对象"

学习目标：

- 初步理解面向对象程序设计思想；
- 理解封装、继承与多态；
- 掌握类和对象的基本概念；
- 掌握 Java 中类与对象的关系、对象之间的关系；
- 掌握简单类的编写及对象的创建、使用。

在面向对象程序设计思想中，程序涉及的各方面内容都被看作对象，编写程序时并不直接考虑事情的起因、经过、结果，而是针对各个对象定义好其性能，再根据功能需求将它们应用起来。

对象由类创建。应用对象，可以编写出下面这样的程序。

例 2-1　使用面向对象思想，通过对学生对象的操作实现简单学生信息管理。

创建 Student 学生类对象可以保存学生的学号、姓名、年龄、成绩，能够储存信息、输出信息。使用该类创建多个对象，能够对多个学生的信息进行管理。

```java
class Student {          //定义 Student 学生类
    String ID;           //学号
    String name;         //姓名
    int age;             //年龄
    double score;        //成绩

    void setItem(String id, String n, int a, double s){     //设置各信息值
        ID=id;
        name=n;
        age=a;
        score=s;
    }

    void showInfo(){    //显示各信息
        System.out.println("学号:"+ID+" 姓名:"+name+" 年龄:"+age
                        +" 成绩:"+score);
    }
```

```
    }

public class StuTest {        //应用程序类,测试 Student 的使用
    public static void main(String[] args) {
        //创建三个学生类对象
        Student stu1=new Student();
        Student stu2=new Student();
        Student stu3=new Student();

        //设置各对象信息值
        stu1.setItem("00101","小明",18,85);
        stu2.setItem("00102","丽丽",17,80);
        stu3.setItem("00105","阿宝",18,77.5);

        //输出各对象信息
        stu1.showInfo();
        stu2.showInfo();
        stu3.showInfo();
    }
}
```

本例代码包含了两个类,文件名称要与公共类名称一致,因此要保存成 StuTest.java 文件。程序运行后的结果如图 2-1 所示。

图 2-1   使用学生类对象管理学生信息

2.1   面向对象程序设计思想

面向对象程序设计(Object Oriented Programming,OOP)的思想主旨是"基于对象的编程"。对象是对现实世界实体的模拟,因此可以更容易地去分析需求,可以把万事万物都看作是各种不同的对象。面向对象程序设计将事物的共同性质抽象出来,使用数据和方法描述对象的状态和行为。与旧有的面向过程编程思想相比,面向对象编程思想更看重用户的对象模型,更符合人的思维模式,编写的程序更健壮、高效且富有创造性。

这就像现实生活中开公司,如果采用传统的结构化分析与设计方法,那么开公司的这个人就要考虑每天先做什么、再做什么,事无巨细都得亲自过问,还要跨行业去处理事务,比如财务、人事、行政等。如果采用面向对象的思想,先分析好公司正常运营都需要哪些

部门、涉及哪些资源,每个岗位的要求和职能是什么,然后按照需求聘用人员、准备资源,每个人依职能办事,相互还可以合作,不但效率高,还能及时进行局部调整,公司一定开得红红火火。这里的各部门人员和资源就是对象,把对象都定义好了,需要时应用起来让对象们各自发挥作用就可以了。

由以上分析不难看出,面向对象程序设计使人们的编程与实际的世界更加接近,所有的对象被赋予属性和方法,编程就更加富有人性化。

面向对象程序设计达到了软件工程的三个主要目标:重用性、灵活性和扩展性。

面向对象的编程方法强调对象的"抽象"、"封装"、"继承"、"多态",它们是面向对象编程的核心,将在后续章节一一讲解。

2.2 认 识 对 象

Java 面向对象编程用对象来表示现实世界的各个事物。

2.2.1 对象的概念

对象可以是人们要进行研究的任何事物,不仅能代表具体的实体,还能表示抽象的规则、计划或事件。在面向对象程序设计中,把要处理的事物抽象成对象。

一个对象可以被认为是一个把数据(属性)和方法(行为)封装在一起的实体,其中对象的属性通过数据反映了对象当前的状态,对象的行为通过方法实现对象能够进行的操作。

比如一个学生,就可以看做是一个对象。他的学号、姓名、年龄、成绩等就是他的属性,学生能够对自己这些信息进行保存、输出等就是他的行为。

对应到 Java 程序中,会形成类似这样的语句:

```
Student stu=new Student();
stu.name="Tom";
stu.showInfo();
```

具体语法后面会详细介绍,这里简单看一下各语句的含义:

第一句中的 Student 泛指学生,stu 是一个具体的学生对象。该语句创建了一个学生类型的对象。

第二句的 stu.name 代表这个具体对象的姓名属性,该语句设置姓名为 Tom。

第三句是 stu 这个对象调用了 showInfo()方法来显示 stu 对象的所有属性信息。

当然,要实现同样的功能,在编写程序时不一定和这些语句一模一样,对象的创建和使用还要依赖类的定义(稍后描述"类")。

2.2.2 对象的两种成员

对象具有两种成员:成员变量和成员方法。成员变量代表对象的属性,成员方法代表对象的行为。属性和行为都描述清楚了,一个对象就明确了。

对象的成员变量：对象用一个或者多个变量来描述它的属性，变量是由用户标识符来命名的数据项。

对象的成员方法：对象用一个或多个方法来描述它的行为，方法是跟对象有关联的函数。方法通常用于改变对象的状态、实现对象相关的功能。

对象实现了数据和操作的结合，使数据和操作封装于对象的统一体中。

比如前面的语句中，stu 是对象，stu. name 中的 name 就是成员变量，代表姓名属性，可以存储数据；stu. showInfo()中的 showInfo()就是成员方法，代表对象输出自己信息的行为。当然，这里没有定义完整程序，看不出属性和方法该如何编写，这些内容的详细描述在第 3 章和第 4 章，只需记住对象有这样两种成员即可。

2.2.3　对象之间的关系

对象之间的关系如下：

（1）每个对象都是唯一的。

（2）同类型的对象一定具有完全相同的属性和行为，而且仅具有在该类中定义的变量和方法。

（3）同类型的对象具备相同的成员，但有各自的数据，执行自己的方法，相互独立。

例如，用学生这个对象来说明如下：

（1）每一个具体的学生都是唯一的。

（2）同样都是学生，每个学生都具备学号、姓名、年龄、成绩这些信息，都能输出这些信息。

（3）同一所学校的学生，每位学生的学号、姓名、年龄等都是针对自己而言的，学生之间是相互独立的，彼此的信息不会混淆。

对象和对象经常"打交道"：通过调用对象的各方法，对象进行"消息传递"，以实现程序的不同功能。消息传递涉及方法的调用者、所调用的方法、所传递的参数，有时候还和方法的返回值有关。消息传递实现了对象之间的交互。

2.3　认　识　类

要想使用对象，必须先有类。对象是由类创建出来的。

2.3.1　类的概念

对象是现实世界事物的模型，类（Class）就是创建这些模型的模板。类定义了对象需要描述的属性、具备的行为。可以把类看作创建对象的蓝图，从这个蓝图可以创建任意数量的对象。

在程序中，类实际上就是数据类型。为了模拟真实世界更好地解决问题，往往需要创建解决问题所必需的数据类型。比如要描述学生，Java 自身提供的基本数据类型是不足以直接表示这样复杂的内容的，因此就要定义相应的类，在类的内部描述学生具备的属性数据和行为方法。有了学生类,就可以进一步创建学生对象来使用了。

一个类创建的所有对象都有相同的成员。但是,每个对象都是一个独立的实体。

类是对客观世界的事物进行抽象思维活动后得到的"抽象数据类型",而对象则是类的实例。

2.3.2 类的定义

定义类要使用关键字 class,类定义时要指定包含的数据和操作这些数据的方法代码。

定义类的格式:

```
[修饰符] class 类名 [extends 父类名] [implements 接口名列表]{
{
    //声明成员变量
    //声明成员方法
}
```

格式中括号[]里面的内容不是必写内容,要根据具体情况写或不写。格式中出现的修饰符用来描述访问权限,extends 用来描述继承关系,implements 用来描述使用的接口。这些内容将在后面详细介绍,目前只需按照最基本的标准格式去定义类就可以了,即:

```
class 类名 {
{
    //声明成员变量
    //声明成员方法
}
```

关键字 class 后面的类名是由程序员自己给类起的名称,必须是合法的 Java 标识符。

定义一个简单的类:

```
class Box {
    double width;                           //属性长
    double height;                          //属性宽
    double depth;                           //属性高

    double volume(){                        //计算体积的方法
        return width * height * depth;
    }

    void setDim(double w, double h, double d){        //设置各属性值的方法
        width=w;
        height=h;
        depth=d;
    }
}
```

上述代码定义了一个名为 Box 的类。该类包含三个属性：长、宽和高，即 Box 类的三个成员变量：double 类型的 width、height 和 depth。该类还包含两个行为：能够计算盒子的体积、能够设置盒子的三个属性值，即两个成员方法：double volume( ) 和 void setDim(double w，double h，double d)。

Java 语言是由类组成的，对一个 Java 应用程序来说，main 方法是必须的，但并不是在每个类中都需要它。可以从这个角度把类分为两种：

（1）包含 main 主函数的类。这种类可以独立运行，每个 Java 程序中必须有一个这样的类，否则不能执行。

（2）不包含 main 主函数的类。这种类不能独立运行，是在程序代码的其他位置被使用的类。

前面的 Box 类就是第二种类。

2.4   类与对象的关系

对象的共性抽象为类，类的实例化就是对象。

类与对象的关系：

（1）类是创建对象所使用的模板。

（2）对象是类具体的实例。

在面向对象的程序设计语言中，具有共同属性的一组对象可以用一个"模板"来描述，这就是类。类不是对象，是一种抽象数据类型，是一组数据和方法的集合，它的作用就是生成对象。

就好像盖楼前要先设计好图纸，图纸就是类。按照图纸盖出的一幢幢楼房就是对象。

类生成对象后，内存就为这个对象分配了一块存储区。类可以生成无限多个对象，每个对象都有自己的一片内存区域。类中定义的数据和方法在每个对象里都有，分别存在各自的存储区中。对象相互独立，改变某个对象的数据不会影响其他对象的数据，每个对象使用自己的方法。

2.5   创建第一个对象

创建对象要使用关键字 new。创建一个对象包含两部分工作：对象的声明和为对象分配内存。

2.5.1   对象的声明

对象的声明格式如下：

类名 对象名；

使用前面定义的 Box 类来创建对象，则有：

```
Box myBox;
Box hisBox;
```

这两条语句分别用 Box 声明了对象。第一条语句声明了 Box 类的对象,名称为 myBox;第二条语句也声明了 Box 类的对象,名称为 hisBox。

声明对象后,内存空间中还不存在对象的实体,声明的只是对象的引用,但目前引用为空,比如 myBox 和 hisBox。

2.5.2 对象的创建

为对象分配内存要使用关键字 new,在这一步,对象才真正地被创建出来。使用 new 运算符为前面声明的对象进行创建如下:

```
myBox=new Box();
hisBox=new Box();
```

注意等号左边是已经声明过的对象,等号右边要写上 new 运算符,然后是类的名称及小括号。以后会学习到在创建对象时小括号里写参数的用法,目前只需空着就可以了,但注意小括号不能省略。等号的作用是把右边创建的对象实体所在内存空间地址赋值给左边声明的对象引用,实际上就是指明左边的对象名称代表的是右边创建的某个具体对象。

使用 new 创建对象后,对象就有了自己的实体。创建对象时,计算机按照类中成员变量和成员方法的定义,为当前对象相应的成员变量及成员方法分配内存单元。每个对象都有自己独立的一片内存空间。上述语句执行后,对象在内存中的状态如图 2-2 所示。

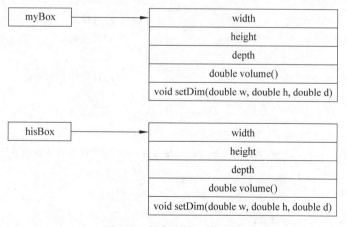

图 2-2 创建实体后的对象

也可以把对象的声明和对象的创建写在一条语句里,执行的时候仍然是先声明对象,然后根据类的定义去创建对象的实体。比如关于 Box 类对象的语句,可写成如下形式:

```
Box myBox=new Box();
Box hisBox=new Box();
```

2.5.3　对象的使用

要根据处理问题的需要来决定是否创建对象,要创建哪个类的对象。

创建一个类的对象就是为了能够使用在这个类中已经预定义好了的成员变量和成员方法。通过分量运算符".",对象可以实现对自己变量的访问及对自己方法的调用。

具体格式如下:

成员变量的访问:对象名.成员变量名
成员方法的访问:对象名.成员方法名(参数表)

例如,希望通过调用 Box 类的成员方法 setDim(),对 Box 类的对象 myBox 进行长、宽、高的赋值,则可以写为:

```
myBox.setDim(10,20,15);  //长、宽、高分别为 10,20,15
```

想输出 myBox 的三个成员变量长、宽、高,则可以写为:

```
System.out.println(myBox.Width+" "+myBox.height+" "+myBox.depth);
```

若要实现 Box 类的应用,还需要再写一个包含 main()方法的类,以实现程序的执行及 Box 类的使用。

例 2-2　定义盒子类并创建该类的对象。

```
class Box {
    double width;                               //属性长
    double height;                              //属性宽
    double depth;                               //属性高

    double volume(){                            //计算体积的方法
        return width * height * depth;
    }

    void setDim(double w, double h, double d){   //设置各属性值的方法
        width=w;
        height=h;
        depth=d;
    }
}

class  BoxTest{
    public static void main(String[] s){
        Box myBox=new Box();                     //创建 Box 类的对象 myBox
```

```
Box hisBox=new Box();                        //创建 Box 类的对象 hisBox
double myVol, hisVol;                        //用来存放体积结果的变量
myBox.setDim(10,20,15);                      //设置 myBox 对象的长宽高为 10,20,15
hisBox.setDim(3,6,9);                        //设置 hisBox 对象的长宽高为 3,6,9
myVol =myBox.volume();                       //调用 volume()方法得到 myBox 的体积值
hisVol=hisBox.volume();                      //调用 volume()方法得到 hisBox 的体积值
System.out.println("myVol is "+myVol);            //输出结果
System.out.println("hisVol is "+hisVol);
    }
}
```

程序运行结果如图 2-3 所示。

图 2-3　定义盒子类并创建该类的对象

注意通过对象名称引出的方法调用,如:

```
myBox.setDim(10,20,15);
myVol=theBox.volume();
```

通过对象名称及运算符".",再写对方法的名称并给出正确的实际参数,就发生了方法调用。控制从发生调用处转到方法体内,方法执行结束或遇到 return 语句时,控制返回到发生调用处。有关方法调用的具体内容见第 4 章。

2.5.4　对象的引用与对象的实体

当创建对象时,计算机会按照类的定义为各成员变量和成员方法分配内存空间,这些内存空间称作该对象的实体。而对象的声明仅仅存放对实体的一个引用,以确保实体由该对象操作使用。

仅有声明而没有创建的对象没有具体的实体。没有实体的对象称作空对象,空对象不能使用,即不能用空对象去访问变量、调用方法产生行为。可以简单理解为:就像你说你打算养一只可爱的小狗并且叫它"小小",但光说是没用的,现在"小小"并没有对应哪一只真正的小狗,你不能真的去喂养它,和它一起玩。

如果在程序中使用空对象,则程序在运行时会出现异常。Java 对空对象不作检查,因此在编写程序时要自己多加注意,避免出错。

通过 new 创建类的实体并通过等号把实体与对象名联系在一起,这时对象才真正被创建出来,而且可以通过对象名进行使用。这就像你真的获得了一只梦想中的小狗,"小小"代表了它。

同一个类可以声明多个对象,如果用不同的对象声明引用相同的实体,那么相当于它

们具有完全相同的实体。

考虑如下情况：

```
Box b1=new Box();
Box b2=b1;
```

那么 b2 对象在内存中和 b1 对象引用的是同一个对象实体，等号仅复制对象的引用，并不复制对象的实体。就好像给你的小狗又起了个别名，不管用哪个名字，其实都是指同一只小狗。b1 和 b2 引用的是同一个实体，内存分配情况如图 2-4 所示。

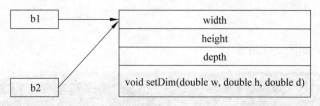

图 2-4　不同对象引用相同实体

例 2-3　定义动物类，创建其对象并进行使用。

定义一个动物类，在类中定义两个变量和三个方法，在主类中创建此动物类的实例对象，调用类中的 setColor（）方法设置其颜色，setAge（）方法设置其年龄，最后调用 showInfo()方法打印输出该动物的颜色和年龄。

```
class Animal{                         //定义动物 Animal 类
    String color;                     //字符串类型的 color 颜色成员变量
    int age;                          //整型的 age 年龄成员变量

    public void setColor(String c){   //设置颜色的方法
        color=c;
    }

    public void setAge(int a){        //设置年龄的方法
        age=a;
    }

    public void showInfo(){           //显示信息的方法
        System.out.println("动物的颜色是"+color);
        System.out.println("动物的年龄是"+age);
    }
}

public class Animaltest1 {
    public static void main(String[] args) {
        Animal a=new Animal();        //创建 Animal 类的对象 a
```

```
        a.setColor("白色");              //给 a 设置颜色
        a.setAge(3);                     //给 a 设置年龄
        a.showInfo();                    //显示对象 a 的各项信息
    }
}
```

本例运行后在屏幕上显示：

动物的颜色是白色
动物的年龄是 3

例 2-4 动物类对象的引用。

在例 2-3 的基础上进行修改，Animal 类的定义不变，在 main 方法中增加语句：声明一个新的 Animal 对象 b，但不创建该对象，而是引用 a 对象。test 类的代码如下：

```
public class Animaltest2 {
    public static void main(String[] args) {
        Animal a=new Animal();
        a.setColor("白色");
        a.setAge("3");
        a.showInfo();
        Animal b=a;                      //新增代码,声明对象 b 引用 a
        b.showInfo();                    //新增代码,显示对象 b 的各项信息
    }
}
```

由于 b 对象声明后并没有创建，而是引用了 a 对象，因此 b 对象和 a 对象具有相同的实体，使用共同的存储空间和数据。b.showInfo()将会把 a 对象设置的属性数据再次进行输出。

程序运行后在控制台显示：

动物的颜色是白色
动物的年龄是 3
动物的颜色是白色
动物的年龄是 3

实验与训练

1. 定义一个描述长方体的类 Box，类中有三个整型的成员变量 length、width 和 height，分别表示长方体的长、宽和高。定义 setInfo(int,int,int)方法设置这三个变量的值；定义 volumn()方法求长方体的体积并返回整型结果；定义 area()方法求长方体的表面积整型结果；定义 toString()方法把长方体的长、宽和高，以及长方体的体积和表面积转化为字符串并返回字符串。

编写 Java 应用程序,测试类 Box,使用类中定义的各个方法,并将其结果输出。

2. 定义一个圆形类 Circle,类中有一个用来描述半径的 double 型成员变量 r,定义 setR(double)方法初始化半径;定义 getArea()方法求圆形的面积并返回 double 类型结果;定义 getPerimeter()方法求圆形的周长并返回 double 类型结果。

编写 Java 应用程序,使用 Circle 类创建两个对象,通过相应方法分别设置不同的半径值,计算各自的面积及周长并显示结果。

第 3 章 对象的属性——成员变量详述

学习目标：
- 掌握 Java 的常用数据类型；
- 掌握变量的声明和使用；
- 掌握 Java 数组的定义和使用；
- 掌握用户输入数据的接收和使用；
- 掌握对象的成员变量的赋值和使用。

对象的成员变量描述了对象的属性，成员变量用来存储数据，而数据有不同的类型。本章围绕对象的成员变量进行展开讨论，详细学习 Java 中的类型、变量、运算符、数组等内容。

学习完本章内容，可以编写出例 3-1 这样的程序。

例 3-1 对象中成员变量的灵活定义及使用。

模拟通讯录功能，定义 Person 类保存人员信息，能够对用户输入的姓名、性别、电话号码进行保存，还可以进行分类。Person 类的多个对象就是通讯录中的一条完整信息。

```java
import java.util.Scanner;

class Person{

    String name;
    char sex;
    String phoneNumber;
    String category[]={"同学","同事","朋友","家人"};
    int i;

    void setInfo(){
        int n;
        Scanner reader=new Scanner(System.in);
        System.out.print("姓名:");
        name=reader.next();
        System.out.print("性别:");
        sex=reader.next().charAt(0);
```

```
        System.out.print("电话号码:");
        phoneNumber=reader.next();
        do{
            System.out.print("选择分类:1同学 2同事 3朋友 4家人    请选择:");
            i=reader.nextInt()-1;
        }while(i<0||i>3);
    }

    void showInfo(){
        System.out.println(name+"\t"+sex+"\t"+phoneNumber+"\t"+category[i]);
    }

}

public class PersonTest {

    public static void main(String[] args) {

        Person p[]=new Person[3];
        for(int i=0;i<3;i++){
            p[i]=new Person();
            System.out.println("------请输入第"+(i+1)+"个人的信息------");
            p[i].setInfo();
        }
        System.out.println("------------------------------------");
        System.out.println("姓名\t 性别\t 电话号码\t 分类");
        for(int i=0;i<3;i++)
            p[i].showInfo();

    }

}
```

代码中使用了多种数据类型，还使用了数组、关系运算符、逻辑运算符、循环结构语句，同时实现了输入功能。程序运行结果如图 3-1 所示。

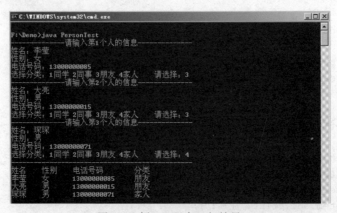

图 3-1   例 3-1 程序运行结果

3.1　变量与基本数据类型

对象的成员变量要使用不同类型的数据进行描述,在程序的执行过程中也经常要使用不同类型的变量来存储和访问数据。不同类型的数据在计算机中所占用的内存空间大小不同,能够进行的运算也不同。

在 Java 语言中,定义变量的格式为:

变量的类型 变量名称;
变量的类型 变量名称 1,变量名称 2,…;
变量的类型 变量名称=变量的值;

变量之间用逗号",”隔开,语句的最后是一个分号";”。Java 语言中变量只声明而不赋初值,会自动赋默认值。

Java 允许将变量的声明放在代码中的任何地方,良好的编程习惯是把变量的声明尽可能地放在变量第一次使用之前。

基本数据类型也称作简单数据类型。Java 共有 8 种基本数据类型,包括 4 个整数类型、2 个浮点类型、1 个字符类型及 1 个逻辑类型。

3.1.1　整数类型

整数类型用来描述整数,共有 4 种,分为 int 、byte 、short 和 long,如表 3-1 所示。

表 3-1　整数类型

关键字	名称	存储需求	定义变量举例
int	常整型	4 字节	int x = −100;
byte	字节型	1 字节	byte a = 5;
short	短整型	2 字节	short m = 25;
long	长整型	8 字节	long n = −2000000000L;

关于整数类型的说明:

(1) Java 语言规定,直接写出的整数被认为是 int 类型,如 5,−3 等。

(2) 描述 byte 类型的数据通常要使用强制类型转换,如(byte)10。

(3) 描述 short 类型的数据通常需要使用强制类型转换,如(short)15。

(4) 描述 long 型的整数常量要在数字后加上字母 L 或 l,如 128L。

(5) Java 中还可以描述八进制和十六进制的数。八进制数以 0 开头,十六进制数以 0x 或 0X 开头。如 010 表示八进制的 8,0x10 表示十六进制的 16。

(6) Java 中没有任何无符号 unsigned 类型。

3.1.2　浮点类型

浮点类型用来描述实数。实数可用小数表示,如 2.0、78.9 等;也可以用指数表示,如

3.5e8、15.7E−3 等(分别表示 3.5×10^8、15.7×10^{-3},使用字母 E 或 e 均可,e 前必须有数字,e 后必须为整数)。

Java 中的浮点类型分为 float 和 double 两种,如表 3-2 所示。

表 3-2 浮点类型

关键字	名　称	存储需求	定义变量举例
float	单精度浮点型	4 字节	float x = 3.25F;
double	双精度浮点型	8 字节	double y = 37.4;

关于浮点类型的说明:

(1) Java 语言规定,直接写出的浮点数被认为是 double 类型,如 37.4,−3.69 等。

(2) 可以通过在数字后加上字母 D 或 d 来表明当前数据是 double 型的实数常量,如 37.4D,−3.69d 等。对于 double 来说,不写后缀也是可以的。

(3) 描述 float 型的浮点数值必须在数字后加上字母 F 或 f,如 2.5F,0.7f。

(4) float 类型变量保留 6~7 位有效数字,double 类型变量保留 15 位有效数字,实际精度取决于具体数值。

3.1.3　字符类型

字符类型用来描述单个的字符。字符类型的关键字是 char。

关于字符类型的说明:

(1) Java 语言中的字符采用 UNICODE 编码,一个字符在内存中占两个字节空间。这使得 Java 可以使用 char 类型描述更多种类的字符,包括英文字母、标点符号、汉字、日文单字、韩文单字等。

(2) 每个字符类型的数据必须用单引号括起来,一个字符类型的变量只能存放一个字符。如语句"char ch1='a', ch2='*', ch3='好';"。

(3) 字符类型变量的内存空间中实际存储的是字符编码,即 char 类型的变量可以与整数类型的变量通用。如语句"char ch=97;"相当于给变量 ch 存储了字符编码为 97 的小写字母"a"这个字符。

(4) Java 中的字符类型变量可以存储转义字符。

常用转义字符如表 3-3 所示。

表 3-3　常用转义字符

转义字符	名　称	转义字符	名　称
\n	换行	\\	反斜线
\t	制表位	\'	单引号
\r	回车	\"	双引号

3.1.4　逻辑类型

逻辑类型用来描述真与假。逻辑类型的关键字是 boolean,每个 boolean 类型的变量在内存中占 1 个字节的空间。boolean 类型数据的常量有 true 和 false,即 boolean 类型的变量只能存储这两个值之一,不能存储其他内容。在 Java 语言中逻辑数据不会转换成其他数值类型的数据。

使用 boolean 定义逻辑类型的变量并赋初值:

```
boolean b1=true, b2=false;
```

3.1.5　数据类型的转换

数值类型数据相互之间可以进行转换,类型转换分为自动转换(隐式)和强制转换(显式)。

1. 自动类型转换

自动类型的转换通常是在一个运算式中参加运算的各个变量的类型不一致,或者要给某种类型的变量赋一个不同类型的值时发生。自动类型转换由系统自动完成,以出现的最高级别的类型为标准进行转换。各类型间的转换方向如图 3-2 所示。

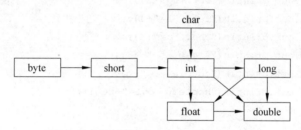

图 3-2　数据类型之间自动转换关系

例如,有混合运算 10+'a'+1.5*3,其最终的结果为 double 类型的 111.5,因为运算量中出现了 1.5,是 double 类型,它的级别最高。

语句 float x=3;执行后,变量 x 存储的数据是 3.0。

在自动类型转换中存在可能损失精度的转换。

2. 强制类型转换

自动类型转换是系统按照类型级别由低向高自动完成的转换,强制类型转换则是要使数据由高级别转向低级别,需要显式地写出来。

将一个数据或表达式强制转换成所需的更低类型,格式为:

(类型名) 要转换的数据

例如:

```
double x=4.7;
int y=(int)x;　//强制类型转换
```

则变量 y 的值为 4。强制类型转换通过截断小数部分把一个浮点型数据转换为整型。

强制类型转换得到的是一个中间变量,原变量类型并不发生变化。上述语句执行后,变量 x 的值仍为 4.7。

注意：boolean 类型不能与任何数值类型进行类型转换。

例 3-2 熟悉 Java 的基本数据类型。

```
public class BasicDataTypes{
    public static void main(String args[]){
        byte b=0x55;              //将十六进制数据赋值给 b
        short s=0x55ff;           //将十六进制数据赋值给 s
        int i=1000000;
        long l=0x10EF;            //将十六进制数据赋值给 l
        char c='*';
        float f=0.23f;
        double d=0.7E-3;           //将科学记数法表示的浮点型数据赋值给 d
        boolean bool=true;
        System.out.println("byte   b="+b);
        System.out.println("short   s="+s);
        System.out.println("int   i="+i);
        System.out.println("long   l="+l);
        System.out.println("char   c="+c);
        System.out.println("float   f="+f);
        System.out.println("double   d="+d);
        System.out.println("boolean bool="+bool);
    }
}
```

程序运行后在屏幕上显示：

```
byte   b=85
short   s=22015
int   i=1000000
long   l=4335
char   c=*
float   f=0.23
double   d=7.0E-4
boolean bool=true
```

上面的程序使用不同的基本数据类型分别定义了变量，并进行了赋值，然后输出了各变量的值。试着修改变量的值，如去掉 folat 类型数据的后缀 f 或 long 类型数据的 l，观察一下会出现什么情况。

例 3-3 熟悉 Java 中各类型的转换。

```
public class Conversion{
    public static void main(String args[]) {
        byte b;
        int i=257;
```

```
    double d=323.567;
    char ch;
    short s;
    b=(byte)i;         //将整型变量 i 的数据强制类型转换为 byte 类型赋值给 b
    System.out.println("int→byte 例:int 型"+i+"→byte 型"+b);
    i=(int)d;          //将双精度类型变量 d 的数据强制类型转换为 int 型赋值给 i
    System.out.println("double→int 例:double 型"+d+"→int 型"+i);
    b=(byte)d;         //将双精度类型变量 d 的数据强制类型转换为 byte 型赋值给 b
    System.out.println("double→byte 例:double 型"+d+"→int 型"+b);
    ch=(char)64;       //将 int 型数据 64 强制类型转换为 char 类型赋值给 ch
    System.out.println("64→char 例:int 型 64→char 型"+ch);
    s=(short)4000;   //将 int 型数据 4000 强制类型转换为 short 型赋值给 s
    System.out.println("4000→short 例:int 型 4000→short 型"+s);
    }
}
```

程序运行后在屏幕上显示:

```
int→byte 例: int 型 257→byte 型 1
double→int 例: double 型 323.567→int 型 323
double→byte 例: double 型 323.567→int 型 67
64→char 例: int 型 64→char 型 @
4000→short 例: int 型 4000→short 型 4000
```

3.2 常　　量

在程序中其值不能被改变的量叫做常量,最常见的就是那些直接使用的数据。Java 共有 5 种类型的常量。

(1) 整型常量,如 12,12L;

(2) 浮点型常量,如 12.5F,3.15,12.0E2;

(3) 布尔型常量,如 true,false;

(4) 字符型常量,如'a','9';

(5) 字符串常量,如"a","wonderful","你好"。

可以在程序中自己定义常量。自定义常量可以理解成是用文字代表的常量,是变量的特殊形式。自定义常量用关键字 final 修饰,要在定义时赋值,常量定义之后就不能再改变它的值。

例如,定义一个字符常量 ch 代表字符'♯',可写为:

```
final public char ch='♯';
```

定义 double 类型常量 d 代表常数 1.234,可写为:

```
final double d=1.234;
```

整型常量可以用八进制、十进制、十六进制的数来赋值。

Java 另有 4 个系统定义的常量：NaN(非数值)、Inf(无穷大)、－Inf(负无穷大)、Null (空)。

3.3　字符串类型

在 Java 中可以很方便地对字符串进行操作,Java 提供了字符串类型 String ,实际上 String 是一个类,它不属于基本数据类型,但字符串被使用得实在太频繁了,所以 Java 针对它提供了更方便的使用方式。使用 String 声明字符串就像使用基本数据类型声明变量那样简单。字符串变量(确切地说应该是对象,因为 String 其实是一个类,但这里简单地声明为变量)可以像基本类型变量那样被赋值、访问。

例如,语句:

```
String s1;
String s2="Hello World!";
```

声明了一个字符串变量 s1,一个字符串变量 s2,并给 s2 赋初值为"Hello World!"。

例 3-4　字符串的方便使用。

```
public class StringTest{
    public static void main(String[] args){
        String s1="你好啊˘!", s2="hello˘^_^";
        System.out.println("字符串 s1 的内容是:"+s1);
        System.out.println("字符串 s2 的内容是:"+s2);
        s1=s2;
        System.out.println("将 s2 赋值给 s1 后,");
        System.out.println("字符串 s1 的内容是:"+s1);
        System.out.println("字符串 s2 的内容是:"+s2);
    }
}
```

程序运行结果如图 3-3 所示。

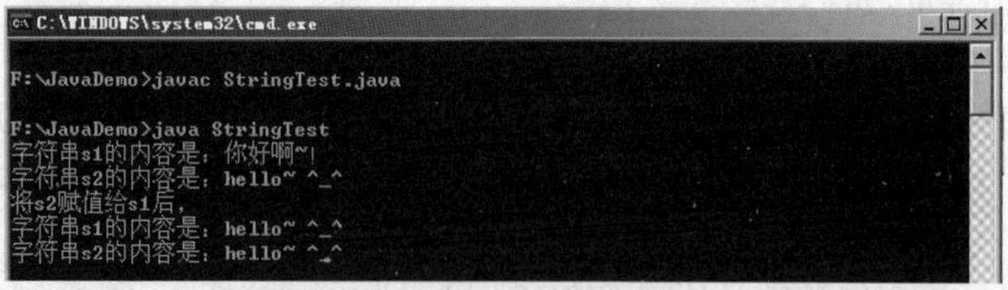

图 3-3　例 3-4 程序运行结果

字符串作为类使用的相关内容将在第 6 章详细学习。

3.4　运　算　符

Java 提供了丰富的运算符,如表 3-4 所示。

表 3-4　Java 中的运算符

各种运算符	说　　明
算术运算符	双目运算符:＋,－,＊,/,％
	单目运算符:＋＋,－－,＋,－
关系运算符	＝＝,!＝,＜,＞,＜＝,＞＝
逻辑运算符	!,^,&,|,&&,||
赋值运算符	＝
位运算符	～,&,|,^,＜＜,＞＞,＞＞＞
对象运算符	instancesof
条件赋值运算符	A＝(条件? b:c),条件为真时 b 赋给 A,反之为 c
广义赋值运算符	＋＝,－＝,＊＝,/＝,％＝,^＝,&＝,|＝,＜＜＝,＞＞＝,＞＞＞＝
括号与方括号运算符	(),[]
运算符的优先级	.,[],()的优先级最高,＞＞＞＝的优先级最低

本节将主要学习算术运算符、关系运算符、逻辑运算符与赋值运算符及相关的表达式。

3.4.1　算术运算符

Java 中的算术运算符有加、减、乘、除和求模 5 种(＋、－、＊、/、％)。使用算术运算符将数据连接起来就构成了算术表达式,如 3＋4,5＊a％7 等。

算术运算符的使用如表 3-5 所示。

表 3-5　基本算术运算符的使用

运算符	说　　明
＋	加法运算符,或正值运算符,如 3＋5,＋3
－	减法运算符,或负值运算符,如 5－2,－3
＊	乘法运算符,如 3＊5
/	除法运算符,如 5/3
％	模运算符(求余运算符),可对小数操作,如 7％4＝＝3,8.5％3＝＝2.5

算术运算符的使用注意事项:

(1) 两个整数相除结果仍为整数,小数部分将被直接舍去。例如,1/2 的结果是 0,不是 0.5。所以在编写程序时对整数相除要特别加以注意,避免产生的误差影响到整个计算结果。

（2）参加混合运算的两个数中只要有一个是实数，则结果为 double 型。

（3）乘、除、模运算符优先级相同，高于加、减运算符的优先级。进行混合运算时，先乘、除、模，后加、减。相同优先级的算术运算符连续出现时，从左向右依次计算即可。

（4）Java 语言重载了加法运算符＋，可以对字符串进行＋的运算，其作用是将字符串进行连接。将数值型数据与字符串进行加法运算时，系统会自动将数值型数据转换为字符串，最终得到一个连接后的完整字符串。例如，"abc"＋123 的运行结果是字符串"abc123"，"abc"＋(1＋2)的运行结果是字符串"abc3"。

例 3-5　不同类型数据间的混合算术运算。

```java
public class MixTest{
    public static void main(String[] args){
        int iNum1=10;
        double fNum2=25.5;
        char chNum3='a';
        String str1="结果是";
        System.out.println(iNum1+"%6"+"="+iNum1%6);
        System.out.println(iNum1+"/6"+"="+iNum1/6);
        System.out.println(fNum2+"%"+iNum1+"="+fNum2%iNum1);
        System.out.println(iNum1+" * "+fNum2+"%125"+"+"+chNum3+"="+
            (iNum1 * fNum2%125+chNum3));
        System.out.println(iNum1+"+"+fNum2+str1+(iNum1+fNum2));
    }
}
```

程序运行结果如图 3-4 所示。

图 3-4　例 3-5 程序运行结果

注意：加法运算从左至右依次运算，中途一旦出现字符串，则后面的加法运算含义全部变为字符串连接。如果需要先计算再以字符串显示结果，则应该用括号()把运算括起来，就像本例中最后一个语句所做的那样。

3.4.2　自增、自减运算符

自增运算符(＋＋)、自减运算符(－－)的功能是使与它相临的变量的值增 1、减 1，可以把运算符放在操作数的前面或后面。例如++i,i++相当于i=i+1;——i,i——相当于i=i−1。

自增、自减运算的操作数必须是变量,不能是常量或带有运算符的表达式。

当自增、自减运算符与其他运算进行混合使用,或出现在不同语句内部时,运算符出现在变量前面还是后面就会使操作有所不同。如 System. out. println(++i);既要让 i 的值增加 1,又要执行输出数据的功能。此时依照这样的规则去处理:

符号在前,先自增(或减),再处理其他内容;

符号在后,先处理其他内容,后自增(或减)。

也就是说,当自增(或自减)运算符在变量前面的时候,要先让变量变化,然后把变量新的值带到当前表达式或语句中使用。即先执行 i=i+1(或 i=i−1),然后再使用 i。反之,如果符号在后,就要先使用 i,再执行 i=i+1(或 i=i−1)。

例 3-6 自增、自减运算符的使用。

```
public class Demo {
    public static void main(String[] args) {
        int i=5;
        System.out.println(++i);        //相当于 i=i+1;,输出 i;
        int a=10;
        int b=a--;                      //相当于两条语句,先 int b=a;,后 a=a-1;
        System.out.println("a="+a+",b="+b);
    }
}
```

程序运行后在屏幕上显示:

```
6
a=9,b=10
```

程序分析:

其中 System. out. println(++i);语句中自增符号在变量 i 的前面,所以先让 i 自增,从 5 变成 6,然后把变化后 i 的新值 6 带到输出语句中显示在屏幕上。语句 int b=a——;中自减符号在变量 a 的后面,所以暂时不处理,先把 a 目前的值 10 赋给创建的变量 b,赋值语句执行完毕后,再将 a 的值从 10 自减为 9。

自增、自减运算符书写时注意中间不要有空格,它们是一个完整的整体。自增、自减运算符在循环语句中应用得最为广泛,但尽量不要在其他表达式的内部进行复杂使用,避免引起不必要的迷惑。

3.4.3 关系运算符

关系运算符用来比较两个值,得到的结果为布尔类型,取值为 true 或 false。Java 中的关系运算符如表 3-6 所示。

表 3-6 Java 中的关系运算符

运算符	含　义	用法举例	比较结果
<	大于	7>5	true
>=	大于等于	7>=5	true
<	小于	7<5	false
<=	小于等于	7<=5	false
==	等于	7==5	false
!=	不等于	7!=5	true

关系运算符的使用注意事项：

(1) 区分==与=。a==1 是比较变量 a 的值是否等于 1,结果为逻辑值真或假。a=1 是将常量 1 赋值给变量 a。

(2) 5>=5 的结果为 true。

(3) 关系运算符中==和!=的优先级略低,混合比较时其他关系运算符要先执行,后判断相等(==)和不等(!=)。

例如,下列表达式在 a=3,b=2,c=1 的情况下,执行顺序与结果是：

表达式　　　　执行顺序　　　　　结果
c>a+b　→　c>(a+b)　→　假 false
a>b==c　→　(a>b)==c　→　真 true
a==b<c　→　a==(b<c)　→　假 false

数值型的变量或结果为数值型的表达式可以通过关系运算符连接成关系表达式,如 a+b>=15。关系表达式多用在选择结构或循环结构的条件描述中。

3.4.4　逻辑运算符

逻辑运算符包括逻辑与(&&)、逻辑或(||)、逻辑非(!)。其中 && 表示"并且关系",||表示"或者关系",! 为单目运算符,实现取反操作,它们的运算量都必须是布尔 boolean 类型的数据。

逻辑运算符运算规则如表 3-7 所示,op1 与 op2 分别表示操作数 1 和操作数 2。

表 3-7　逻辑运算符的运算规则

op1	op2	op1&&op2	op1||op2	!op1
false	false	false	false	true
false	true	false	true	true
true	false	false	true	false
true	true	true	true	false

逻辑运算符可以用来连接关系表达式,它们经常混合在一起使用以表达某些复杂的条件。

逻辑运算符的使用注意事项：

(1) 在与关系运算符进行混合运算时,逻辑非的优先级别最高,而逻辑与和逻辑或的优先级别是低于关系运算符的。如表达式 8＜5&&100＞=50,相当于(8＜5)&&(100＞=50),结果为 false。

(2) 利用逻辑与和逻辑或做逻辑运算时,如果只计算运算符表达式左边的结果即可确定最终的结果,则右边的表达式将不被执行。

如上面的表达式 8＜5&&100＞=50,需要进行逻辑与的运算,只有在逻辑与左右两边的表达式都为真时结果才能是真。而左边的表达式 8＜5 不成立,已经为 false 了,所以不管右边表达式是什么结果,肯定都为 false,此时右边的表达式将不被处理,直接得出最终结果。

3.4.5 赋值运算符

赋值运算符(＝)把等号右边的数据结果赋值给等号左边的变量。

赋值运算符的使用注意事项:

(1) 自右向左赋值,左边必须是变量,不能写常量或表达式。

(2) 赋值运算符的优先级别低于其他运算符,在混合使用时,先处理等号右边的复杂表达式,然后把处理结果赋给左边的变量。

(3) 在使用运算符时,尽量使其右端表达式的类型与其左端变量类型相一致,否则要进行类型转换。

(4) 允许进行连续赋值,如:

```
int a, b, c, d; a=b=c=d=9;
```

将＝赋值符号写在其他运算符后面,就构成了复合的赋值运算符。常用的复合赋值运算符有＋=、－=、/=、*=、%=,在处理时都是先运算后赋值,右边的表达式相当于是有括号的。

例如,有 int a＝12,则下列运算的执行过程和 a 最终的结果为:

复合赋值运算	执行过程	最终结果
a ＋= a	→ a = a＋a	→ a 为 24
a －= 2	→ a = a－2	→ a 为 10
a *= 2＋3	→ a = a*(2＋3)	→ a 为 60
a /= a＋a	→ a = a/(a＋a)	→ a 为 0
a%=(n%=2),n 的值等于 5	→ a = a%(n=n%2)	→ a = a%(n=1),a 为 0

注意:复合赋值运算符中不能有空格。

3.4.6 条件运算符

"?:"为条件运算符,它是 Java 中唯一的一个三目运算符,需要有三个运算量参与运算。

条件运算符的使用格式为:

```
<表达式 1>? <表达式 2>:<表达式 3>
```

条件运算符的使用注意事项：

（1）表达式 1 是 boolean 类型的表达式，表达式 2 和表达式 3 的数据类型要一致。

（2）先判断表达式 1，如果值为 true，则执行表达式 2，将其结果作为三目条件表达式的最终结果；否则，将表达式 3 的结果作为三目条件表达式的最终结果。

例 3-7 条件运算符的使用。

```java
public class MaxTest{
    public static void main(String[] args){
        int a=1, b=2, temp;
        double d1=1.1, d2=-9.9, d3=96.9, m;
        temp=a>b?a:b;              //将 a 和 b 之间的较大值存给 temp
        System.out.println(a+"与"+b+"间的较大值是"+temp);
        m=d1>d2?d1:d2;             //将 d1 和 d2 间的较大值存给 m
        m=m>d3?m:d3;               //m 与 d3 比较出最大值，仍保存至 m
        System.out.println(d1+","+d2+","+d3+"间的最大值是"+m);
    }
}
```

条件运算符可简单替换双分支选择结构语句，经常在程序中使用。

3.5 数　　组

Java 中的数组是一个复合数据类型。

数组中的元素具有相同的类型，元素类型可以是基本数据类型，类的对象，也可以是数组类型。数组元素是有序排列的，使用下标访问。

简单来说，数组就是同种类型数据的有序集合。

数组必须经过声明、构造、赋初值三个步骤以后才能使用。

3.5.1 数组的声明

声明一个一维数组的格式有两种：

元素数据类型[] 数组名称；
元素数据类型 数组名称[]；

正确声明一维数组的例子如下：

```java
int[] intArray;
float floatArray[];
String[] s;
```

声明一维数组的注意事项：

（1）数组的类型可以是复杂结构类型，如类类型，本书后续章节将会讨论。

（2）声明数组要使用中括号[]，不要错用小括号或大括号。

（3）在[]里面什么都不能有，Java在声明数组时不允许在方括号内指定数组元素的个数。

Java中的二维数组实际上可以看成是一个一维数组的数组，也就是说，如果一个一维数组的每个元素又都是一个一维数组，就构成了一个二维数组。可以简单理解为行与列的概念，即第一个维度表示行，第二个维度表示列。

Java中允许二维数组的第二维的长度可以不相等。

声明一个二维数组的格式有两种：

```
元素数据类型[][] 数组名称;
元素数据类型 数组名称[][];
```

正确声明一个二维数组的例子如下：

```
int[][] intArray2;
float floatArray2[][];
String[] s2[];
```

声明二维数组的注意事项：
（1）声明数组要使用两个方括号[][]。
（2）在[][]里面什么都不能有。

数组具有维度，可以把一维数组理解成有顺序关系的线性结构，把二维数组理解成行与列的关系。

Java中还可以声明多维数组，在本书中不作讨论。

对数组的声明来说，把中括号放在类型后面还是放在数组名称后面是没有区别的，它们的不同体现在同时声明多个变量或数组时。如下列语句：

```
int[] a,b;
```

该语句声明了整型的数组 a 和整型的数组 b。
写成：

```
int a[],b;
```

则该语句声明了整型的数组 a 和整型的普通变量 b。

3.5.2　数组的创建

数组的声明仅确定了数组的名字和元素类型，还不能使用它，必须进一步把数组创建出来，让它具备自己的内存空间。

Java 使用 new 运算符来创建数组。

一维数组创建的格式如下：

```
数组名称=new 元素数据类型[元素个数];
```

例如前面声明的三个数组，要这样来创建：

```
intArray=new int[10];        //创建包含 10 个元素的整型数组 intArray
floatArray=new float[15];//创建包含 15 个元素的单精度浮点型数组 floatArray
s=new String[12];            //创建包含 12 个元素的字符串型数组 s
```

计算机将按照创建数组时中括号内的整数值来为它分配内存空间,这个数值也就是数组元素的个数,又称为数组的长度。

可以在声明一个一维数组的同时创建它:

元素数据类型 [] 数组名称=new 元素数据类型 [元素个数];
元素数据类型 数组名称 []=new 元素数据类型 [元素个数];

例如:

```
int[] intArray=new int[10];
float floatArray[]=new float[15];
String[] s=new String[12];
```

这样得到的结果与一维数组的先声明后创建是一样的。

创建一维数组的注意事项:

(1) 一维数组在声明时,[]里必须为空,但在使用 new 运算符进行创建的时候,[]里必须指明数组的长度,只有这样系统才能知道该给这个数组分配多少内存。

(2) Java 允许在创建数组时使用整型变量来指定数组元素的个数。这为数组的使用带来了很大的灵活性。如:

```
int size=20;
double doubleArray[]=new double[size];
```

二维数组的创建:

数组名称=new 元素数据类型 [N][];

创建后的数组第一维有 N 个元素,第二维不确定,需要再次创建。

如果第二维的长度是一样的,则:

数组名称=new 元素数据类型 [N][M];

创建后的数组第一维有 N 个元素,第二维都有 M 个元素。

创建前面声明过的二维数组:

```
intArray2=new int[3][];
```

创建了二维数组 intArray2,它的第一维有 3 个元素,第二维尚未创建。

```
floatArray2=new int[4][5];
```

创建了二维数组 floatArray2,它的第一维有 4 个元素,第二维是等长的,各有 5 个元素。

```
s2=new String[2][3];
```

创建二维数组 s2,它的第一维有两个元素,第二维是等长的,各有 3 个元素。

可以在声明一个二维数组的同时创建它:

元素数据类型[][] 数组名称=new 元素数据类型[元素个数][];
元素数据类型 数组名称[][]=new 元素数据类型[N][M];

例如:

```
int[][] intArray=new int[3][];
float floatArray=new float[4][5];
String[] s[]=new String[2][3];
```

这样得到的结果与先定义后再创建是一样的。

实际上,如果在创建一个二维数组的时候只构造了第一维,那么在数组实际使用以前还要将第二维创建完成,否则仍然不能使用。

以 intArray2 为例,假设第二维的长度依次为 2,5,1,则完整的构造应该是:

```
int[][] intArray=new int[3][];
intArray[0]=new int[2];
intArray[1]=new int[5];
intArray[2]=new int[1];
```

3.5.3　数组的初始化

在用 new 运算符创建一个数组时,系统就自动将这个数组初始化好了,也就是说,这个数组的各个元素都被赋了初始值。各类型默认初值如表 3-8 所示。

表 3-8　创建数组时元素的默认初始值

数组元素的类型	初始值	数组元素的类型	初始值
对象引用	null	布尔变量	false
整型变量	0	字符变量	'\u0000'
浮点变量	0.0		

下面的例 3-8 体现了字符型数组在创建之后所带的默认初始值,以及如何通过循环语句对数组元素依次赋值。

例 3-8　字符数组元素初始值及循环赋值。

```
public class InitSample {
    public static void main(String[] args) {
        char[] letters=new char[26];
        System.out.println("赋值前");
        for(int i=0; i<26; i++){           //循环输出各数组元素
            System.out.print(letters[i]+" ");
            if((i+1)%9==0)                  //输出 9 个元素后换行
                System.out.println();
```

```
        }
        System.out.println();
        char c='A';
        for(int i=0; c<='Z'; c++,i++){        //循环将字母 A~Z 依次存至数组元素
            letters[i]=c;
        }
        System.out.println("赋值后");
        for(int i=0; i<26; i++){               //循环输出各数组元素
            System.out.print(letters[i]+" ");
            if((i+1)%9==0)                     //输出 9 个元素后换行
                System.out.println();
        }
    }
}
```

字符型数组默认初值每个元素为'\u0000',即 unicode 编码中的空字符,因此例 3-8 程序运行结果如图 3-5 所示。

图 3-5   例 3-8 程序运行结果

如果在定义数组时就明确地知道数组保存的所有元素数据,则可以在数组声明的时候直接对数组进行初始化赋值。方法是在声明数组的语句中将各个元素的初始值放在赋值符号=右边的{}里面,各个值之间用逗号","隔开。

例如:

```
char[] abc={'A', 'B', 'C', 'D', 'E', 'F', 'G', 'H', 'I', 'J', 'K', 'L', 'M', 'N',
'O', 'P', 'Q', 'R', 'S', 'T', 'U', 'V', 'W', 'X', 'Y', 'Z'};
String[] s=    { "hello", "你好", "Java"};
```

注意:

(1) 在赋值符号=的右边没有 new 运算符,也不说明数组的长度,系统会根据所赋初值的个数自动计算数组长度。

(2) 数组的初始化赋值必须把所有初值与数组的声明写在同一个语句里,如果分开写则会出错。以下写法是错误的:

```
int[]  array;
array={10,20,30,40,50};  // 此句错误
```

(3) 通过 new 创建的数组,可以对每个元素进行访问或使用,不能试图访问所有元

素,不能再整体进行赋值。以下写法是错误的:

```
float[]  arr=new float[5];
arr={ 1.5f,2.7f,3.6f,4.8f,5 };     //此句错误
```

可以在数组声明的时候直接对二维数组进行初始化赋值,声明的同时初始化一个二维数组的格式如下:

元素数据类型[][] 二维数组名称={ {初值 1,初值 2,…},
**　　　　　　　　　　　　{初值 1,…},{ },…};**

其中内部大括号{}的个数等于该二维数组的行数,每个大括号内的初始值的个数就是该行的列数,也就是该行的长度。与一维数组一样,各个初始值之间是用逗号分隔的,每个{}之间也是用逗号分隔的。

例如:

```
char[][] abc2={ { 'A', 'B', 'C', 'D', 'E', 'F', 'G', 'H', 'I'},
                { 'J', 'K', 'L', 'M', 'N', 'O', 'P', 'Q', 'R'},
                { 'S', 'T', 'U', 'V', 'W', 'X', 'Y', 'Z'} };
```

在赋值符号=的右边没有 new 运算符,也不说明数组各维的长度,系统会根据初始值的个数,自动逐个计算数组各维的长度。

3.5.4　数组的 length 属性

Java 可以使用运算符“.”和 length 属性可以得到数组的长度。
例如:

```
int[] intArray=new int[20];
int len=intArray.length;
```

第二条语句将数组的长度值 20 赋值给了变量 len。
使用运算符“.”和 length 属性也可以得到二维数组各维的长度。
例如:

```
int[][] intArray3=new int[2][];
intArray3[0]=new int[5];
intArray3[1]=new int[8];
int len1=intArray3.length;
int len2=intArray3[1].lenght
```

则 len1 的值是 2,len2 的值是 8。
经常使用数组的 length 属性得到数组元素个数,配合循环语句对数组元素进行遍历或其他操作。

例 3-9　从命令行随意输入若干个参数,反向输出所有元素。

```
public class ArgsTest {
```

```
    public static void main(String[] args) {
        for(int i=args.length-1; i>=0; i--)
            System.out.println(args[i]);
    }
}
```

程序运行结果如图 3-6 所示。

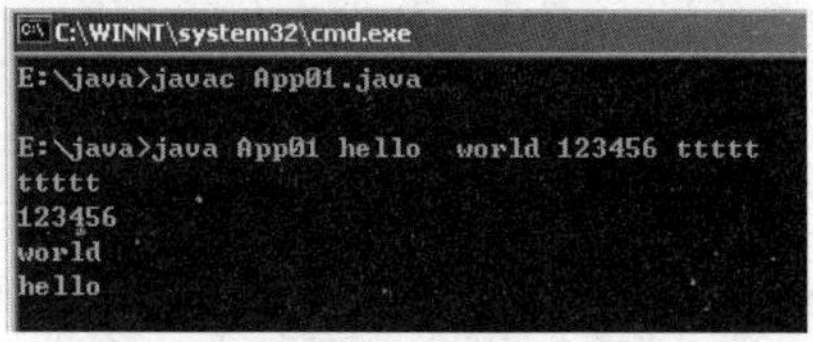

图 3-6   例 3-9 程序运行结果

例 3-10   定义整型数组，初始化赋若干个整数。输出数组长度及各元素值。

```
public class InitSample2 {
    public static void main(String[] args) {
        int[] arr={ 45,12,23,9,5,78,4,51,2,6,85,78};
        System.out.println("数组 s 的长度为:"+arr.length);
        for(int i=0; i<arr.length; i++){
            System.out.println("第"+(i+1)+"个数组元素是:"+arr[i]);
        }
    }
}
```

程序运行后在屏幕上显示：

数组 s 的长度为:12
第 1 个数组元素是:45
第 2 个数组元素是:12
第 3 个数组元素是:23
第 4 个数组元素是:9
第 5 个数组元素是:5
第 6 个数组元素是:78
第 7 个数组元素是:4
第 8 个数组元素是:51
第 9 个数组元素是:2
第 10 个数组元素是:6
第 11 个数组元素是:85
第 12 个数组元素是:78

3.5.5   数组元素的使用

可以通过数组名称和下标去表示数组中某一个数组元素。

使用数组元素的注意事项：

（1）创建数组时，中括号内的数表示的是元素的个数，数组元素的下标从 0 开始，最后一个元素的下标是元素的个数减 1。如 int[] intArray＝new int[10];中元素的个数是 10 个。第一个元素是 intArray[0]，第二个元素是 intArray[1]，依此类推，最后一个元素是 intArray[9]。

（2）下标可以使用整型变量。数组经常与循环语句结合在一起使用，数组下标使用循环变量，利用循环变量的变化在每次循环时访问到不同的数组元素。

（3）引用数组元素时下标不能超出范围。在 Java 中，如果访问数组元素时下标超出了正确的范围，即下标越界的话，相关语句将发生异常。

二维数组同样使用数组名称加下标来访问数组元素，同样注意数组下标从 0 开始。如有 String str ＝ new String[2][3];，则该数组所有的元素为 str[0][0]，str[0][1]，str[0][2]，str[1][0]，str[1][1]，str[1][2]。

例 3-11 定义数组存放 10 个学生成绩，计算总分和平均分，找出最高分。

```java
public class ScoreTest{
    public static void main(String[] s){
        int score[]={70,80,90,85,76,95,94,85,72,83};
        int sum=0,aver,max=score[0],n=0;
        for(int i=0;i<score.length;i++){
            sum+=score[i];
            if (score[i]>max){
                max=score[i];          //找最高分
                n=i+1;                 //记录最高分是第几个同学
            }
        }
        aver=sum/10;
        System.out.println("总分是:"+sum+"。平均分是:"+aver+
                           "。最高分是第"+n+"个同学,成绩为"+max);
    }
}
```

程序运行后在屏幕上显示：

总分是:830。平均分是:83。最高分是第 6 个同学,成绩为 95

例 3-12 定义一个字符型数组，初始化赋值。提示用户输入一个整数，根据数值找到相应位置的字符，输出该字符。如果整数不在数组个数范围内，则进行相应提示。

本例实现接收用户输入数据的相关内容见 3.6 节。

```java
import java.util.Scanner;              //引入 java.util 包中的 Scanner 类

public class ArrayDemo {
    public static void main(String[] args) {
        //创建用来接收用户输入数据的 Scanner 类的对象 reader
```

```
Scanner reader=new Scanner(System.in);
char charArray[]={'c','h','a','r','a','c','t','e','r'};//初始化数组
System.out.print("数组的所有元素是:");
for(int i=0; i<charArray.length; i++)          //循环输出所有数组元素
    System.out.print(charArray[i]);
System.out.println();
System.out.println("您要查找第几个字符?");
int index=reader.nextInt();            //接收用户输入的整数,保存至 index
if(index>=1 && index<=charArray.length)
    System.out.println("您要查找的字符是"+charArray[index-1]);
else
    System.out.println("数据超出合法范围,无法进行查找。");
    }
}
```

程序运行结果如图 3-7 所示。

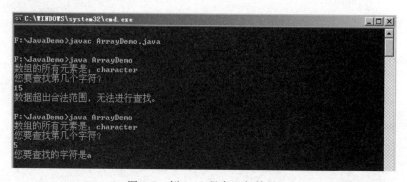

图 3-7　例 3-12 程序运行结果

由于数组对数据的存储是线性结构的,数组元素的访问又具备典型规律(数组名称不变,只需改变下标即可找到指定位置的元素),因此经常使用数组结合循环语句来实现数据排序的问题。

这里介绍解决排序问题的经典算法之一——"冒泡排序法",并给出实现程序。

冒泡排序法是一种排序算法,目的是使数据按要求从大到小或从小到大有序排列。

其基本思路是:对尚未排序的各元素从头到尾依次比较相邻的两个元素,若这两个元素不符合大小顺序要求,就将它们进行交换。经过第一轮比较排序后便能确定一端的最值,然后再用同样的方法把剩下的元素逐个进行比较,就得到了所要的顺序。由于每轮比较能确定当前元素中的一个最值并移动到端点,就像水泡一个个冒出,因此取名叫"冒泡排序法"。

比如要对 7,3,1,9,6 这几个整数进行从小到大的排序,冒泡排序法的处理过程如表 3-9 所示。

表 3-9　冒泡排序法过程示例（由小到大排序）

过　　程	数　　据					说　　明
初始状态	7	3	1	9	6	
第一轮比较	③	⑦	1	9	6	比较前两个数 7 和 3，逆序，交换
	3	①	⑦	9	6	比较第二、三个数，逆序，交换
	3	1	⑦	⑨	6	比较第三、四个数，顺序，不动
	3	1	7	⑥	⑨	比较第四、五个数，逆序，交换。第一轮比较结束，最大值 9 落位
第二轮比较	①	③	7	6	9	比较前两个数 3 和 1，逆序，交换
	1	③	⑦	6	9	比较第二、三个数，顺序，不动
	1	3	⑥	⑦	9	比较第三、四个数，逆序，交换。第二轮比较结束，次大值 7 落位
第三轮比较	①	③	6	7	9	比较前两个数 1 和 3，顺序，不动
	1	③	⑥	7	9	比较第二、三个数，顺序，不动。第三轮比较结束，第三大值 6 落位
第四轮比较	①	③	6	7	9	比较前两个数 1 和 3，顺序，不动。第四轮比较结束，第四大值 3 落位
最终结果	1	3	6	7	9	所有数据按从小到大排列

例 3-13　冒泡排序法例程。

由命令行参数给出一系列整数，使用冒泡排序法对这些整数进行冒泡排序，按从小到大顺序输出排序后的结果。

```java
public class SortDemo {
    public static void main(String[] args) {
        int i,j;
        String temp;
        for(i=0;i<args.length;i++)          //从第一个元素开始
            //与后面的每个元素依次比较
            for(j=0;j<args.length-i-1;j++){
                if(Integer.parseInt(args[j])>Integer.parseInt(args[j+1])){
                    temp=args[j];           //交换相邻元素位置
                    args[j]=args[j+1];
                    args[j+1]=temp;
                }
            }
        System.out.println("按从小到大排序后数组元素为:");
        for(i=0;i<args.length;i++)          //循环输出排序后的所有元素
            System.out.print(args[i]+" ");
        System.out.println();
```

```
    }
}
```

对排序问题感兴趣的同学可以查阅数据结构方面的书籍,或上网搜索相关资料。

3.5.6　类类型数组

数组可顺序存放同一类型的有限数据。这里所提到的类型不仅限于基本数据类型,也可以是复杂的数据类型,如类类型。即数组的每个元素是类的对象。

实际上,字符串数组就是类类型的数组,只是还没有从类的角度去使用过 String。

自定义一个学生类 Student,来看看类类型的数组该如何创建并使用。

```java
class Student{
    String name;              //姓名
    int age;                 //年龄
    double score;            //成绩

    void setItem(String n, int a, double s){      //设置成员值
        name=n;
        age=a;
        score=s;
    }

    void printInfo(){       //输出各项信息
        System.out.println("姓名是"+name+",年龄是"+age+",成绩是"+score);
    }
}
```

上述代码定义了学生类 Student,该类包含三个成员变量:姓名(name)、年龄(age)、成绩(score),包含了两个成员方法:setItem()用来给各成员变量赋值,printInfo()用来输出学生信息。

下面定义 Student 类型的数组:

```java
Student stu[];
stu=new Stuent[3];
```

这两条语句也可以写在同一个语句中,形式为:

```java
Student stu[]=new Stuent[3];
```

定义的数组 stu 可以存放 3 个元素,每个元素都可引用一个 Student 类的对象。

要提醒大家的是,类类型的数组在创建之后,还要记得在使用前必须为每个数组元素对象进行创建。

要想使用数组 stu,必须创建各数组元素对象,语句如下:

```java
stu[0]=new Student();
```

```
stu[1]=new Student();
stu[2]=new Student();
```

数组元素对象创建后,就可以对元素进行操作了。下面是该例的完整代码。

例 3-14 定义学生类 Student,可以存放每个学生的姓名、年龄、成绩,包含两个成员方法:能够设置这三项属性值,能够输出这三项信息。

在主类的 main 方法中定义 Student 类的对象数组。提示用户确定学生的个数,然后给每个学生输入三方面信息,最后集体显示在屏幕上。

本例实现读入用户输入数据的相关内容介绍见 3.6 节。

```java
import java.util.Scanner;                    //引入 java.util 包里的 Scanner 类

class StudentDemo{

    public static void main(String[] args){

        //创建用来接收用户输入数据的 Scanner 类的对象 reader
        Scanner reader=new Scanner(System.in);
        Student stu[];                        //声明 Student 类类型数组 stu
        int n;                                //学生个数
        System.out.println("您要输入多少同学的信息?");
        n=reader.nextInt();                   //接收用户输入的整数存至变量 n 中

        if(n<=0)                              //个数合法性判断
            System.out.println("个数错误!");
        else{

            stu=new Student[n];               //创建 stu 数组,包含 n 个元素

            //循环创建每个数组元素对象,设置各对象的全部信息
            for(int i=0;i<n;i++){
                stu[i]=new Student();         //给每个数组元素创建对象
                System.out.println("请输入第"+(i+1)+"个同学的姓名");
                String name=reader.next();    //读入字符串存至姓名中
                System.out.println("请输入第"+(i+1)+"个同学的年龄");
                int age=reader.nextInt();     //读入整数存至年龄中
                System.out.println("请输入第"+(i+1)+"个同学的成绩");
                double score=reader.nextDouble();//读入实数存至成绩中
                stu[i].setItem(name,age,score);
            }

            for(int i=0; i<n;i++)             //循环对每个数组元素信息进行输出
                stu[i].printInfo();

        }
```

```
    }
}

//定义学生类
class Student{
    String name;                              //姓名
    int age;                                  //年龄
    double score;                             //成绩

    void setItem(String n, int a, double s){  //设置成员值
        name=n;
        age=a;
        score=s;
    }

    void printInfo(){                         //输出各项信息
        System.out.println("姓名是"+name+",年龄是"+age+",成绩是"+score);
    }
}
```

程序运行结果如图 3-8 所示。

图 3-8　例 3-14 程序运行结果

程序代码分析：

注意程序代码中两次 new 运算符的使用。第一次在用户确定了学生人数（即数组元素个数）之后，使用 new 创建数组：stu = new Student[n]。此时数组空间已开辟，每个 stu 数组元素都可以引用一个 Student 类的对象。但注意，这时候数组元素都没有引用到具体的实体，也就是说每个数组元素的引用都是空的，还不能对数组元素进行使用。因此

有了第二次 new 的使用：stu[i]＝new Student()。在通过循环对每个数组元素进行操作之际，由于是 Student 类类型的数组，每个元素相当于一个 Student 类的对象，必须对其进行创建才能使用。

3.5.7　数组的引用

在 Java 中，数组需要先声明再创建，数组名称实际上代表的是数组的引用，即数组的首地址。

声明整型数组 a，包含 10 个元素，则可有如下语句：

```
int[]  a;                //语句①
a=new int[10];           //语句②
```

这两个语句的执行步骤及系统为数组分配内存空间的情况如下所示。

步骤 1：声明数组。

执行语句①，结果是：为数组名称 a 开辟一个内存空间，此时只有数组名称，没有数组实体，即还不存在数组元素，如图 3-9 所示。

步骤 2：执行语句②中赋值符号右边的 new int[10]部分。

结果是：分配连续的 10 个空间，每个空间用来存放整型数据，空间作为数组元素下标从 0 到 9，如图 3-10 所示。

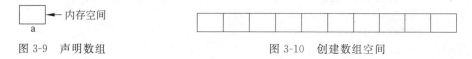

图 3-9　声明数组　　　　　　　　　　　　　　　图 3-10　创建数组空间

步骤 3：完成语句②中等号赋值功能。

等号赋值的执行结果是：数组名称 a 引用创建的这 10 个连续空间作为它的数组元素空间，即 a 指向了连续的这 10 个空间的首地址，可以通过 a 结合下标使用这些空间，如图 3-11 所示。

图 3-11　数组空间的引用赋值给声明的数组

从图中可以看出，数组属于引用型变量，数组名称描述了数组的首地址，即表达它指向哪段连续的数组空间，并不直接代表所有数组元素。因此，如果两个或多个相同类型的数组具有相同的引用，那么它们就有完全相同的元素。也就是说，数组间可相互直接赋值，表示数组共同指向同一地址。

例如，有语句：

```
int a[]={1,2,3,4,5} , b[];
b=a;  //数组 b 指向和数组 a 相同的地址
```

则语句执行后,内存空间分配情况如图 3-12 所示。

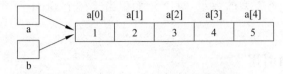

图 3-12　数组直接赋值,共同引用相同数组元素

例 3-15　数组的引用。

```
public class ArrayReference{
    public static void main(String[] args) {
        int a[]={1,2,3,4,5};              //初始化整型数组 a
        int b[];                          //声明整型数组 b
        b=a;              //将数组 a 的引用赋值给数组 b,即 b 也引用同样数组空间
        System.out.println("数组 a 的首地址是"+a);
        System.out.println("数组 b 的首地址是"+b);
        int i;
        System.out.print("数组 a 的元素有:");
        for(i=0;i<a.length;i++)           //循环输出数组 a 的所有元素
            System.out.print(a[i]+" ");   //输出一个元素后空格
        System.out.println();             //所有元素输出后换行
        System.out.print("数组 b 的元素有:");
        for(i=0;i<a.length;i++)           //循环输出数组 b 的所有元素
            System.out.print(b[i]+" ");
        System.out.println();
    }
}
```

程序运行后显示如下内容:

```
数组 a 的首地址是 I@ 35ce36
数组 b 的首地址是 I@ 35ce36
数组 a 的元素有:1 2 3 4 5
数组 b 的元素有:1 2 3 4 5
```

注意:

(1) 由于数组名称代表数组的首地址,因此直接输出 a、b 相当于显示地址编码,但看到的内容并不直接等同于内存中的地址,系统只是转换成可显示的内容。所以不要尝试给任何类型的变量赋一个貌似地址的值。

(2) 程序运行的结果表明,数组 a 与数组 b 的地址相同,即体现出它们引用的是同一个数组。通过不同的数组名称找到相应位置的数组元素,输出的是相同的内容。

3.6　接收用户输入的数据

读者已经掌握了使用命令行参数接收用户输入数据的方法,但更多的时候程序需要在执行过程中与用户进行交互,接收用户输入的数据。要实现这个功能,需要使用 Java

提供的 Scanner 类。

通过 Scanner 类的对象读取用户输入数据的步骤为：

（1）在需要实现输入输出的程序的前面引入 util 包。

```
import java.util.Scanner;
```

该语句把 Java 类库中 util 包里的 Scanner 类引入到当前程序代码中，在程序中就可以直接使用 Scanner 类了。

也可以把这一步骤写为：

```
import java.util.*;
```

"*"在这里是通配符，表示引入 util 包（目前可以把包理解成文件夹）里的所有内容。

（2）在代码中创建 Scanner 类的对象。

```
Scanner reader=new Scanner(System.in);
```

这条语句就像建立了一个从计算机终端（如键盘）向程序传输数据的通道。reader 是对象的名称，也可以写成其他符合命名规则的标识符，但通常规范命名为 reader。System.in 是创建 reader 对象的初始化内容，在此处必须有。

（3）在需要读取数据时通过 reader 对象调用相应的方法。

通过 reader 对象调用 Scanner 类的不同方法可以实现数据的读入，每个方法都把接收进来的数据作为返回值，因此方法的调用通常写在赋值语句中，将返回值直接保存到相应变量中（方法返回值的相关知识见 4.1.2 节）。

Scanner 类常用的接收数据的方法如下。

```
boolean bool=reader.nextBoolean();      //读取一个布尔类型数据
byte b=reader.nextByte();               //读取一个字节类型数据
short s=reader.nextShort();             //读取一个短整型数据
int n=reader.nextInt();                 //读取一个标准整型数据
long l=reader.nextLong();               //读取一个长整型数据
float f=reader.nextFloat();             //读取一个单精度类型数据
double d=reader.nextDouble();           //读取一个双精度类型数据
String str=reader.next();               //读取一个字符串类型数据
```

按照这三个步骤来写，读取用户输入的数据便轻松实现了，现在就可以编写能够与用户进行交互的程序了。

例 3-16 编写程序，运行时提示用户输入一个数，输出该数的绝对值。

```
import java.util.Scanner;                    //引入 java.util 包里的 Scanner 类

class AbsTest{
    public static void main(String[] args){
        //创建用来接收用户输入数据的 Scanner 类的对象 reader
        Scanner reader=new Scanner(System.in);
        System.out.println("请输入一个数");
```

```
        double num=reader.nextDouble();      //接收一个双精度数据存至变量 num 中
        if(num<0)                            //得到 num 的绝对值
            num=-num;
        System.out.println("该数的绝对值是"+num);
    }
}
```

程序运行结果如图 3-13 所示。

图 3-13　例 3-16 程序运行结果

例 3-17　提示用户输入一个半径值,将数据读入。再提示用户选择 1 为计算周长,选择 2 为计算面积,根据用户所选内容进行计算,输出结果。

```
import java.util.Scanner;                  //引入 java.util 包里的 Scanner 类

class CircleTest{
    public static void main(String[] args){
        Scanner reader=new Scanner(System.in);      //创建 Scanner 对象 reader
        System.out.println("请输入一个半径值");       //提示用户输入半径
        double r=reader.nextDouble();                //接收用户输入的半径值
        System.out.println("1. 计算周长 2.计算面积"); //提示用户进行选择
        System.out.print("请选择:");
        int choice=reader.nextInt();                 //读入用户的选择
        if(choice==1)       //根据选择进行不同计算并输出结果
            System.out.println("周长为"+2*3.14*r);
        else if(choice==2)
            System.out.println("面积为"+3.14*r*r);
        else
            System.out.println("选择错误");
    }
}
```

程序运行结果如图 3-14 所示。

例 3-18　用户输入成绩,求平均值。要求提示用户确定成绩的个数,提示用户输入每个成绩,使用数组存放成绩,求出平均值,输出结果。

```
import java.util.Scanner;                  //引入 java.util 包里的 Scanner 类

class ScoreTest{
```

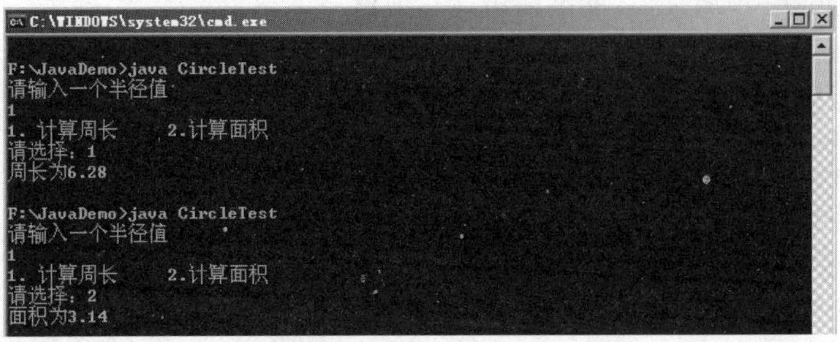

图 3-14 例 3-17 程序运行结果

```java
public static void main(String[] args){
    Scanner reader=new Scanner(System.in);
    double score[];                    //声明存放成绩的数组 score
    int n;                             //整型变量 n 用来保存学生个数
    System.out.println("您要输入多少同学的成绩?");
    n=reader.nextInt();
    if(n<=0)
        System.out.println("个数错误!");
    else{
        score=new double[n];           //创建 score 数组,包含 n 个元素
        double sum=0;
        //循环提示用户输入每个同学的成绩,并随时累加总成绩
        for(int i=0; i<n; i++){
            System.out.print("请输入第"+(i+1)+"个同学的成绩:");
            score[i]=reader.nextDouble();
            sum+=score[i];
        }
        System.out.println("平均成绩是:"+sum/n);
    }
}
```

程序运行结果如图 3-15 所示。

图 3-15 例 3-18 程序运行结果

例 3-19 定义学生类 Student,可以存放每个学生的姓名、年龄、成绩,包含两个成员

方法：能够设置这三项属性值，能够输出这三项信息。

在主类的 main 方法中定义 Student 类的对象数组。提示用户确定学生的个数，然后给每个学生输入三方面信息，最后集体显示在屏幕上。

```java
import java.util.Scanner;                    //引入 java.util 包里的 Scanner 类
class StudentArrTest{
    public static void main(String[] args){
        Scanner reader=new Scanner(System.in);
        Student stu[];                        //声明 Student 类数组 stu
        int n;                                //整型变量 n 用来保存学生个数
        System.out.println("您要输入多少同学的信息?");
        n=reader.nextInt();
        if(n<=0)
            System.out.println("个数错误!");
        else{
            stu=new Student[n];               //创建 stu 数组,包含 n 个元素
            for(int i=0;i<n;i++){             //循环对每个元素进行操作
                stu[i]=new Student();         //创建当前数组元素引用的 Student 对象
                System.out.println("请输入第"+(i+1)+"个同学的姓名");
                String name=reader.next();
                System.out.println("请输入第"+(i+1)+"个同学的年龄");
                int age=reader.nextInt();
                System.out.println("请输入第"+(i+1)+"个同学的成绩");
                double score=reader.nextDouble();
                stu[i].setItem(name,age,score);
            }
            for(int i=0; i<n;i++)             //循环输出每个元素的各项信息
                stu[i].printInfo();
        }
    }
}


class Student{                                //定义 Student 类
    String name;                              //姓名
    int age;                                  //年龄
    double score;                             //成绩
    void setItem(String n, int a, double s){  //设置成员值
        name=n;
        age=a;
        score=s;
    }
    void printInfo(){                         //输出全部信息
     System.out.println("姓名是"+name+",年龄是"+age+",成绩是"+score);
    }
}
```

程序运行结果如图 3-16 所示。

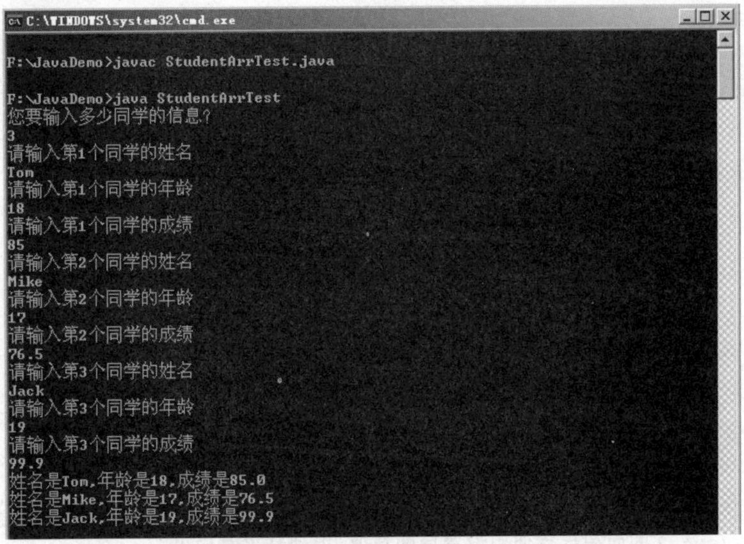

图 3-16　例 3-19 程序运行结果

3.7　成员变量

　　成员变量在类的内部定义,一旦用类创建了对象,每个对象就具有了自己的成员变量。同一个类的每个对象都具有相同的成员变量,每个对象的这些成员变量又都是相互独立的。可以简单理解类中定义的成员变量是它们共同的属性,对象具有的成员变量是对象自己属性的具体内容。比如每个人都有性别、出生日期,这些是人类都具备的共同的属性,但每个人的性别和出生日期互相独立,自己有自己的数据。

　　前面讲了基本数据类型、字符串和数组,掌握了各种运算符的使用。在 Java 程序设计中,描述对象的属性、对它们进行操作时就要用到这些内容。

3.7.1　成员变量的默认值

可以在定义类的同时给成员变量赋初值。

如定义下面的矩形类:

```
class   Rectangle{
    int width=10;        //设置成员变量的默认初值
    int height=20;       //设置成员变量的默认初值
    void setItem(int w,int h){
        width=w;
        height=h;
    }
    int getArea(){
```

```
        return width * height;
    }
}
```

该类规定了创建对象时成员变量的默认值。使用 Rectangle 类创建对象时,每个对象的长(width)和宽(height)初始值都默认为 10,20。

完整程序如下。

例 3-20 类成员变量的默认初值。

```
public class RectTest{
    public static void main(String[] args) {
        Rectangle rect1=new Rectangle();          //创建 Rectangle 类对象 rect1
        //直接使用 rect1 成员的默认值计算面积,输出结果
        System.out.println("rect1 的面积是"+rect1.getArea());
        Rectangle rect2=new Rectangle();          //创建 Rectangle 类对象 rect2
        rect2.setItem(20,30);                     //设置 rect2 的长和宽为 20,30
        //rect2 的面积计算使用设置后的新值,得到结果并输出
        System.out.println("rect2 的面积是"+rect2.getArea());
    }
}


class Rectangle{                         //定义 Rectangle 矩形类
    int width=10;                        //设置成员变量 width 的默认初值为 10
    int height=20;                       //设置成员变量 height 的默认初值为 20

    void setItem(int w,int h){           //设置成员值的方法
        width=w;
        height=h;
    }

    int getArea(){                       //计算面积并得到结果的方法
        return width * height;
    }
}
```

程序运行后在屏幕上显示:

```
rect1 的面积是 200
rect2 的面积是 600
```

注意:成员变量赋初值必须与成员变量的声明写在同一条语句里,因为类的内部不允许直接出现执行语句。

也就是说,写成如下形式是绝对不可以的:

```
class Rectangle{
```

```
        int width ;
        int height ;
        width=10;        //错误,不要这样写
        height=20;       //错误,不要这样写
          ⋮
}
```

3.7.2 复杂类型的成员变量

成员变量可以根据需要使用任意类型,包括数组、类类型等。复杂类型的成员变量必须先创建,再使用。

例 3-21 数组作成员变量的应用。

定义学生类 Student,可以存放每个学生的姓名、年龄、课程数目、成绩,其中成绩定义为数组类型,可存放多门课程的成绩。该类还包含两个成员方法:能够设置各属性值,能够输出所有信息。

在使用该类的成绩数组成员时,要根据用户的输入确定成绩个数,实现相应的功能。

定义一个公共类,在 main 方法中使用 Student 类创建对象 stu,提示用户确定课程数目,给 stu 的各成员变量赋值,调用 stu 的方法观察运行结果。

```
import java.util.Scanner;              //引入 java.util 包里的 Scanner 类

class Student {                        //定义学生类 Student
    String name;                       //姓名
    int age;                           //年龄
    int number;                        //课程数目
    double score[];                    //成绩数组

    void setItem(String n, int a, int num, double s[]){        //设置成员值
        name=n;
        age=a;
        number=num;
        score=new double[number];      //根据课程数目创建成绩数组
        for(int i=0;i<number;i++)      //循环给每个成绩元素赋值
            score[i]=s[i];
    }

    void printInfo(){                  //输出各项信息
        System.out.println("姓名是"+name+"年龄是"+age);
        for(int i=0;i<number;i++)
                System.out.println("第"+(i+1)+"门课的成绩是"+score[i]);
    }
}
```

```
public class StudentTest1{
    public static void main(String[] args){
        Student stu=new Student();       //创建 Student 类对象 stu
        Scanner reader=new Scanner(System.in);
        System.out.println("请输入姓名");
        String n=reader.next();
        System.out.println("请输入年龄");
        int a=reader.nextInt();
        System.out.println("请输入课程数目");
        int num=reader.nextInt();
        double s[]=new double[num];       //根据课程数目创建数组 s
        for(int i=0;i<num;i++){           //循环接收输入的成绩至 s 数组各元素
            System.out.println("请输入第"+(i+1)+"门课的成绩");
            s[i]=reader.nextDouble();
        }
        stu.setItem(n,a,num,s);           //调用方法传递数据,给成员设置数据
        stu.printInfo();                  //输出各项信息
    }
}
```

可以把本章所学的内容综合应用起来,除了用数组定义类的成员变量外,在用类创建对象时还可以定义类的对象数组。

例 3-22　改写例 3-21,在主类的 main 方法中定义 Student 类的对象数组。提示用户确定学生的个数,然后给每个学生输入各方面信息,最后集体显示在屏幕上。

```
import java.util.Scanner;              //引入 java.util 包里的 Scanner 类

class Student {                        //Student 类定义同例 3-21
    String name;
    int age;
    int number;
    double score[];
    void setItem(String n, int a, int num,double s[]){
        name=n;
        age=a;
        number=num;
        score=new double[number];
        for(int i=0;i<number;i++)
            score[i]=s[i];
    }
    void printInfo(){
        System.out.println("姓名是"+name+"年龄是"+age);
        for(int i=0;i<number;i++)
                System.out.println("第"+(i+1)+"门课的成绩是"+score[i]);
```

```
        }
    }

public class StudentTest2{
    public static void main(String[] args){
        Scanner reader=new Scanner(System.in);
        System.out.println("请确定学生人数");
        int m=reader.nextInt();
        Student stu[]=new Student[m];        //根据学生人数创建 stu 数组
        for(int j=0;j<m;j++){                //循环对每个数组进行操作
            //读入一系列当前元素的各项数据
            System.out.println("请输入第"+(j+1)+"个姓名");
            String n=reader.next();
            System.out.println("请输入第"+(j+1)+"个年龄");
            int a=reader.nextInt();
            System.out.println("请输入第"+(j+1)+"个课程数目");
            int num=reader.nextInt();
            double s[]=new double[num];    //根据课程数目创建数组 s
            for(int i=0;i<num;i++){        //读入相应数目成绩存至 s 各数组元素
                System.out.println("请输入第"+(i+1)+"门课的成绩");
                s[i]=reader.nextDouble();
            }
            stu[j]=new Student();        //创建当前 stu 数组元素引用的 Student 对象
            stu[j].setItem(n,a,num,s);    //设置当前元素各项成员数据
            stu[j].printInfo();            //输出当前元素全部信息
        }
    }
}
```

注意：本例中的两次 new 运算符的使用，首先要使用 new 运算符创建学生类数组，然后在对每个数组元素进行操作之前还必须把数组元素所引用的学生类对象也用 new 创建出来。

在面向对象的程序设计中，不允许通过对象直接操作成员变量，要在类的内部定义相应的方法对成员变量进行数据的存储或访问。这方面的内容将在第 4 章和第 5 章详细描述。

实验与训练

1. 编写程序，计算如下表达式的值，将结果输出。

(1) 3.5＋1/2＋56％10

(2) 3.5＋1.0/2＋56％10

(3) int a ＝ 4％3 * 7＋1

2. 下列语句执行后变量 a、b、c、d 的值分别是多少?

```
int a=5,b=8,c,d;
c=(a++)*b;
d=(++a)*b;
```

3. 自定义一个字符串数组,提示用户输入 5 个字符串,通过循环语句实现将用户输入的字符串存放到数组里,然后反向输出这 5 个字符串。

4. 定义一个实型数组用来存放学生成绩,提示用户确定成绩的个数,根据个数创建数组。提示用户输入每个成绩,为各数组元素赋值。询问用户要查找第几个同学的成绩,显示相应的查询结果,如果超出个数范围则进行相应提示。

5. 在第 4 题的基础上进行改写,修改查询条件:询问用户要查找分数为多少的成绩,找到相应的成绩则显示第几位同学符合查询条件,找不到相应的成绩则显示没有该成绩,如果超出成绩范围则进行相应提示。

6. 提示用户输入一个整数,再提示用户输入一个符号。在屏幕上输出该整数个这样的符号。

程序运行结果如图 3-17 所示。

图 3-17　第 6 题程序运行结果

第 4 章　对象的行为——成员方法

学习目标：

- 进一步掌握方法的定义和调用；
- 掌握类的构造方法的功能、编写和使用；
- 掌握重载方法的定义和使用；
- 掌握 Getters 与 Setters 方法的编写规范；
- 理解封装的含义 。

一个类的类体由变量的定义和方法的定义两部分组成，类中的方法描述了该类具备的行为。方法是一个可以被多次调用的相对独立的代码块，或者说是用来完成一个特定任务的一小段程序。可以自己定义各种方法，然后反复调用它帮助我们实现某些功能。这一章里将深入讨论方法定义及使用的各细节问题，并学习一些规范的方法定义，逐步体会面向对象编程思想中封装的含义。

学习完本章内容，可以编写出下面的程序。

例 4-1　成员方法、构造方法的定义、重载和使用，数组做方法参数的使用。

本例的 Book 类有两个重载构造方法，其中一个构造方法的参数使用了字符串类型数组。

```
import java.util.*;

class Book{
    String name;
    String author;
    String publishing;
    double price;
    String comment;

    Book(String n,String aut,String pub,double p, String com){
        name=n;
        author=aut;
        publishing=pub;
        price=p;
        comment=com;
```

```java
    }

    Book(String str[]){
        name=str[0];
        author=str[1];
        publishing=str[2];
        price=Double.parseDouble(str[3]);
        comment=str[4];
    }

    void showInfo(){
        System.out.println(publishing+"出版的《"+name+"》是"+author+"写的");
        System.out.println("读者对这本书的评价是:"+comment);
    }
}

public class BookTest {

    public static void main(String[] args){
        Scanner reader=new Scanner(System.in);
        Book b1=new Book("明朝那些事儿 2","当年明月","中国友谊出版公司",
                    24.8,"相当地好看!");
        String s[]=new String[5];
        System.out.print("请输入书名:");
        s[0]=reader.next();
        System.out.print("请输入作者姓名:");
        s[1]=reader.next();
        System.out.print("请输入出版社:");
        s[2]=reader.next();
        System.out.print("请输入价格:");
        s[3]=reader.next();
        System.out.print("请输入评价:");
        s[4]=reader.next();
        Book b2=new Book(s);
     System.out.println();
        b1.showInfo();
        b2.showInfo();
    }

}
```

程序运行结果如图 4-1 所示。

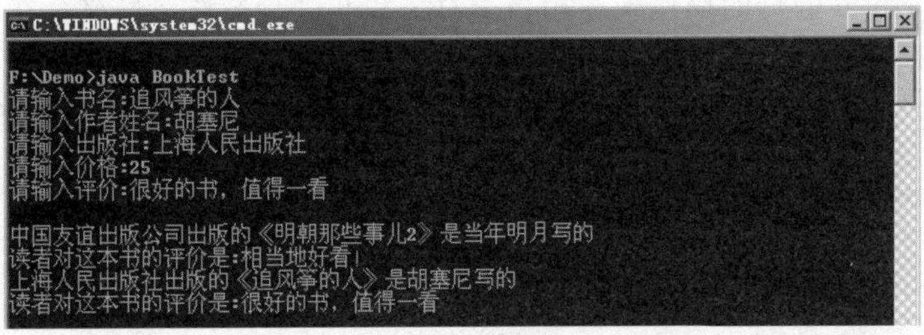

图 4-1　例 4-1 程序运行结果

4.1　自定义方法

4.1.1　方法的定义和调用

1. 方法的定义

在第 1 章中曾经简要介绍过方法的定义和使用，即：

```
返回值类型 方法名称([参数列表]){
       //方法体中的语句
}
```

例如，比较两个整数的大小并输出较大值的方法可写为：

```
public static void max(int a,int b)  {
    int  m;
    if  (a>b)
       m=a;
    else
       m=b;
    System.out.println(a+"和"+b+"的较大值是"+m);
}
```

2. 方法的调用

使用方法实现特定功能叫做方法的调用。调用方法时只写方法名称和实际要处理的数据，如果不需要传递数据，则只写方法名称和小括号即可。方法一旦定义出来，可以在需要实现相应功能的时候反复调用。

方法调用的一般形式：

```
方法名 (实参)
```

例如，调用上面的方法求 3 和 9 的较大值可写为：

```
max(3,9);
```

在调用时，实参 3 传递给了形参 a，实参 9 传递给了形参 b，然后进入方法体执行中的语句。原来对 a 和 b 进行的操作现在相当于对 3 和 9 进行操作。最终会在屏幕上显示"3 和 9 的较大值是 9"。

例 4-2 定义比较两个数的大小并输出较大值的方法,调用该方法测试其功能。

```java
import java.util.*;

public class App{

    public static void main(String[] s){
        Scanner reader=new Scanner(System.in);
        System.out.println("请输入两个整数");
        int x=reader.nextInt();
        int y=reader.nextInt();
        max(x,y);              //将读入的两个整数传递给 max()方法进行大小比较
        max(3,9);              //将 3 和 9 传递给 max()方法进行大小比较
    }

    public static void max(int a,int b)  {
        int m;
        if(a>b)
            m=a;
        else
            m=b;
        System.out.println(a+"和"+b+"的较大值是"+m);
    }

}
```

程序运行结果如图 4-2 所示。

图 4-2 例 4-2 程序运行结果

代码分析:

main 方法中先提示用户输入两个整数,再将用户输入的数据接收到变量 x 和 y 中,然后通过 max(x,y)调用 max 方法比较出 x 和 y 的较大值,即用户输入的两个数的较大值,显示在屏幕上。最后通过 max(3,9)再次调用 max 方法,比较出 3 和 9 之间的较大值,显示在屏幕上。

关于方法定义和调用的总结如下:

(1) 方法的定义要严格按照格式写,不可随意删减或增加某部分,注意方法首部和方

法体共同构成方法的定义,是一个整体。

(2) 方法调用不写类型,只写方法名称和实际参数(有时不写),括号不能省。

(3) 方法调用与方法定义的形式要相一致。不仅方法名称要一致,参数表也要一致。即参数的类型要兼容(类型一致或是系统能够自动转换的数值型)、参数的个数要一致、参数的先后次序要一致。

4.1.2　方法的返回值

通过方法调用得到一个确定的值就是方法的返回值。方法的返回值代表方法执行功能结束后最终得到的结果,需要通过 return 语句"传送"出去,即返回到到调用位置。在定义方法时指定返回值的类型,要和 return 语句中的表达式类型一致。方法体中可以有多条 return 语句(如分别出现在选择结构的不同分支中),一旦执行了 return 语句,则方法调用结束。

带有返回值的方法,可以将方法调用直接当成结果进行使用。

例如,把上面比较整数大小的方法改写为带有返回值的形式,则完整程序代码如下所示。

例 4-3　带返回值的方法的定义和调用。

```
public class App2{
    public static int max(int x,int y){
        if(x>=y)
            return x;              //如果 x 大,则返回 x 的值
        else
            return y;              //如果 y 大,则返回 y 的值
    }

    public static void main(String[] args){
        int num=10, m;
        m=max(num,20);            //调用 max 方法得到 10 和 20 的较大值并赋值给 m
        System.out.println("最大值是"+m);
    }
}
```

程序运行后在屏幕上显示:

最大值是 20

代码分析:

程序从 main 方法开始执行,遇到"m = max(num,20);"这条语句时先完成等号右边的 max 方法调用,然后将结果保存到 m 中,最后输出结果。

调用 max 方法时先把实参 num 的值传递给形参 x,20 传递给形参 y,然后带到方法体中去处理,return 语句负责将结果进行返回。返回的位置就是调用的位置,即 max(num,20)整体代表了最后返回的结果。所以赋值语句能够把调用的结果保存到变量

m 中。

在 return 这个关键字后面是一个代表结果的值，它可以是一个简单的值，也可以是一个变量，还可以是一个表达式。例如，可将 max 方法直接定义为：

```java
public static int max(int x,int y){
    return (x>y? x:y);
}
```

例 4-4 带返回值的求整数幂方法的定义和调用。

```java
import java.util.*;
class ReturnDemo{
    public static void main(String[] args){
        Scanner reader=new Scanner(System.in);
        System.out.println("请输入一个整数");
        int m=reader.nextInt();
        System.out.println("您要计算该数的多少次幂?");
        int n=reader.nextInt();
        if(m==0&&n<=0)                    //若求 0 的负次数幂,则无意义
            System.out.println("该计算无意义");
        else if(m==0&&n>0)            //0 的正数次幂是 0
            System.out.println("0 的"+n+"次幂是 0");
        else                          //非 0 数值 m 的 n 次幂调用方法求解
            System.out.println(m+"的"+n+"次幂是"+power(m,n));
    }

    static double power (int m, int n){
        double v=1;
        if(n>=0)                      //m 的正数次幂通过循环连续乘法得到
            for(int i=1;i<=n;i++)
                v=v * m;
        else                          //m 的负数次幂通过循环连续除法得到
            for(int i=n;i<0;i++)
                v=v/m;
        return v;                     //返回最终结果
    }
}
```

程序运行结果如图 4-3 所示。

关于方法返回值的相关说明如下：

（1）无返回值的方法，定义时返回值类型写 void 关键字，方法体内不能出现 return 语句。

（2）有返回值的方法，定义时写好返回值类型，方法体内使用 return 语句将结果返回。

图 4-3　例 4-4 程序运行结果

注意：返回值类型和方法体内语句不能自相矛盾。如果方法声明为 void 又写了 return 语句，或声明了某返回值类型却没有 return 返回语句，都会产生编译错误。

（3）有返回值的方法，方法体的任意执行分支最后都要有明确的返回值。

例如，这样写是错误的：

```
int abs(int x){
    if (x>0)
        return x;
    else
        System.out.println(x);
}
```

abs 方法声明为返回 int 型数据的方法，但方法体内 else 分支语句下并没有通过 return 返回任何数据，这种情况下程序会产生编译错误。

（4）无返回值的方法，其调用要作为单独语句出现，不能把方法调用当成结果进行赋值、输出等操作（因为方法调用结果是 void 空）。

（5）有返回值的方法，其调用可放在表达式中，或作为其他方法调用的参数。例如，将方法调用放在赋值表达式中或输出语句中。

4.1.3　方法的参数

方法的形式参数：

方法定义时参数表里的参数叫做"形式参数"，简称形参。形参通常是方法所处理的数据、影响方法功能的因素或者方法处理的结果。

方法的实际参数：

调用一个方法时，方法名后面小括号中的参数称为"实际参数"，简称实参 。实参可以认为是真正参与实际操作被方法处理的内容。

形参与实参之间是被调与主调的关系。方法未被调用时，形参只是一个符号，在内存中并不真的存在。方法被调用时，系统将在内存中给形参分配空间，然后由主调将实参赋予形参,继而带入方法内部的语句进行使用。

这很像数学计算里的函数,比如圆形计算面积的公式是:

$$S(r) = 3.14 * r * r$$

其中的 r 表示圆的半径,在此处只定义出该如何利用半径进行计算,而不关心半径具体的值。这个公式就是方法,r 就是形式参数。

在具体应用中,如果写 S(1),相当于:

$$S(1) = 3.14 * 1 * 1$$

进一步得到结果是面积值为 3.14。如果写 S(10),就应该计算:

$$S(10) = 3.14 * 10 * 10$$

此时面积值为 314。看得出来,小括号里的 1 或者 10 代表了圆半径的具体值,我们会把这个实际的值带到公式里,相当于传递给 r,进行计算。1 和 10 在这里就是实际参数。

方法参数的使用说明如下:

(1) 如果方法无需传递数据,则形参可以为空。

例如:

```java
public static void welcome(){
    System.out.println("* * * * * * * * * * *");
    System.out.println("欢迎使用本程序");
    System.out.println("* * * * * * * * * * *");
}
```

welcome()方法负责在屏幕上显示一些固定的内容,无需传递数据到方法体内使用,因此参数表是空的。

(2) 实参可以是常量、变量或表达式,但要求它们有确定的值。

例如,调用例 4-2 中的 max 方法:

```java
int a=-3,b=5,c;
c=max(4,a+b);
```

其中,"4"就是常量作实参,"a+b"就是表达式作实参。

例 4-5 带参数不带返回值的方法定义及调用——求绝对值。

```java
public class AbsDemo01{
    public static void abs(int a){
        if (a>0)                    //根据判断,直接将绝对值进行输出
            System.out.println(a);
        else
            System.out.println(-a);
    }

    public static void main(String[] s){
        int x=-7;
```

```
        abs(x);                    //调用 abs 方法输出 x 的绝对值
        abs(123);                  //调用 abs 方法输出 123 的绝对值
    }
}
```

再进一步改成带返回值的形式,程序如下。

例 4-6 带参数和返回值的方法定义及调用——求绝对值。

```
public class AbsDemo02{
    static int abs(int a){
        if (a>0)                       //根据判断,返回绝对值结果
            return a;
        else
        return-a;
    }

    public static void main(String[] s){
        int x=-7, y;
        y=abs(x);                      //调用 abs 方法得到 x 的绝对值并存至 y 中
        System.out.println(y);         //输出 y,相当于输出 x 的绝对值
        //调用 abs 方法得到 123 的绝对值并立即输出
        System.out.println(abs(123));
    }
}
```

4.1.4 实参与形参之间的数据传递

基本类型数据作方法的参数,实参变量对形参变量的数据传递是"单向值传递",即只由实参传给形参,而形参不能传回给实参。

例 4-7 参数的单向值传递。

```
public class ParamTest01{
    public static void main(String[] s)
    {
        int a=2,b=3;
        System.out.println("调用方法前:a="+a+",b="+b);
        fun(a,b);
        System.out.println("调用方法后:a="+a+",b="+b);
    }

    static void fun(int x,int y)
    {
        x=10;
        y=15;
    }
```

```
    }
```

程序运行结果如下：

调用方法前:a=2,b=3
调用方法后:a=2,b=3

由结果可见,fun()方法的调用并未改变实参 a 和 b 的值。

代码分析:

调用 fun()方法时,实参 a 和 b 会把自己的数据 2、3 分别传递给形参 x 和 y。由于基本类型数据作参数的传递方式是"单向值传递",因此这次数据传递后,a、b 与 x、y 之间不再有任何联系。接下来,程序执行流程转移到 fun()方法体内,给 x 和 y 重新赋值,但这种赋值无法对 a、b 造成任何影响。方法调用结束后,a 和 b 的值仍然是 2 和 3。

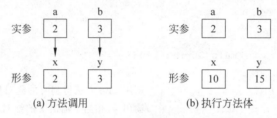

图 4-4 实参与形参之间的单向值传递

图 4-4 中,图 4-4(a)体现了方法调用时实参与形参之间的单向值传递,图 4-4(b)表现了这之后实参与形参之间再无任何关系,形参当然也不能反过来影响实参。

4.1.5 引用型数据做方法参数

引用类型的参数(如数组、对象),实参代表的是数据的引用,即地址。此时实参传递给形参的是地址,相当于形参与实参共用一个地址空间的数据。在方法内部对引用的数据作任何操作,结果将被保留。

注意数组作函数的参数,形参的[]里什么都不写,调用时实参只写数组名称。

例 4-8 数组作实参传递数组地址。

编写应用程序,定义方法 public static void initArray(int arr[])用来给数组进行初始化赋值,定义方法 public static void printArray(int arr[])用来输出数组元素。在 main()方法中创建一个整型数组,调用两个自定义方法对其进行操作。观察程序运行结果。

```
import java.util.Scanner;

public class ParamTest02 {
    static Scanner reader=new Scanner(System.in);

    public static void main(String[] args){
        int age[];                   //声明年龄数组
        System.out.println("请输入年龄数组元素的个数:");
```

```
    int n=reader.nextInt();
    age=new int[n];              //创建年龄数组,包含 n 个数组元素
    initArray(age);              //调用 initArray 方法对 age 数组进行初始化
    printArray(age);             //调用 printArray 方法输出 age 数组元素值
}

public static void initArray(int arr[]){      //对数组进行初始化的方法
    for(int i=0;i<arr.length;i++){
    System.out.println("请输入第"+(i+1)+"个元素");
    arr[i]=reader.nextInt();
    }
    System.out.println("数据录入结束");
    }

public static void printArray(int arr[]){      //输出数组元素值的方法
    System.out.println("数组元素有:");
    for(int i=0;i<arr.length;i++)
        System.out.print(arr[i]+" ");
    System.out.println();
    }
}
```

程序运行结果如图 4-5 所示。

图 4-5 例 4-8 程序运行结果

例 4-9 对象作为方法的参数实例。

```
import java.util.Scanner;

public class ParamTest03 {
    static Scanner reader=new Scanner(System.in);

    public static void main(String[] args){
        Hair hisHair=new Hair();
        System.out.println("调用方法前");
        hisHair.printInfo();                //调用 printInfo 方法输出 hisHair 对象信息
        change(hisHair);                    //调用 change 方法修改 hisHair 对象信息
```

```
    System.out.println("调用方法后");
    hisHair.printInfo();              //调用 printInfo 方法输出 hisHair 对象信息
}

public static void change(Hair h){  //修改 Hair 类的对象信息的方法
    System.out.println("请输入新的颜色");
    h.setColor(reader.next());        //读入字符串,设置为颜色
    System.out.println("请输入新的发型");
    h.setStyle(reader.next());        //读入字符串,设置为发型
}
}

class Hair{
    String color="黑色";              //颜色成员,默认值为黑色
    String style="板寸";              //发型成员,默认值为板寸

    void printInfo(){                 //输出各成员信息
        System.out.println("头发的颜色是"+color+"造型是"+style);
    }

    void setColor(String c){          //设置颜色
        color=c;
    }

    void setStyle(String s){          //设置发型
        style=s;
    }
}
```

程序运行结果如图 4-6 所示。

图 4-6　例 4-9 程序运行结果

4.2　类中的方法

从两个角度来看方法:在类的内部,方法可以怎样去使用;在类的外部,该如何找到类的方法来调用。

1. 在类的内部看方法

(1) 成员方法相互之间可以直接访问(调用)。

(2) static 修饰过的静态成员可相互访问,其他成员不能访问 static 修饰的成员。相关内容将在第 5 章具体介绍。

2. 从类的外部看方法

(1) 在一个类的外界想要访问类内部的成员方法,需要使用该类创建对象。通过创建的实体(即对象)配合分量运算符". "的使用,进行方法的调用。

格式为:

对象.方法名(实参)

例如:

```
Box b1=new Box();
b1.setDim(3,4,5);
```

(2) static 修饰过的方法可以在该类的外部通过类名.方法名(实参)直接进行调用,如 Math. sqrt(85)。static 相关内容将在第 5 章详细讲解,此处不再展开。

4.3 方 法 重 载

可以在类的内部定义同名的方法,只要它们的参数列表各不相同就不会发生冲突,这叫做方法重载 。其中,所谓参数列表各不相同是指:

(1) 参数的个数不同;

(2) 相应位置参数的类型不同。

满足这两个条件中的一个或同时满足,即可实现方法重载。

方法重载与返回类型无关。一个方法的重载方法也可以返回不同的数据类型,但常用的是返回相同的类型。

调用方法时编译器会自动根据实参表找到最匹配的方法去执行。找不到或找到多个均产生错误。

例 4-10 方法重载举例。

定义一个 Area 类,类的内部重载 getArea()方法,分别实现计算正方形面积、计算长方形面积、计算立方体表面积的功能。

在 mian 方法中创建 Area 类的对象,分别提示用户输入相应的数据,调用 getArea()方法得到结果,显示在屏幕上。

```
import java.util.Scanner;

public class OverLoad1 {

    public static void main(String[] args) {
```

```
        Scanner reader=new Scanner(System.in);
        Area area=new Area();
        System.out.println("请输入正方形的边长");
        int a=reader.nextInt();
        System.out.println("该正方形的面积是"+area.getArea(a));
        System.out.println("-------------------------------------");
        System.out.println("请输入长方形的长和宽");
        int w=reader.nextInt();
        int l=reader.nextInt();
        System.out.println("该长方形的面积是"+area.getArea(w,l));
        System.out.println("-------------------------------------");
        System.out.println("请输入立方体的长、宽、高");
        int x=reader.nextInt();
        int y=reader.nextInt();
        int z=reader.nextInt();
        System.out.println("该立方体的表面积是"+area.getArea(x,y,z));
    }


}

class Area{
    int getArea(int a){               //求正方形面积
        return a*a;
    }
    int getArea(int w,int l){          //求长方形面积
        return w*l;
    }
    int getArea(int w,int l,int d){   //求立方体表面积
        return w*l*2+l*d*2+w*d*2;
    }
}
```

本例中的 Area 类定义了三个 getArea() 方法,它们返回值类型和名称是一样的,而参数表中参数的个数相互不同,从而构成了方法重载。main() 方法中三次调用了 getArea() 方法,编译器自动根据所给实参找到最匹配的方法定义,然后去执行相应的内容。

程序运行的结果如下:

请输入正方形的边长

10

该正方形的面积是 100

请输入长方形的长和宽

3 4

该长方形的面积是 12

请输入立方体的长、宽、高
7 8 9
该立方体的表面积是 382

注意：方法参数列表中参数名称的不同不能构成方法的重载。

"貌似同一个方法，体现出不同功能"，方法的重载是面向对象程序设计多态的实现方式之一。

4.4　构　造　方　法

构造方法是一类特殊的方法，从功能上讲，它是用来对新创建的对象进行初始化的；从形式上讲，它与普通的方法定义有几个明显的语法区别。

Java 要求程序中每个变量在使用前都要先初始化，包括新创建的对象。在使用 new 创建类的对象时，Java 必须找到构造方法进行调用，这是必不可少的步骤。

4.4.1　构造方法的定义

与普通方法相比，构造方法的定义有以下特点，并严格符合下列特点。

（1）与类同名。

（2）没有任何返回类型。

（3）除了上述两点外，在语法结构上与一般的方法相同。

示例代码如下：

```java
class Box{
    double width;
    double height;
    double depth;
    Box(){            //Box 类的构造方法
        System.out.println("Box 的无参构造方法。");
    }
    double volume(){
        return width * height * depth;
    }
}
```

构造方法也可以重载，示例代码如下：

```java
class Box{
    double width;
    double height;
    double depth;
```

```
Box(){              //Box 类的无参构造方法
    System.out.println("Box 的无参构造方法。");
}
Box(double w, double h, double d){      //Box 类的有参构造方法
    width=w;
    height=h;
    depth=d;
    System.out.println("Box 的有参构造方法。");
}
double volume(){
    return width * height * depth;
}
}
```

上面的代码重载了 Box 盒子类的构造方法,定义了无参和有参两种形式,为了明显区分开,各构造方法分别输出了对自己进行描述的语句。

注意:构造方法里通常是给成员变量赋初值的语句,一般没有输入或输出的相关代码。

在使用 new 关键字创建一个类的对象时,实际上是在调用这个类的一个构造方法对该对象进行构造。构造方法"努力"构建对象,并且对对象进行初始化,如果需要,可以在构造方法里面放上我们自己的初始化代码。

4.4.2　构造方法的使用

构造方法是在创建该类对象的时候由系统自动调用的,其他情况下不能随意地直接调用构造方法。

例如,使用前面定义的盒子类:

```
Box b1=new Box();
Box b2=new Box(3,4,5);
```

在创建对象时,系统按照所给实参去找最匹配的构造方法来调用。

之前在定义类的时候没有写过构造方法,创建对象也能够顺利地完成,这是因为 Java 规定:如果在一个类里找不到构造方法,Java 就为这个类添加一个默认无参的构造方法,然后调用它来创建对象。默认的构造方法没有参数,方法体里没有具体的执行语句,因此表面上看不到执行结果,它的作用就是能够帮助我们把对象顺利地创建出来。

注意:如果类中定义了构造方法,则 Java 不再提供默认构造方法。此时必须按照自定义构造方法的形式去创建对象,也就是创建对象时实参表要与自定义构造方法的形参表在参数个数和类型上保持一致。

例 4-11　构造方法的定义和使用。

定义 Student 类,包含成员变量姓名、年龄、成绩,包含构造方法能够在创建对象的同时对三个属性进行初始化赋值,包含输出各项信息的方法。

在 main 方法中创建 Student 类的对象,调用方法显示信息。

```java
import java.util.*;

class Student{                              //自定义学生类
    String name;                            //姓名
    int age;                                //年龄
    double score;                           //成绩

    Student(String n, int a, double s){     //自定义有参构造方法
        name=n;
        age=a;
        score=s;
    }

    void printInfo(){                       //显示各成员信息
        System.out.println(name+"今年"+age+"岁,期末考了"+score+"分");
    }
}

public class StudentTest {

    public static void main(String[] args) {
        Scanner reader=new Scanner(System.in);
        Student stu1=new Student("小明",18,80);  //调用构造方法创建对象 stu1
        stu1.printInfo();                        //显示 stu1 的各项信息
        System.out.print("请输入同学的姓名");
        String n=reader.next();
        System.out.print("请输入同学的年龄");
        int a=reader.nextInt();
        System.out.print("请输入同学的成绩");
        double s=reader.nextDouble();
        Student stu2=new Student(n,a,s);         //调用构造方法创建对象 stu2
        stu2.printInfo();                        //显示 stu2 的各项信息
    }

}
```

程序运行结果如下:

小明今年 18 岁,期末考了 80.0 分
请输入同学的姓名萌萌
请输入同学的年龄 19
请输入同学的成绩 75
萌萌今年 19 岁,期末考了 75.0 分

注意：本例中的 Student 类定义了带三个参数（String n，int a，double s）的构造方法，因此 Java 不再自动添加默认无参构造方法。使用 Student 类创建对象时必须给对应的实参，如 new Student("小明",18,80)。此程序中如果创建对象时实参表为空，则语句出错。

如果希望创建对象时有多种初始化，如不给初始化数据（无参），给部分初始化数据，给所有初始化数据，则可以定义重载的构造方法进行应用。

例 4-12 重载构造方法的应用。

定义立方体 Cube 类，内部包含 4 个重载构造方法，能够实现无参、一个参数（正方体）、两个参数（长、宽、高有两项一样）、三个参数（长、宽、高各不相同）的情况下均能创建对象并初始化。在 main 方法中测试 Cube 类的使用。

```java
import java.util.*;

class Cube{
    double width,height,depth;        //成员长、宽、高

    Cube(){                           //无参的构造方法,长、宽、高均默认设置为1
        width=height=depth=1;
    }

    Cube(double w){                   //一个参数的构造方法,长、宽、高设置为同样的参数值
        width=height=depth=w;
    }

    Cube(double w,double h){          //两个参数的构造方法,宽和高设置为相同值
        width=w;
        height=depth=h;
    }

    Cube(double w,double h,double d){ //三个参数的构造方法,长、宽、高各不相同
        width=w;
        height=h;
        depth=d;
    }

    double getVol(){                  //计算体积并返回结果
        return width * height * depth;
    }
}

public class CubeTest {

    public static void main(String[] args) {
```

```
Cube c1=new Cube();        //调用无参构造方法创建对象 c1
System.out.println("默认正方体 c1 的体积是"+c1.getVol());//输出 c1 体积
Cube c2=new Cube(5);       //调用一个参数的构造方法创建对象 c2
System.out.println("正方体 c2 的体积是"+c2.getVol());
Cube c3=new Cube(2,3);     //调用两个参数的构造方法创建对象 c3
System.out.println("立方体 c3 的体积是"+c3.getVol());
Cube c4=new Cube(3,4,5);   //调用三个参数的构造方法创建对象 c4
System.out.println("立方体 c4 的体积是"+c4.getVol());
    }

}
```

程序运行结果如下：

默认正方体 c1 的体积是 1.0
正方体 c2 的体积是 125.0
立方体 c3 的体积是 18.0
立方体 c4 的体积是 60.0

本例中的 Cube 类定义了 4 个构造方法，构成了重载。不带参数的构造方法给立方体的长、宽、高都赋了默认值 1；带一个参数的构造方法给长、宽、高设置同样的值，定义为正方体；带两个参数的构造方法将长设置为一个值，宽、高设置为另一个相同的值；带三个参数的构造方法分别给长、宽、高赋值。

4.5 封装与 Getters、Setters 方法

面向对象编程的核心思想之一就是将数据和对数据的操作封装在一起，如定义类。除了定义成一个整体外，封装的另一个重点在于它对对象的使用者实现了数据的隐藏。

实现封装的关键在于绝不能让类中的方法直接访问其他类的成员变量，但可以访问它自己的成员变量。封装使得程序仅通过对象的方法与对象数据进行交互，提高了重用性和可靠性。

这就像我们去银行取钱，银行绝不能让用户都随便去金库拿钱，钱都被安全地"封装"起来了，相对于用户来说是隐藏的，无法直接获取。但银行给用户提供正当的操作途径，如出示银行卡、输入正确的密码、取余额范围内的钱等，而且仅能通过这些正当途径对钱进行操作。

封装这一技术大大提高了数据的安全性和类使用的规范性。

类把数据隐藏起来了，但提供方法对它们进行操作。通常定义与数据进行交互有两种标准方法：

- Getters 访问器方法：仅访问成员变量而不对其进行修改的方法。方法名通常为"get 成员变量名"，如 getName()、getScore()。
- Setters 更改器方法：对成员变量做出修改的方法。方法名通常为"set 成员变量

名",如 setPassword()。

使用相应方法访问成员变量的优点：

在类的内部改变变量或方法实现,不会影响其他代码。如变量名称的变化：可以在方法内执行错误检查、提供安全操作步骤。而直接对变量进行操作将不会做这些处理。如数值有效性审核(成绩、工资、账户余额等)。

例 4-13 Getters、Setters 方法应用举例。

定义 People 类,包含姓名和身份证号。定义相应的 getters 方法。定义 void setName(String n)方法能够设置新的姓名,在方法中要对新姓名进行检测(不能多于 4 个字符)。定义 void setID(String id)方法能够设置新的 ID,方法中要对新 ID 进行检测(位数应该为 4)。

```java
import java.util.*;

public class PeopleTest {

    public static void main(String[] args) {
        People p=new People("华安","9527");
        System.out.println("您要改成什么名字?");
        Scanner reader=new Scanner(System.in);
        String name=reader.next();
        if(p.setName(name))            //调用 setName 方法设置姓名,判断是否成功
            System.out.println("设置姓名成功,现在的姓名是"+p.getName());
        else
            System.out.println("设置姓名失败");
        System.out.println("您要改成什么 ID?");
        String id=reader.next();
        if(p.setID(id))                //调用 setID 方法设置身份证号,判断是否成功
            System.out.println("设置 ID 成功,现在的 ID 是"+p.getID());
        else
            System.out.println("设置 ID 失败");
    }

}

class People{
    String name;                    //姓名
    String ID;                      //身份证号

    People(String n,String id){     //初始化姓名和身份证号的构造方法
        name=n;
        ID=id;
    }
    String getName(){               //获取姓名
```

```
        return name;
    }
    String getID(){                //获取身份证号
        return ID;
    }


    boolean setName(String n){        //设置姓名
        boolean flag=false;
        if(n.length()<=4){            //如果姓名不多于 4 个字符,则更新姓名并记录成功
            name=n;
            flag=true;
        }
        else                    //否则提示错误信息
            System.out.println("不是合法姓名,不允许进行设置!");
        return flag;
    }


    boolean setID(String id){        //设置身份证号
        boolean flag=false;
        if(id.length()==4){            //若新身份证号长度为 4,则进行更新并记录成功
            ID=id;
            flag=true;
        }
        Else                    //否则提示错误信息
            System.out.println("不是合法 ID,不允许进行设置!");
        return flag;
    }


}
```

程序运行几种不同情况的结果如下:

您要改成什么名字?
abcde
不是合法姓名,不允许进行设置!
设置姓名失败
您要改成什么 ID?
123456
不是合法 ID,不允许进行设置!
设置 ID 失败

您要改成什么名字?
唐伯虎
设置姓名成功,现在的姓名是唐伯虎
您要改成什么 ID?

```
1001
设置 ID 成功,现在的 ID 是 1001
```

实验与训练

1. 编写 Java 应用程序,定义一个计算两个整数和的函数 static int add(int op1,int op2)。在 main 方法中声明两个整型变量,分别赋值,调用 add()得到它们的和,在屏幕上输出结果。

2. 编写程序,定义一个方法 public static void abs(int a),用来求绝对值并输出结果。在 main 方法中从命令行读入一个整数,调用这个结果求它的绝对值。

3. 在第 2 题的基础上,修改 abs 成为带返回值的方法,即 public static int abs(int a),实现相同的功能。

4. 定义一个方法 public static void draw(int n, char ch),实现输出 n 个 ch 符号。在 main 方法中提示用户输入相应数据,调用 draw 方法输出图形。

5. 求数值累加和的方法。

6. 定义一个类 Initial,类的内部重载 initArr()方法,分别实现对整型数组、双精度型数组、字符串数组的初始化功能,数组作为方法的参数,方法体内提示用户为数组元素输入数据,然后显示所有元素。

在 mian 方法中创建三种类型的数组,创建 Initial 类的对象,分别调用 initArr()方法进行初始化。

7. 定义一个类 MathDemo,类的内部重载 round()方法,分别实现对单精度、双精度类型数据进行四舍五入的功能,要处理的实型数据作为参数,方法体最后将得到的结果返回。

在 mian 方法中定义 float 与 double 类型变量,分别赋好初值,创建 MathDemo 类的对象,调用 round()方法,将结果显示在屏幕上。

第 5 章 生命周期及作用域

学习目标:

- 理解生命周期的含义,进一步认识对象;
- 理解变量作用域的含义,掌握合理应用变量;
- 区分不同的访问权限,结合作用域掌握其应用;
- 掌握静态成员的特点和使用;
- 学习应用包管理自定义类。

生命周期与作用域是两个不同的概念:生命周期是对象或变量生存的时段,作用域是对象或变量起作用的地方。即生命周期描述的是时间,作用域描述的是空间。

学习完本章内容,将对数据的声明、定义及使用有更深的认识。

例 5-1 静态变量、private 私有成员、同名不同作用域的局部变量的使用。

```java
import java.util.Scanner;

class Gravity{        //重力类,提供计算重力的相关数据和计算公式
    static double g=9.8;                        //重力加速度 g

    static double getG(double m){               //计算重力,返回结果
        return m * Gravity.g;
    }
}


public class GravityTest{
    public static void main(String[] args){
        Scanner reader=new Scanner(System.in);
        System.out.println("请输入质量值,以千克为单位");
        double m=reader.nextDouble();
        System.out.println("重力=质量 * g");
        System.out.println("当前重力加速度 g 的值是"+Gravity.g+"牛顿/千克");
        System.out.println(m+"千克质量会产生"+Gravity.getG(m)+"牛顿重力");
    }
}
```

程序运行结果如图 5-1 所示。

图 5-1　例 5-1 程序运行结果

5.1　对象的生命周期

5.1.1　对象生命周期的开始与结束

对象的生命周期指的是对象从产生到消亡这一时间过程。Java 对象的生命周期大致包括三个阶段：对象的创建，对象的使用，对象的清除。

对象生命周期的开始：当通过 new 运算符，使用构造方法创建对象后，对象就真正地产生了。

对象生命周期的结束：当对象不再被使用时，它的"生存期"结束。就 Java 来说，对象不被引用了，生命周期也就结束了。

Java 程序员无需显式地释放那些不再使用的对象，Java 会自动对不再使用的对象进行回收和清除，这是 Java 语言一个显著的特点和优势。Java 提供一个称为垃圾收集器（Garbage Collector）的自动内存管理系统，定时或在内存不足时自动回收垃圾对象所占的内存空间。

5.1.2　对象生命周期结束的三种情况

以下三种情况出现时，Java 会自动回收不再引用的对象，即自动清除对象。

1. 对象的引用永久性地离开它的范围

引用永久性地离开其范围，通常就是方法调用完毕，释放方法的对象和变量。

```
void input(int arr[]){
    Scanner reader=new Scanner(System.in);
    for(int i=0;i<arr.length;i++)
        arr[i]=reader.nextInt();
}
```

上面的代码定义了一个方法，有一个形参数组 arr，在方法体内创建了对象 reader 并进行了使用。在调用方法时，arr 数组和 reader 对象被创建，当方法调用结束时，arr 数组和 reader 所引用的对象就都会被释放。

2. 引用被赋值到其他对象上

```
Student stu1=new Student("Tom",18,80);
Student stu2=new Student("Jack",19,77);
stu1=stu2;        //stu1 原来引用的对象被释放
```

第三条语句把 stu2 所引用的对象赋值给了 stu1,则 stu1 与 stu2 共同引用同一个对象("Jack",19,77),stu1 原来所引用的对象此时被释放,即("Tom",18,80)所占用的空间会被 Java 自动收回。

3. 直接将引用设定为空(null)

```
Student stu=new Student();
stu=null;        //将 stu 引用的对象设置为空,则原来引用的对象被释放
```

null 是 Java 的关键字,表示空。当给 stu 赋值为 null 时表示 stu 引用空对象,原来所引用的对象被释放,Java 对其进行清除。

5.2 作 用 域

可以把变量或对象的作用域简单理解为:变量或对象发挥作用、有效的区域。

作用域决定了哪些变量(对象)对程序的其他部分是可视的,同时还确定了这些对象的生命周期。变量(对象)的作用域和使用方式受到语句块、修饰符的影响。修饰符相关内容在后面几节分别描述,此处先讨论语句块限定的作用域。

5.2.1 语句块限定作用域

一个语句块定义了一个作用域。Java 允许在任何语句块中声明变量或创建对象。所谓语句块 ,就是被一对大括号"{ }"包在其中的一个语句序列。

例 5-2 变量的作用域。

```
class VarTest1{
    public static void main(String[] s){
        System.out.println("1~10 的累加和是"+getSum(10));
        System.out.println("1~20 的累加和是"+getSum(20));
    }

    static int getSum(int n){
        int i;
        if(n<0)
            return 0;
        else{
            int sum=0;
```

```
        for(i=1;i<=n;i++)
        sum+=i;
        return sum;
    }
    }
}
```

本例中的 getSum()方法中出现了 n、i、sum 三个变量,根据前面的介绍,可以很容易地判断出它们的作用域:n 是形参,i 是方法内第一条语句声明的变量,因此 n 和 i 作用域为整个 getSum 方法体;sum 是在 else 语句块中声明的变量,因此 sum 的作用域为 else 语句块。判断作用域最简便的方法就是看变量是在哪对大括号内定义的,它就在哪对大括号内有效。

注意:定义在方法体内或者语句块内的变量,从它们定义处开始直到语句块结束有效。方法的参数与方法内部声明的变量一样,其作用域也是该方法的方法体。

如果变量定义在类的内部,则该变量在整个类里有效。定义在类内部的变量,位置不限,但通常习惯定义类时先描述成员变量,再描述成员方法,不提倡在类中散乱地定义类成员。

比如常见的盒子类 Box 的定义:

```
class Box{
    double width,length,depth;

    Box(double w,double l,double d){
        width=w;
        length=l;
        depth=d;
    }
    double getVol(){
        return width * length * depth;
    }
}
```

Box 类的内部定义了三个成员变量 width、length 和 depth,在整个类的内部它们都有效,Box 类的各成员方法均可对它们进行使用。

5.2.2　不同语句块中的同名变量

可以在不同语句块中使用相同名字的变量,它们代表不同的实体,各变量仍然只在自己的语句块内有效,互不干扰。

例 5-3　同名互不干扰的变量作用域。

```
class VarTest2{
    public static int max(int a, int b, int c){          //找出最大值
        int m;
```

```
            m=a>b? a:b;
            m=m>c? m:c;
            return m;
        }
        public static int min(int a, int b, int c){          //找出最小值
            int m;
            m=a<b? a:b;
            m=m<c? m:c;
            return m;
        }
        public static void main (String[] args){
            int a ,b ,c ;
            a=10;
            b=15;
            c=7;
            System.out.println("最大值是"+max(a,b,c));
            System.out.println("最小值是"+min(a,b,c));
        }
    }
```

从本例可以看到,max()方法、min()方法和 main()方法都定义了 a,b,c 三个变量。max()方法和 min()方法都把 a,b,c 声明在参数表中,它们是作用域为当前方法的局部变量,main()方法体内第一条语句声明了 a,b,c,它们的有效区域是从定义位置到 main()方法结束。虽然同名,但不同方法的变量各自在自己的作用域内有效,不会互相干扰。它们只是"看起来一样",但其实是互相独立、互不干扰的。再观察 max()方法和 min()方法,方法体内第一条语句都定义了局部变量 m,同样的道理它们也不会产生冲突。

程序代码中往往会出现多层次语句块嵌套的结构,这种情况下,如果里层的语句块与外层的语句块定义了同名的变量或对象,则在里层的语句块中,它自己的变量(对象)将起作用。即里层语句块的变量会把外层同名变量屏蔽掉。

例如,语句块中的局部变量名字与类的成员变量名字相同,则在语句块中成员变量被屏蔽,即它在语句块中失效,语句块内的局部变量起作用。

例 5-4 同名局部变量对类变量的屏蔽。

```
class VarTest3{
    static int width;                //类变量 width
    static int height;               //类变量 height

    public static void main (String[] args){
        width=10;                    //给类变量 width 赋值为 10
        height=20;                   //给类变量 height 赋值为 20
        int area=width * height;
        System.out.println("使用类变量计算出的面积是"+area);
        int width=5, height=7;       //main 方法的局部变量 width 和 height
```

```
        area=width * height;          //使用 main 方法的 width 和 height
        System.out.println("使用局部变量计算出的面积是"+area);
    }
}
```

程序运行后在屏幕上显示:

使用类变量计算出的面积是 200
使用局部变量计算出的面积是 35

在本例中,类本身定义了成员变量 width 和 height,它们在整个类内都有效,因此 main()方法的前三条语句都是对它们进行操作,第一次输出的面积值为 200。之后 main()方法定义了自己的成员变量 width 和 height 并赋了初值,从这个语句之后,出现的所有 width 和 height 均表示 main()方法的成员变量,它们和类变量同名,此时会把类变量屏蔽,因此第二次输出的面积值为 35。

变量作用域的相关说明:

(1) 如果变量或对象是定义在一个语句块中的,则只在这个语句块中有效。作用域从定义的位置开始,到语句块结束的位置结束。

(2) 方法的参数也是该方法的局部变量,其作用域是该方法的方法体。

(3) for 循环小括号中定义的变量仅在循环体中有效,即作用域为循环体。

(4) 不同作用域之间的变量(对象)不会相互影响,可以重名,但最好避免,以确保不会混淆。

(5) 里层作用域里的变量(对象)与外层作用域变量(对象)重名时,里层作用域的变量(对象)将会屏蔽外层同名变量(对象)。

5.3 访 问 权 限

在类的内部可以给成员变量和成员方法都加上访问修饰符。访问修饰符有 private (私有的)、public (公共的)、protected (受保护的),它们都是 Java 关键字,描述了被修饰者的使用范围,不写访问修饰符也是一种访问权限。

在类中定义变量和方法时,通过使用不同的修饰符以控制其访问权限。

各访问修饰符的作用效果如表 5-1 所示。

表 5-1　各访问修饰符的作用

可见性	说　　明
public	所有类都能访问
protected	子类和同一个包中的其他类能够访问
默认	同一个包中的类能够访问
private	只有定义该变量或方法的类能够访问,其他类都无法访问

从类与包的角度还可以把访问修饰符的作用总结为表 5-2 所示,表中空白表示不可

访问到,其中提到的子类涉及类继承的相关内容,将在第 7 章详细讨论。

表 5-2 修饰符访问权限

修饰符	类	包/package	子 类	任 意
public	可访问到	可访问到	可访问到	可访问到
protected	可访问到	可访问到	可访问到	
默认	可访问到	可访问到		
private	可访问到			

访问权限按照从高到低排列,顺序为 public、protected、默认、private。

5.3.1 公共变量和公共方法

用 public 修饰的成员变量和成员方法称为公共变量和公共方法。创建类的对象后,可以通过"对象名.成员"去访问这些公共成员,包括成员变量的赋值或使用、成员方法的调用等。

如下面矩形类的定义:

```
class Rectangle{

    public double width;           //公共成员变量长
    public double length;          //公共成员变量宽

    Rectangle(double w, double l){//构造方法
        width=w;
        length=l;
    }

    public double getArea(){       //计算面积的公共成员方法
        return width * length;
    }
    // 其他成员方法略
}
```

上面的 Rectangle 类,所有成员都是公共的(public),所以可以通过该类的对象直接引用到成员。如下面的代码片段:

```
Rectangle rect=new Rectangle(7.5,15);         //创建 Rectangle 类的对象
//通过对象直接调用公共成员方法
System.out.println("该矩形面积是"+rect.getArea());
rect.width=100;                                //通过对象直接访问公共成员变量 width
rect.height=100;                               //通过对象直接访问公共成员变量 height
System.out.println("修改后该矩形面积是"+rect.getArea());
```

公有的成员在操作上非常方便,但是同时也把数据直接暴露给了外界。在上面的代

码中,可以直接对 rect. width 和 rect. length 进行访问甚至赋值,这是极其不安全的操作,
应该避免。

在面向对象的程序设计思想中,封装类时要避免让外界直接接触到内部的成员变量,
因此不提倡用 public 修饰成员变量,这将大大影响数据的安全性,应该限制类成员变量
的访问权限,使用私有权限 private,通过成员方法对成员变量进行操作。有关私有权限
(private)的描述见 5.3.4 节。

5.3.2　受保护的变量和方法

protected 修饰的成员变量和成员方法称为受保护的变量和受保护的方法。

若某类的成员是使用 protected 修饰的,那么在同一个包内的其他类中使用该类创建
对象,就可以通过该对象访问受保护的成员变量及方法。

子类中也可以访问到父类对象的受保护成员,相关内容将在第 7 章详细讨论。

5.3.3　默认包范围的变量和方法

不写修饰的成员变量和成员方法表示默认的变量和默认的方法。

默认的访问权限有时也叫做包访问权限,即访问权限在同一个包内有效。当同一个
包内的其他类使用当前类时,可以通过对象访问默认权限的成员变量和成员方法。这一
点和 protected 受保护的访问权限相同,它们的区别将在第 7 章详述。

5.3.4　私有变量和私有方法

用 private 修饰的成员变量和成员方法称为私有变量和私有方法。

私有权限的限制力最强,类的私有成员只能在类的内部自己使用或访问,即使是使用
该类的对象都不能进行操作,对其他类来说私有成员是根本"看不到"的。例如,定义信用
卡类:

```java
class CreditCard{
    private String ID;                          //私有成员卡号
    private String password;                    //私有成员密码
    private double account;                     //私有成员账目余额

    CreditCard(String id, String pw, double a){ //构造方法
        ID=id;
        Password=pw;
        account=a;
    }

    public void saveMoney(double m){            //公共方法存钱
        account+=m;
    }
```

```
        // 其他成员方法略
    }
```

私有成员的相关说明：

（1）私有成员只能在类的内部由本类其他成员使用。

CreditCard 类的三个成员变量都定义为 private（私有权限），则仅有该类的成员方法能够对它们进行访问，比如 saveMoney()方法直接使用了 account 成员变量。对于其他任何对象或类，这三个私有成员变量都是访问不到的。

（2）除本类成员之外，任何对私有成员的访问都被禁止，如果访问将会出错。

例如，创建信用卡类的对象，并希望存 1000 元：

```
CreditCard card=new CreditCard();
card.account=1000;        //私有成员不能直接引用,该语句错误
```

正确的语句应该是：

```
card.saveMoney(1000);
```

通过 CreditCard 类向外界提供的"公共窗口"saveMoney()方法可以间接地对私有成员 account 进行操作。

一般情况下，建议类的成员变量修饰为 private（私有权限），这符合面向对象的程序设计思想，有利于数据的封装和安全。同时，要为私有成员变量提供 getter 及 setter 方法，以便通过这些方法对它们进行间接的访问。

例 5-5 私有权限修饰符 private 的使用。

简单模仿银行卡系统，定义信用卡类 CreditCard，包含私有成员卡号（ID）、密码（password）、账户余额（account）。定义构造方法能够在创建对象的时候初始化成员变量。定义密码检验的方法 checkPW( )（提示用户输入密码、检验，返回是否成功），定义查询余额的方法 getAccount( )（密码检验成功后方可显示余额），定义存款方法 saveMoney（double m）、取款方法 getMoney()。

在应用程序的 main 方法中测试该类的使用。

```
import java.util.Scanner;

class CreditCard{                  //自定义信用卡类
    private String ID;             //私有成员卡号
    private String password;       //私有成员密码
    private double account;        //私有成员余额

    CreditCard(String id, String pw, double acc){        //构造方法
        ID=id;
        password=pw;
        account=acc;
    }
```

```java
boolean checkPW(){                    //检验密码方法
    Scanner reader=new Scanner(System.in);
    String pw;
    System.out.println("请输入密码");
    pw=reader.next();
    int i=0;
    while(!(pw.equals(password))){
        i++;
        if(i>=3)                       //满三次机会仍不正确,取消输入资格
        break;
        System.out.println("对不起,您输入的密码不正确,请重新输入");
        pw=reader.next();
    }
    if(i>=3){
        System.out.println("三次输入密码均错误,取消输入资格,"+"请与银行
    联系。");
        return false;
    }
    else
    return true;
}

void getAccount(){                    //查询余额方法
    if(checkPW())
        System.out.println("您账户里的余额是"+account+"元");
    else
        System.out.println("密码输入不正确,不能查询余额");
}

void saveMoney(double m){             //存钱方法
    account+=m;
    System.out.println(m+"元已存入,您账户里现在的余额是"+account+"元");
}

void getMoney(){                      //取钱方法
    Scanner reader=new Scanner(System.in);
    if(checkPW()){                    //检查密码
        System.out.println("请输入取出的钱数");
        double m=reader.nextDouble();
        if(account>=m){               //余额充足则取钱
            account-=m;
            System.out.println(m+"元已取出,您账户里现在的余额是"+account+"
        元");
        }
```

```
        else                //余额不足则提示
            System.out.println("余额不足,不能取出"+m+"元");
        }
        else                //密码错误则提示
            System.out.println("密码输入不正确,不能存钱");
    }
}


public class CreditCardTest{
    public static void main (String[] args){

        CreditCard card=new CreditCard("1001","123456",1000);
        System.out.println("请选择操作:1.存钱 2.取钱 3.查询余额");
        Scanner reader=new Scanner(System.in);
        int choice=reader.nextInt();

        if(choice==1){
            System.out.println("请输入存入的钱数");
            double m=reader.nextDouble();
            card.saveMoney(m);
        }
        else if(choice==2)
            card.getMoney();
        else if(choice==3)
            card.getAccount();
        else
            System.out.println("无此选项,操作结束");
    }
}
```

　　代码中创建的账户 ID 为 1001,密码是 123456,初始存款为 1000 元。程序运行结果如图 5-2 所示。

图 5-2　例 5-5 程序运行结果

在本例中,信用卡类的三个成员变量均修饰为 private,消除了外界随意访问的可能,提高了安全性。该类定义了对它们进行操作的方法,在进行存钱、取钱的操作时均要求先进行密码验证,给用户提供规范合理的使用途径。

注意:代码中验证密码时字符串的比较,不能使用"==",而要使用字符串类提供的 boolean equals(String s)方法。如:

```
String str1="hello", str2="hi";
```

str1.euqals(str2)将返回 false。

5.3.5   不同访问修饰符修饰的类

可以在定义类的时候加上 public 关键字,表示该类是公共类,大家都可以使用。还可以在定义类时不写访问修饰符,表示在包范围内的其他类都可以使用该类。

注意:不能用 protected 和 private 来修饰类。

包的概念见 5.5 节。

5.4   类的静态成员

关键字 static 修饰的类的成员叫做静态成员。

类的定义包括成员变量的定义和成员方法的定义,其中成员变量又分为静态成员变量和普通成员变量,除构造方法外,其他方法又可分为静态成员方法和普通成员方法。

5.4.1   静态成员变量

关键字 static 修饰的成员变量叫做静态成员变量,也叫做类变量。

如下面的代码片段,定义了一个 Person 类:

```
class Person {
    String name ;
    char sex;
    static int count;
}
```

该类中 count 是静态成员变量,name 和 sex 是普通成员变量。

类的静态成员变量由该类产生的所有实例所共享,即它不专属于某个对象,是由所有对象共同维护和使用的。类的普通成员变量在该类的每一个实例里都有一份独立备份,因此每个实例对象的数据是独立且唯一的。而类的静态成员变量是所有实例共同拥有的一份内容。

使用 Person 类创建的实例对象,每一个都具有自己的 name 和 sex 成员变量,各自维护各自的数据,而 count 变量只有一个,由所有对象共同使用。

如下面创建 Person 类对象的语句:

```
Person p1=new Person();
Person p2=new Person();
Person p3=new Person();
```

则它们对成员变量的拥有情况如图 5-3 所示。

静态成员变量与该类创建的所有对象都关联,大家都可以对它进行操作,也都可以看到操作的结果。通过一个对象改变静态变量的值会直接影响其他对象对静态变量的使用。而不同对象的普通成员变量则互相独立、互不干扰。

类的静态成员变量可以通过"类的名称.静态成员变量名"直接访问,而普通成员变量不能这样使用。

Java 会给类的静态成员变量自动赋默认初值,数值型的静态成员变量初值为 0。

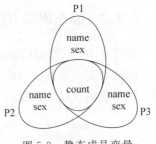

图 5-3 静态成员变量

例 5-6 类的静态成员变量。

```
class Person {                      //自定义 Person 类
    String name ;                   //普通成员变量 name
    char sex;                       //普通成员变量 sex
    static int count;               //静态成员变量 count

    Person(String n, char s){       //构造方法
        name=n;
        sex=s;
        count++;                    //人数增加 1
    }
}

public class PersonTest {
    public static void main(String[] args) {
        Person p1=new Person("Tom",'M');
        Person p2=new Person("Mike",'M');
        Person p3=new Person("Mary",'F');
        System.out.println("现在共有"+Person.count+"个人");
    }
}
```

程序运行后在屏幕上显示:

现在共有 3 个人

在本例中,每次使用 Person 类创建对象时,都会调用构造方法执行里面的语句,除给当前创建的实例对象的姓名和性别赋值外,同时还会让 count 的值加 1。由于 count 是静态成员变量,由所有对象共享,因此每创建一个对象都是在原来 count 的基础上加 1,相当于每次创建对象都在更新对象的个数。

静态成员变量的相关说明:

(1) 使用 static 修饰的成员变量叫做静态成员变量,也称为类变量。

(2) 静态成员变量由该类所有的对象所共享。

(3) 静态成员变量可通过类名与分量运算符"."直接进行引用。

5.4.2　静态成员方法

关键字 static 修饰的成员方法是类的静态成员方法,也叫做类方法。

类的静态成员方法只能调用其他静态方法,不能调用类的普通成员方法。

例如前面看过的程序:

```java
import java.util.Scanner;

public class App{
    public static void main(String[] s){
        Scanner reader=new Scanner(System.in);
        System.out.println("请输入两个整数");
        int x=reader.nextInt();
        int y=reader.nextInt();
        max(x,y);
        max(3,9);
    }

    public static void max(int a,int b) {        //比较最大值
        int m;
        if (a>b)
            m=a;
        else
            m=b;
        System.out.println(a+"和"+b+"的较大值是"+m);
    }
}
```

由于应用程序的入口方法 main 方法其固定格式中使用了 static,因此 main 方法调用的该类其他任何成员方法必须也要经 static 修饰才可以。本例的 max 方法如果不是静态方法,则 main 主方法中对 max 的调用将被禁止,程序代码出错。

静态方法对成员变量的使用也有同样的要求,即静态成员方法可以访问类的静态成员,不能对普通成员进行操作。

类的静态成员方法可以通过"类的名称.静态成员方法(实参)"直接调用,而普通成员方法不能这样使用。

例 5-7　静态方法的使用。

```java
class Student {                                //自定义学生类 Student
```

```
    int num;                              //学号
    String name ;                         //姓名
    int score;                            //成绩
    static int sum;                       //静态成员变量总成绩
    static int count;                     //静态成员变量总人数

    Student(int number,String n, int s){  //构造方法
        num=number;
        name=n;
        score=s;
        sum+=s;                           //累加总成绩
        count++;                          //累计总人数
    }

    static int getAver(){                 //静态方法计算平均分
    return sum/count;
    }
}


public class StudentTest {

    public static void main(String[] args) {
        Student stu1=new Student(101,"Tom",85);
        Student stu2=new Student(102,"Mike",90);
        Student stu3=new Student(103,"Mary",77);
        System.out.println("共有"+Student.count+"个学生,平均分是"+Student.
        getAver());
    }
}
```

程序运行后在屏幕上显示:

共有 3 个学生,平均分是 84

在本例中,定义了 Student 学生类,包含普通成员变量学号、姓名、成绩,包含静态成员变量总成绩和学生人数,该类的构造方法实现在对数据初始化的同时累加总分、计算总人数的功能,类中定义了计算平均分的静态成员方法。在公共类中创建类的三个对象,通过类的名称直接引用静态成员方法 getAver()得到平均分。

静态成员方法的相关说明 :

(1) 在静态方法中,不能调用非静态的成员方法。

(2) 在静态方法中,不能访问非静态的成员变量。

(3) 普通方法可以直接去调用静态方法,没有限制。

(4) 静态方法可通过类名和分量运算符". "直接进行方法调用。

实际上,不管是成员变量还是成员方法,凡是静态成员既可以使用类名进行使用,也

可以通过实例对象的名称进行使用。

5.5　包

包 是类的容器,是 Java 语言有效管理类的一个机制,可以把包简单地理解成文件夹。

不同的 Java 源程序中可能出现同名的类,如果所有类都混杂地集中出现,就不可避免会有冲突,造成使用上的困扰。为了有效管理类,要使用包,将同名的类隶属于不同的包,从而进行区分。同时还可以将众多的类按照功能类别分别保存在不同包中。

5.5.1　package 语句

Java 中的每一个类都属于一个特定的包,Java 本身已经定义好了很多包,各自提供众多的类。前面用过的 System 类、String 类、Integer 类等,就在 java.lang 这个包里。其他常用的包还有 java.io、java.util、java.applet、javax.swing 等,将在第 6 章介绍。

除了 Java 提供的包外,用户也可以自己去声明包来管理自己的类。声明包要使用关键字 package,并把 package 语句作为程序的第一条语句,以指名当前源文件定义的类所在的包。包要放在名称与层次结构与包名完全相同的目录下。

例如,想定义一个类 A 并放在 pkg 包里,则代码应该写为:

```
package pkg;
public class A {
    //类成员
}
```

包是可以有层次的,也就是说包里可以有子包,就像文件夹下还可以有文件夹一样。假设 bdfz 包下有一个子包叫 com,则系统就把它看成 bdfz.com。

如果想把类 B 定义在 bdfz.com 这个包里,则代码应该写为:

```
package bdfz.com;
public class B {
    //类成员
}
```

使用包必须先将对应的目录结构准备好,将源文件保存在相应位置。例如,工作目录是 D:\work,则应按照代码中包的层次结构准备好相应文件夹,如图 5-4 所示。

如果在源程序中省略了 package 语句,那么源文件中所定义的类被隐含地认为是无名的一部分,即源文件中定义的类在同一个包中,该包中的类没有包名。

5.5.2　使用包

要引用包或包里的类,需要使用关键字 import ,在 import 后面写明要引入的内容。

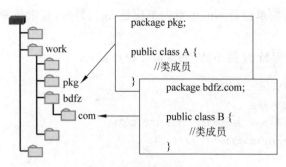

图 5-4 包的层次结构

包与包之间以及包与类之间是用"."来连接的,如以前写过的语句"import java.util. Scanner;"。

在包的内部使用它自己的类,直接编译源文件即可。如上面 pkg 包里的 A 类,把源文件保存在 D:\work\pkg 目录下,则可以在此位置直接编译源文件:

```
D:\work\pkg\ javac 源文件
```

若在包的外部使用其包含的类,需要在程序代码中引入该类才行。例如,在另一个文件中想使用上面 pkg 包里的 A 类,应该这样写:

```
import pkg.A;
public class Test{
    // 直接使用 A 类
}
```

如果使用通配符"*",即"import pkg. *;",则表示包中所有的类都被引入,它们在当前程序代码中均可以被使用。

注意:Java 不允许用户在声明包时使用 java 作为包名的第一部分,例如 java.pkg 是非法的。

当使用专业开发工具进行 Java 程序编写时(如 Eclipse、JBuilder 等工具),在操作向导中都会有相关步骤引导我们建立包,开发工具会自动有效地使用包对不同类进行管理。

实验与训练

定义一个按身高计算标准体重的类 StdWeight,其中包含两个静态的成员方法: forMale(double h)计算男子标准体重、forFemale(double h)计算女子标准体重,两个方法均带返回值。

在应用程序类的 main 方法中提示用户输入身高和性别,调用 StdWeight 类的方法得到标准体重,显示结果。

计算公式为:

标准体重(男)=(身高-100)×0.9

标准体重(女)=(身高-100)×0.9-2.5

上述公式中身高的单位是 cm,体重的单位是 kg。另外,正常体重为标准体重增加或减少 10%。

提示:控制实数保留 N 位小数(如保留 2 位小数)。

```
import java.text.DecimalFormat;
double num=21.3749;
DecimalFormat df=new DecimalFormat("0.00");
String s=df.format(num);      //21.37
```

第 6 章　Java 常用类

学习目标：

- 掌握 Eclipse 开发环境的安装和使用；
- 掌握几种典型的 Java 常用类的使用；
- 理解字符串类 String 和 StringBuffer 的区别和特点，能够进行基本应用；
- 了解什么是 API 文档，能够使用 API 文档查阅相关内容。

Java 提供非常丰富的类库，这些已经定义好的类种类繁多、功能完善，为我们编写程序提供了巨大的支持。从本章起，将在 Eclipse 中进行 Java 程序的开发。

例 6-1　Java 提供的 Double（双精度类型类）、Random（随机数类）、JOptionPane（标准对话框类）、Math（数学类）的使用。

```java
import java.util.Random;
import javax.swing.JOptionPane;

public class MyApplication {
    public static void main (String[] args){
        String str=JOptionPane.showInputDialog("请输入圆的半径");
        double r1=Double.parseDouble(str);
        Random random=new Random();
        double r2=random.nextDouble();        //产生随机数作为第二个圆的半径
        double area1=Math.PI * r1 * r1;
        double area2=Math.PI * r2 * r2;
        System.out.println("你的圆面积是"+area1);
        System.out.println("系统随机圆面积是"+area2);
    }
}
```

程序运行时，首先弹出对话框接收数据，然后在控制台输出圆形面积计算结果，如图 6-1 所示。

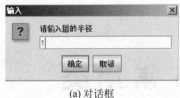

(a) 对话框   (b) 控制台

图 6-1   例 6-1 程序运行结果

6.1   Eclipse 集成开发环境

集成开发环境（Integrated Develop Environment，IDE）是提供程序开发环境的应用工具，一般包括代码编辑器、编译器、调试器和图形用户界面工具。也就是说，IDE 集成了代码编写功能、分析功能、编译功能、调试功能等软件开发服务。针对 Java 程序开发的 IDE 有很多，Eclipse 是其中非常著名的一个。

Eclipse 是一个流行的跨平台的自由集成开发环境，主要用来开发 Java 程序。选择 Eclipse 作为 Java 编辑环境，主要考虑到它的三个显著优点：强大、好用、开源。

该软件是目前绝大多数软件公司普遍采用的 Java 软件开发工具。Eclipse 提供插件的支持，这使得 Eclipse 拥有其他功能相对固定的 IDE 软件很难具有的灵活性。它的使用简单易学，很好掌握。同时 Eclipse 是一款绿色软件，完全免费。

Eclipse 的下载、安装十分简单，使用起来也非常方便，具体的操作步骤见附录 B。

6.2   Java 常用类及核心包

Java 程序是由类组成的，可以把 Java 的类分为两种：编程器自带的标准类和用户自定义类。之前主要围绕基本的自定义类进行了学习，这一章主要介绍 Java 常用的标准类。

每一个标准类都具有特定的功能和含义，Java 对这些标准类进行了整理，以包的形式来组织，之间有复杂的层次关系。

Java 核心包有 java. lang 包、java. applet 包、javax. swing 包、java. io 包、java. net 包、java. util 包等。程序中要先通过 import 引入这些包，然后再使用。

例如：

```
import java.io.*;              //引入 java.io 包的全部内容到当前程序中使用
import java.util.Scanner;      //引入 java.util 包里的 Scanner 类
```

在众多的 Java 核心包中，java. lang（Java 语言包）是最常用的，这个包所提供的 Object 类、数学类（Math）、数据类型包装类（Integer、Float）、异常处理类、线程类、类操作类、系统及运行类、字符串类（String、StringBuffer）等在程序中频繁地被使用，因此 Java 规定，使用该包无需再通过 import 语句引入，它由编译器自动引入。

多查阅 Java API 帮助文档并对标准类进行熟练使用,可以掌握 Java 类库的详细内容,大大提高编写程序的效率并加强程序的功能。API 文档的相关内容在本章最后介绍。

6.3　Integer 类及其他基本数据类型类

6.3.1　基本数据类型类介绍

基本数据类型有整型(int)、实型(float/double)、字符型(char)和布尔类型(boolean)等,Java 提供了与它们相对应的数据类型类,把这些基本类型数据的常用操作和属性进行了封装。

基本数据类型类的名称如表 6-1 所示。要详细了解它们的属性及方法可查阅 API 文档。

表 6-1　数据类型类与它所对应的基本数据类型

数据类型类	基本数据类型	数据类型类	基本数据类型
Boolean	Boolean	Float	Float
Byte	Byte	Integer	int
Character	Char	Long	long
Double	Double	Short	short

从表中可看出,每一个数据类型类都对应了一个基本数据类型,名字也与这个基本类型相似。数据类型类有自己的方法,这些方法主要用来操作和处理它所对应的基本类型数据。

利用基本数据类型来定义简单的变量并进行使用十分方便,但是如果需要完成一些数据的变换和操作,比如要把一个字符串转化为整数或浮点数,或者反过来要将一个数字转换成字符串,就需要使用数据类型类的相应方法。

所有的数据类型类都在 Java 语言包 java.lang 中,该包由编辑器自动引入,因此可以直接在程序中使用各数据类型类。

6.3.2　Integer 类

Integer 类是整数类,能够表示整型数据,还提供了对整数进行各种操作的常用方法。

例如,要把十进制整数转换为其他进制,如果仅使用基本数据类型 int 进行复杂的数学运算,程序写起来十分麻烦。而 Integer 类提供了进制转换的方法,直接找到方法进行调用,程序马上就优化很多。

例 6-2　使用 Integer 类提供的方法,将十进制整数转换为二进制、八进制、十六进制。

```
import java.util.Scanner;

class IntDemo1{
```

```
public static void main(String[] args){
    Scanner reader=new Scanner(System.in);
    System.out.println("请输入一个十进制整数");
    int num=reader.nextInt();
    System.out.println(num+"转换为二进制是:"+Integer.toBinaryString(num));
    System.out.println(num+"转换为八进制是:"+Integer.toOctalString(num));
    System.out.println(num+"转换为十进制是:"+Integer.toHexString(num));
    }
}
```

程序运行结果如图 6-2 所示。

在程序中使用了 Integer 类提供的
toBinaryString（int）、toOctalString（int）、
toHexString(int)方法，它们均为静态方法，通
过类的名称直接引用而无需创建对象。这三个
方法的功能分别是将十进制整数转换为二进
制、八进制、十六进制整数的字符串表示。由此
可见，Integer 比 int 要强大得多（类当然比基本
类型要复杂很多），Integer 类给我们提供了多项成员来实现对整数的不同操作。

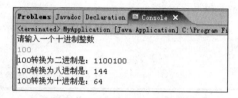

图 6-2　例 6-2 程序运行结果

Integer 类的一些常用成员介绍如下：

1. 属性

```
static int MAX_VALUE;      //返回 Java 能够描述的最大整数 2^31-1;
static int MIN_VALUE;      //返回 Java 能够描述的最小整数-2^31;
```

说明：这两个属性都是静态的成员变量，可以通过 Integer 类名直接引用。
使用示例：

```
System.out.println("Java 的最大整数是: "+Integer.MAX_VALUE);
```

屏幕上将显示：

```
Java 的最大整数是:2147483647
```

2. 构造方法

```
Integer(int value);      //通过一个 int 的类型构造对象;
Integer(String s);       //通过一个 String 的类型构造对象;
```

说明：上面两个构造方法说明，可以在创建 Integer 类的对象时通过赋予一个整数或
一个字符串来初始化对象。
使用示例：

```
Integer i1=new Integer(57);
Integer i2=new Integer("1234");
```

创建了值为 57 和值为 1234 的 Integer 对象 i1 和 i2,它们不仅能描述各自的整数值,还能方便地使用各种方法对数值进行操作。

3. 常用成员方法

Integer 类的所有成员方法均为公共的(public)。使用较多的有:

```
public byte byteValue();                    //取得用 byte 类型表示的整数
public double doubleValue();                //取得该整数的双精度表示
public int intValue();                      //取得该整型数所表示的整数
public long longValue();                    //取得该整型数所表示的长整数
public String toString();                   //取得该整型数所表示的字符串
public static int parseInt(String s);       //将字符串转换成整数
public static Integer valueOf(String s);    //将字符串转换成 Integer 类对象
```

说明:前 4 个方法都是把 Integer 类的对象所对应的 int 值转换成其他基本数据类型的值。

toString()方法将当前 Integer 对象的 int 量转化成字符串。

最后两个方法是静态方法,无需创建 Integer 对象,就可以方便地通过 Integer 类名去引用。

注意:使用 parseInt(String s)方法时,参数必须是十进制数,否则会抛出 NumberFormatException 异常,也就是会出现问题。异常的相关内容将在第 11 章讲述,这里只需要掌握 parseInt()方法的正确使用。

例 6-3　Integer 类常用方法的使用。

```
class IntDemo2{
    public static void main (String[] args){
        System.out.println("Java 能够描述的最大整数是:"+Integer.MAX_VALUE);
        System.out.println("Java 能够描述的最小整数是:"+Integer.MIN_VALUE);
        Integer i1=new Integer(57);
        double d=i1.doubleValue();
        System.out.println(i1.intValue()+"转换为 double 型数值为"+d);
        Integer i2=new Integer("1234");
        System.out.println("字符串 1234 转换为 float 型数值为"+i2.floatValue());
    }
}
```

程序运行后在屏幕上显示:

```
Java 能够描述的最大整数是:2147483647
Java 能够描述的最小整数是:-2147483648
57 转换为 double 型数值为 57.0
字符串 1234 转换为 float 型数值为 1234.0
```

6.3.3　其他基本数据类型类

其他的数据类型类所具备的方法与 Integer 类非常相似,甚至有些是一样的。比如:

```
public byte byteValue();
public double doubleValue();
public int intValue();
public long longValue();
public String toString();
```

这些方法 Double、Float、Byte、Short、Long 等类也都具有,可以把这些类的对象所对应的值转换成其他基本数据类型的值。toString()方法将当前对象对应的量转化成字符串。

还有一些与 Integer 类中的方法类似的方法:

```
public static xxxx parseXXXX(String s);
public static XXXX valueOf(String s);
```

这些静态方法可以方便地将字符串转化成一个相应的基本数据类型的量或者一个相应的数据类型类的对象。其中 xxxx 表示一个基本数据类型,XXXX 表示一个与基本数据类相应的类。

例如:

```
static double parseDouble(String s) ;          //将字符串转换成双精度数
static Double valueOf(String s) ;              //将字符串转换成双精度数
```

可模仿 Integer 类的使用对其他基本数据类型类进行应用,查阅 API 文档将获取更多这些类的使用说明。

6.4 Math 类

Math 类给出了数学计算所需要的常用方法和数学常量,这个类也存在于 java. lang 包中,同样不必写引入包的语句,可以直接使用。

例如,要计算 $\sin(\pi/4)$、2^4、$\log E$、$\sqrt{81}$,实现这些不同功能的数学运算直接使用 Math 类去调用相应方法即可。

例 6-4 Math 类常用方法应用。

```
public class MathTest{
    public static void main(String[] s){
        System.out.println("sin(π/4) is "+Math.sin(Math.PI/4.0));
        System.out.println("2 的 4 次方是 "+Math.pow(2,4));
        System.out.println("以 e 为底的 e 的对数是 "+Math.log(Math.E));
        System.out.println("81 的平方根是 "+Math.sqrt(81));
    }
}
```

程序运行后在屏幕上显示:

```
sin(π/4) is 0.7071067811865475
```

2 的 4 次方是 16.0

以 e 为底的 e 的对数是 1.0

81 的平方根是 9.0

Math 类的所有成员均为静态成员，因此可以直接使用 Math 类名引用。代码中使用了 Math 类的两个静态常量 Math.PI 和 Math.E，4 个静态方法分别进行 4 项数学运算，十分方便。

Math 类的一些常用成员介绍如下：

1. 属性

Math 类的两个静态常量是 E 和 PI。

（1）Math.E 表示自然对数的底数 e，值为 2.7182828284590452354。

（2）Math.PI 表示圆周率 π，值为 3.14159265358979323846。

2. 常用成员方法

Math 中的方法都是静态 static 的方法，可以通过类名 Math 直接引用，形如 Math.XXX()。

Math 类的常用方法如表 6-2 所示。

表 6-2 Math 类常用方法

描　述	方　法	说　明
绝对值	abs(a)	a 可以是 int，long，float 或 double 类型
三角函数	sin(a)，cos(a)，tan(a)等	a 为以弧度表示的角
乘方	pow(a,b)	得到 a 的 b 次方
自然对数	log(a)	得到以 e 为底的对数
开方	sqrt(a)	得到 a 的平方根
随机数	random()	得到[0.0，1.0)内的随机数 即大于或等于 0.0 小于 1.0 的随机数

注意：Math 类中的 random()方法，这个方法返回一个 0~1 之间的随机实数，可能为 0，但永不可能为 1。利用这个方法可以得到指定范围内的随机数。

例 6-5 产生[5,50]之间的一个随机整数，打印输出。

```
public class test {
    public static void main(String[] args) {
        //产生[0,1)之间的随机数调整范围至[5,50]
        int n= (int)(Math.random() * 46+5);
        System.out.println(n);
    }
}
```

要把随机数的产生调整到 5~50，并且包含两个边界值这个范围，首先将 Math.

random()＊46，得到[0,46)这个范围，然后加 5，变为[5,51)。将得到的随机数强制类型转换为 int 整型，则将直接舍弃小数位，也就是向下取整，因此调整为整数，范围就是[5,50]了。

6.5　Random 类

Java 提供了专门的随机数类 Random，封装了关于产生各种类型随机数的操作，它比 java. lang. Math 类中的 random()方法要强大很多，后者只产生 double 型的随机数。

Random 类由 Java 的实用工具类包 java. util 提供，使用时需要引入该包，即"import java. util. Random;"。

例 6-6　使用 Random 类的对象产生不同类型、指定范围的随机数。

```
import java.util.Random;

public class RandomNumber {
    public static void main(String[] args) {

        Random rand=new Random();               //创建 Random 类对象 rand

        System.out.println("产生 5 个随机字节数:");
        byte[] b=new byte[5];
        rand.nextBytes(b);                      //产生一系列 byte 型随机数存放至数组 b 中
        for(int i=0;i<5;i++)                    //循环输出 b 数组元素
            System.out.print(b[i]+"\t");
        System.out.println();

        System.out.println("产生 5 个[5,50]的整数:");
        for(int i=0;i<5;i++)
            System.out.print((rand.nextInt(46)+5)+"\t");
        System.out.println();
    }
}
```

程序运行后在屏幕上显示：

产生 5 个随机字节数：
- 83 11 - 68 -11 15
产生 5 个[5,50]的整数：
41 12 10 36 35

由于是得到随机数，因此每次程序运行时结果均不相同。

Random 类中的方法十分简单，下面来学习最常用的几个。

1. 构造方法

```
public Random();
public Random(long seed);
```

Java 产生随机数需要有一个基值(seed),通常也称为种子。Java 在这个基值的基础上采取一种复杂运算机制得到一个随机数。在第一个构造方法中基值缺省,则将系统时间作为基值。第二个构造方法中基值在参数表中给出。

2. 常用成员方法

```
public void nextBytes(byte[] bytes);     //产生随机字节数到指定数组中
public int nextInt();                    //产生一个整型随机数
public int nextInt(int n);               //产生 0~n(不包含 n)之间的整型随机数
public long nextLong();                  //产生一个 long 型随机数
public float nextFloat();        //产生 0.0~1.0(不包含 1.0)之间的 float 随机数
public double nextDouble();      //产生 0.0~1.0(不包含 1.0)之间的 double 随机数
```

6.6 JOptionPane 类

Java 的 javax. swing 包提供了 JOptionPane 类,该类主要用于弹出对话框。使用 JOptionPane 类的静态方法可以产生 4 种类型的常用对话框,分别用来显示信息、提出问题、提示警告、接收用户输入数据,显示它们的静态方法具备 showXXXDialog()的方法名称模式。

使用 JOptionPane 类需要引入包,即"import javax. swing. JOptionPane;"。

6.6.1 确认对话框

ConfirmDialog 确认对话框用于提出问题,然后由用户自己来确认(单击"是"或"否"按钮),返回 int 值,如图 6-3 所示。

显示该对话框可通过如下语句实现:

图 6-3 确认对话框

```
int response=JOptionPane.showConfirmDialog(null,
            "这是一个确认对话框",
            "确认对话框标题",
            JOptionPane.YES_NO_OPTION);
if (response==JOptionPane.YES_OPTION)
    System.out.println("您单击了"是"按钮);
```

参数说明:

(1) 第 1 个参数 null 表示所显示的对话框使用默认的父窗口,对话框将在屏幕中间显示;

（2）第 2 个参数是对话框内显示文字的字符串；

（3）第 3 个参数是对话框标题栏文字的字符串；

（4）第 4 个参数表示对话框的底部所要显示的按钮选项，此处使用 JOptionPane 类的静态常量 JOptionPane. YES_NO_OPTION，表示显示"是"、"否"两个按钮。

6.6.2　提示输入文本对话框

InputDialog 提示输入文本对话框，返回 String 值，如图 6-4 所示。

显示该对话框可通过如下语句实现：

```
String inputValue=JOptionPane.showInputDialog("Please input a value");
System.out.println("您刚刚输入的是"+inputValue);
```

用户可以在对话框中的文本框里输入内容，确定后控制台将显示用户刚刚输入的字符串。

参数说明：

字符串参数表示在对话框内显示的文字。

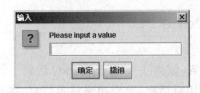

图 6-4　提示输入文本对话框

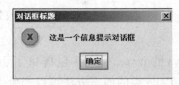

图 6-5　信息提示对话框

6.6.3　显示信息对话框

MessageDialog 显示信息对话框，无返回值，如图 6-5 所示。

显示该对话框可通过如下语句实现：

```
JOptionPane.showMessageDialog(null,
                "这是一个信息提示对话框",
                "对话框标题",
                JOptionPane.ERROR_MESSAGE);
```

参数说明：

（1）第 1 个参数 null 表示所显示的对话框使用默认的父窗口，对话框将在屏幕中间显示；

（2）第 2 个参数是对话框内显示文字的字符串；

（3）第 3 个参数是对话框标题栏文字的字符串；

（4）第 4 个参数表示对话框内要显示的图标，此处使用 JOptionPane 类的静态常量 JOptionPane. ERROR_MESSAGE，表示显示红色错误提示图标。

6.6.4 OptionDialog 对话框

OptionDialog 综合了其他三个对话框类型。

例 6-7 OptionDialog 的使用。

用户自己设置按钮的个数和按钮文字内容,用户单击对话框上的按钮后,控制台将输出相应的描述语句。

```java
import javax.swing.JOptionPane;

public class DialogTest1 {
    public static void main(String[] args) {
        String[] options={"确定","取消","帮助"};
        int response=JOptionPane.showOptionDialog(null,
                    "这是个选项对话框,用户可以选择自己的按钮的个数",
                    "选项对话框标题",
                    JOptionPane.DEFAULT_OPTION,
                    JOptionPane.QUESTION_MESSAGE,
                    null,
                    options,
                    options[0]);
        if(response==0)
            System.out.println("您单击了"确定"按钮");
        else if(response==1)
            System.out.println("您单击了"取消"按钮");
        else if(response==2)
            System.out.println("您单击了"帮助"按钮");
    }
}
```

程序运行结果如图 6-6 所示。

图 6-6 例 6-7 程序运行结果

showOptionDialog()方法参数说明:

(1) 第 1 个参数 null 表示所显示的对话框使用默认的父窗口,对话框将在屏幕中间显示;

(2) 第 2 个参数是对话框内显示文字的字符串;

(3) 第 3 个参数是对话框标题栏文字的字符串;

(4) 第 4 个参数 JOptionPane.DEFAULT_OPTION 表示对话框底部使用默认按钮;

（5）第 5 个参数 JOptionPane. QUESTION_MESSAGE 表示对话框显示问号图标；

（6）第 6 个参数 null 表示标题栏不带图标；

（7）第 7 个参数 options 表示使用该数组作为对话框所带的按钮；

（8）第 8 个参数 options[0]表示使用数组第一个元素作为默认选中按钮。

6.6.5　显示标准对话框方法说明

4 种标准对话框使用 JOptionPane 类的静态方法 showXXXDialog()进行显示，其中 XXX 替换为不同对话框英文名称。Java 对这 4 个方法均进行了重载，有时候可以少写部分参数而使用默认值。

各方法带全部参数的原型如下：

显示确认对话框：

```
public static int showConfirmDialog(Componet parentComponent,
                                    Object message,
                                    String title,
                                    int optionType);
```

显示输入文本对话框：

```
public static Object showInputDialog(Componet parentComponent,
                                     Object message,
                                     String title,
                                     int messageType,
                                     Icon icon,
                                     Object[] selectionValues,
                                     Object initialselectionValue);
```

显示信息对话框：

```
public static void showMessageDialog(Componet parentComponent,
                                     Object message,
                                     String title,
                                     int messageType);
```

显示选择性的对话框：

```
public static int showOptionDialog(Componet parentComponent,
                                   Object message,
                                   String title,
                                   int optionType,
                                   int messageType,
                                   Icon icon,
                                   Object[] options,
                                   Object initialValue);
```

这 4 个方法所使用的参数有很多作用是一样的，整体说明如下：

（1）ParentComponent：指示对话框的父窗口对象，一般为当前窗口，也可以为 null，即采用缺省的 Frame 作为父窗口，此时对话框将设置在屏幕的正中。

（2）message：指示要在对话框内显示的描述性文字。

（3）String title：标题条文字串。

（4）Component：在对话框内要显示的组件（如按钮）。

（5）Icon：在对话框内要显示的图标。

（6）messageType：要显示的消息类型，表现为对话框上不同的图标。一般有 5 种：ERROR_MESSAGE 显示错误图标、INFORMATION_MESSAGE 显示信息（通知）图标、WARNING_MESSAGE 显示警告图标、QUESTION_MESSAGE 显示提问图标、PLAIN_MESSAGE 不显示任何图标。

（7）optionType：决定在对话框的底部所要显示的按钮选项。一般可以为 DEFAULT_OPTION、YES_NO_OPTION、YES_NO_CANCEL_OPTION、OK_CANCEL_OPTION。

当其中一个 showXxxDialog 方法返回整数时，可能的值为以下 JOptionPane 的静态常量：

（1）YES_OPTION；

（2）NO_OPTION；

（3）CANCEL_OPTION；

（4）OK_OPTION；

（5）CLOSED_OPTION。

在使用这些静态方法时，可以根据上面介绍的参数说明灵活应用不同实参，实现显示不同结果的对话框。下面以 InputDialog 为例，看 showInputDialog()在使用不同参数表时显示带下拉列表的输入对话框。

例 6-8　显示 InputDialog 以便让用户进行选择性地输入。

```
import javax.swing.JOptionPane;

public class DialogTest2 {
    public static void main(String[] args) {
        //定义用户的选择项目数组
        Object[] possibleValues={ "First", "Second", "Third" };
        Object selectedValue=JOptionPane.showInputDialog(null,
                            "请选择",
                            "输入",
                            JOptionPane.INFORMATION_MESSAGE,
                            null,
                            possibleValues,
                            possibleValues[0]);
        System.out.println("您按下了"+(String)selectedValue+"项目");
    }
}
```

程序运行结果如图 6-7 所示。

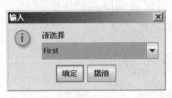

(a) 选择First选项   (b) 选择Second选项

图 6-7　让用户在选项中进行选择的"输入"对话框

用户可以在产生的对话框中对选项进行选择,确定后控制台将显示语句描述用户的选择。

本例的 showInputDialog()方法参数说明如下:

(1) 第 1 个参数 null 表示所显示的对话框使用默认的父窗口,对话框将在屏幕中间显示;

(2) 第 2 个参数是对话框内显示文字的字符串;

(3) 第 3 个参数是对话框标题栏文字的字符串;

(4) 第 4 个参数 JOptionPane. INFORMATION _MESSAGE 表示对话框显示叹号图标;

(5) 第 5 个参数 null 表示对话框标题栏不带图标;

(6) 第 6 个参数 possibleValues 表示使用该数组作为下拉列表让用户选择;

(7) 第 7 个参数 possibleValues[0]表示使用数组第一个元素作为下拉列表中默认显示的选项。

6.6.6　标准对话框应用实例

例 6-9　猜数字游戏。

使用 Random 类产生一个 0～100 的随机整数,弹出对话框提示用户输入数字,使用对话框对用户猜数字的结果进行提示(猜对、偏大了、偏小了),共 8 次机会。程序运行各种情况如图 6-8 所示。

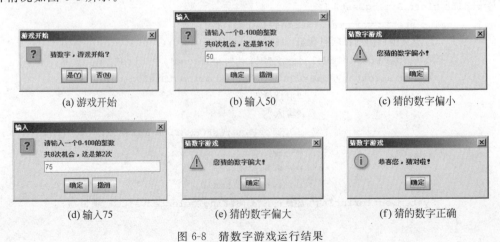

(a) 游戏开始　　　　(b) 输入50　　　　(c) 猜的数字偏小

(d) 输入75　　　　(e) 猜的数字偏大　　　　(f) 猜的数字正确

图 6-8　猜数字游戏运行结果

```java
import javax.swing.JOptionPane;
import java.util.Random;

class GuessNumber{
    public static void main(String[] args){
        int start=JOptionPane.showConfirmDialog(null,
                            "猜数字,游戏开始?",
                            "游戏开始",
                            JOptionPane.YES_NO_OPTION);

        if(start==JOptionPane.YES_OPTION){        //若用户单击"确定"按钮,开始游戏

            int num= (new Random()).nextInt(100);
            String inputValue;            //保存用户输入的字符串
            int inputNum;                 //保存字符串转换的整数
            int i=1;                      //记录猜数字次数

            while(i<=8){                  //用户最多 8 次猜数字的机会
                inputValue=JOptionPane.showInputDialog(
                    "请输入一个 0~100 的整数\n 共 8 次机会,这是第"+i+"次");
                inputNum=Integer.parseInt(inputValue);
                if(inputNum==num){
                    JOptionPane.showMessageDialog(null,
                                "恭喜您,猜对啦!",
                                "猜数字游戏",
                                JOptionPane.INFORMATION_MESSAGE);
                    break;
                }
                else if(inputNum>num)
                    JOptionPane.showMessageDialog(null,
                                "您猜的数字偏大!",
                                "猜数字游戏",
                                JOptionPane.WARNING_MESSAGE);
                else
                    JOptionPane.showMessageDialog(null,
                                "您猜的数字偏小!",
                                "猜数字游戏",
                                JOptionPane.WARNING_MESSAGE);
                i++;
            }

            if(i>8)                       //若由于满 8 次未猜中而结束循环,则进行提示
            JOptionPane.showMessageDialog(null,
                    "8 次机会用尽,游戏结束!",
```

```
                              "游戏结束",
                          JOptionPane.ERROR_MESSAGE);
            }
            else
              JOptionPane.showMessageDialog(null,
                          "退出游戏",
                          "猜数字游戏",
                          JOptionPane.INFORMATION_MESSAGE);
        }
    }
```

6.7 Vector 类

Vector 向量类以类似数组的方式顺序地存储数据,但是具有比数组更强大的功能。Vector 类允许不同类型的元素共存,所有的元素必须是某个类的对象,不允许保存基本变量。Vector 对象中元素的个数是可变的,就好像是一个长度可变的数组。Vector 类封装了许多有用的方法来对元素进行操作和处理。

Vector 向量类是 java. util 包提供的一个工具类,使用时需要引入该包,即"import java. util. Vector;"。

例 6-10 Vector 类的使用。

编写一个程序,创建 Vector 类的实例 vct。随机产生[0,101]之间的 3 个整数,依次插入到 vct 中。将字符串"hello world"插入到 vct 的末尾。将字符"A"插入到 vct 的第一个位置。打印输出 vct 中的所有数据。

```
import java.util.Vector;

public class VectorTest {
    public static void main(String[] args) {
        Vector vct=new Vector();
        vct.addElement(new Integer((int)(Math.random() * 101)));
        vct.addElement(new Integer((int)(Math.random() * 101)));
        vct.addElement(new Integer((int)(Math.random() * 101)));
        vct.addElement("hello world");
        vct.insertElementAt("A",0);
        System.out.println(vct.toString());
    }
}
```

程序运行后输出"[A,35,21,8,hello world]",其中三个随机整数在每次运行时将出现不同的值。

由于 Vector 向量类不能保存基本数据类型,因此所产生的随机整数必须以 Integer 类对象的形式添加到向量对象中。

Vector 类的常用成员:

1. 构造方法

```
public Vector();
public Vector(int capacity);
public Vector(int capacity, int increment);
```

使用第一种构造方法,系统会自动给所创建的向量分配 10 个空间,即可保存 10 个元素。

参数 capacity 设定向量对象的容量(即向量对象可存储数据的个数),当真正存放的数据个数超过容量时,系统会扩充向量对象的存储容量。

参数 increment 给定了每次扩充的幅度。当 increment 为 0 时,则每次扩充 1 倍。利用这个功能可以优化存储。

例如,下面的语句利用第三个构造函数创建了一个向量序列:

```
Vector myVector=new Vector(100, 20);
```

myVector 可存储 100 个数据,当数据增多需要扩充时,每次容量增加 20。

2. 常用成员方法

```
void addElement(Object o);              //将指定的元素插入到 Vector 对象的末尾处
int capacity();                         //返回 Vector 对象的元素数或容量
boolean contains(Object o);             //如果 Vector 对象包含指定对象,返回 true
void copyInto(Object[] arr);            //将 Vector 的元素复制到指定数组中
Object elementAt(int index);            //检索位于指定索引处的元素
Object firstElement();                  //返回 Vector 中的第一个元素
int indexOf(Object obj);                //搜索 obj 对象并返回第一个匹配对象的索引
Object lastElement();                   //返回 Vector 中最后一个元素
void removeAllelements();               //从 Vector 对象中删除所有元素
void insertElementAt(Object obj,int index);
//将元素添加到 Vector 对象中 index 指定的位置
String toString();                      //返回表示 Vector 内容的格式化字符串
void setSize(int size);                 //根据 size 的值设置 Vector 对象的大小
```

从不同角度把向量 Vector 和数组进行对比,可以更清楚地看到它们的异同,如表 6-3 所示。

表 6-3　向量与数组的比较

比较点	向量(Vector)	数 组
Java 的类	是	不是
内存申请	可动态申请	一次性申请
有序结构	是	是
元素个数	可变	不可变
元素类型	只能是对象,不能是简单数据类型	可以是对象,也可以是简单数据类型
元素类型限制	无	类型必须相同

6.8　字符串类详述

字符串在 Java 中被定义为类,它也是由 java.lang 包提供的,可在程序里直接使用。字符串类主要有 String 和 StringBuffer 两种。

6.8.1　String 类

String 类 用来描述字符串常量,字符串本身不能改变。也就是说,String 类对象是对字符串常量的引用。

String 类被 Java 的开发者构造得非常接近基本数据类型,在前面的章节里,都像使用基本数据类型一样在使用 String 类。这一节将详细介绍 String 作为类的特点和应用,可以利用 String 提供的方法对字符串进行简单的操作,如检索、获取子串等。

例 6-11　String 类的简单应用。

统计字符串"hello my dear friend"中字符"e"的个数,查找字符子串"friend"的位置。

```java
public class StringTest1 {
    public static void main(String[] args) {
        int n=0;
        String str="hello my dear friend";
        for(int i=0;i<str.length();i++){          //循环对字符串的每个字符进行判断
            if (str.charAt(i)=='e')               //获取当前位置的字符,判断是否为 e
                n++;
        }
        System.out.println(str+"中共有"+n+"个 e");
        n=str.indexOf("friend");
        System.out.println("friend 在这个字符串中的位置是"+n);
    }
}
```

程序运行后输出:

```
hello my dear friend 中共有 3 个 e
friend 在这个字符串中的位置是 14
```

代码中使用字符串提供的 length()方法得到字符串的长度,使用 charAt()方法获取字符串中每个位置上的字符,使用 indexOf()方法返回某个字符子串在当前字符串中的索引位置值。

String 类的常用成员:

1. 构造方法

```java
public String();              //创建一个空的字符串
```

```
public String(String value);      //用一个字符串作为参数创建新字符串
public String(char value[]);      //用一个字符数组作参数创建新字符串
public String(char value[], int offset, int count);
```

最后一个构造方法表示使用字符数组 value，从第 offset 个字符起取 count 个字符来创建一个 String 类的对象。

注意：offset 的值从 0 开始计，即第一个字符的 offset 值为 0，第二个字符的 offset 值为 1，依此类推，这与数组下标相一致。如果起始点 offset 或截取数量 count 越界，将会产生异常。

使用上面 4 种构造方法创建字符串对象，示例语句分别如下：

```
String str1=new String();          //str1 内容为空字符串
String str2=new String("Hello");   //str2 内容为"Hello"
char arr1[]={'W','e','l','c','o','m','e','!'};
String str3=new String(array);     //str3 内容为"Welcome!"
char arr2[]={'S','h','i','n','i','n','g','!'};
String str4=new String(arr2,4,3);  //str4 内容为"ing"
```

2. 常用成员方法

String 类所有的成员方法都是公共的(public)。下面介绍一些常用的方法。

```
int length();                      // 返回当前字符串长度
String trim();                     //将当前字符串前后的空格去掉，得到新字符串
int indexOf(int ch);               //找到第一个匹配字符 ch 的位置
int indexOf(String str);           //找到第一个匹配字符串 str 的位置
String concat(String str);         //将该 String 对象与 str 连接在一起
String toLowerCase();              //将字符串转换成小写
String toUpperCase();              //将字符串转换成大写
boolean startWith(String s);       //该 String 对象是否以 suffix 开头
boolean endsWith(String s);        //该 String 对象是否以 s 结尾
char charAt(int index);
```

该方法取字符串中的某一个字符，其中的参数 index 指的是字符串中序数。字符串的序数从 0 开始到字符串长度减 1。

```
boolean equals(Object obj);
```

该方法判断字符串是否相同，当 obj 不为空并且与当前 String 对象内容一样时返回 true；否则返回 false。

```
String substring(int beginIndex);
```

该方法得到字符子串，取从 beginIndex 位置开始到结束的子字符串。

```
String substring(int beginIndex, int endIndex);
```

该方法得到字符子串，取从 beginIndex 位置开始到 endIndex 位置的子字符串。

```
int compareTo(String anotherString);
```

该方法进行字符串比较。将当前 String 对象与参数中的 anotherString 比较。相同关系返回 0;不相同时,从两个字符串索引为 0 的字符开始比较,返回第一个不相等的字符差。另一种情况,较长字符串的前面部分恰巧是较短的字符串,则返回它们的长度差。

例 6-12　String 类常用成员方法的使用。

将字符串数组中的字符串全部转换为大写,统计以 st 开头的字符串个数、以 ng 结束的字符串个数。

```
public class StringTest2 {
    public static void main(String[] args) {
        int num1=0,num2=0;
        String str="",strings []={"string","starting","strong",
                            "street","stir","studeng","soft","sting"};
        for(int i=0;i<strings.length;i++){
            if(strings[i].startsWith("st")){
                num1++;
            }
            if(strings[i].endsWith("ng")){
                num2++;
            }
            str+=strings[i].toUpperCase()+" ";

        }
        System.out.println("所有字符串转换为大写后是:"+str);
        System.out.println("st 开头的字符串有"+num1+"个");
        System.out.println("ng 结束的字符串有"+num2+"个");
    }
}
```

程序运行后,将在控制台输出:

```
所有字符串转换为大写后是:STRING STARTING STRONG STREET STIR STUDENG SOFT STING
st 开头的字符串有 7 个
ng 结束的字符串有 5 个
```

String 类提供的字符串处理方法还有很多,大家可以查阅相关的 API 文档,在需要时加以应用。

6.8.2　StringBuffer 类

String 类描述的是字符串常量,不可更改,而 StringBuffer 类描述可变字符串,它的对象总保留一定的缓冲空间,即使用户没有直接规定也会预留 16 个字节作为缓冲区,以实现字符串自身的扩充和修改。

StringBuffer 提供了更加丰富的字符串处理方法,可以使用这些方法实现在字符串末尾追加新的字符、对字符串内容进行替换等功能。

例 6-13 StringBuffer 类的简单应用。

```
public class StringBufferTest {
    public static void main(String[] args) {
        StringBuffer s1=new StringBuffer();          //内容为空,默认 16 字节缓冲
        StringBuffer s2=new StringBuffer(64);        //内容为空,默认 64 字节缓冲
        //初始化字符串内容为"good",另有 16 字节缓冲区
        StringBuffer s3=new StringBuffer("good");
        //输出各字符串占用的总空间
        System.out.println("s1 占用"+s1.capacity()+"个字节");
        System.out.println("s1 占用"+s2.capacity()+"个字节");
        System.out.println('s1 占用"+s3.capacity()+"个字节");
        s3.append(" day!");              //在 s3 末尾附加新字符串
        System.out.println("使用 append 方法添加内容后字符串是"+s3);
        s3.insert(0,"What a ");          //在 s3 开头插入新字符串
        System.out.println("使用 insert 方法插入内容后字符串是"+s3);
        s3.replace(12,15,"student"); //替换 s3 索引值[12,15)位置的字符串
        System.out.println("使用 replace 方法替换内容后字符串是"+s3);
    }
}
```

上面的程序运行后输入如下结果:

s1 占用 16 个字节
s2 占用 64 个字节
s3 占用 20 个字节
使用 append 方法添加内容后字符串是 good day!
使用 insert 方法插入内容后字符串是 What a good day!
使用 replace 方法替换内容后字符串是 What a good student!

StringBuffer 的常用成员:

1. 构造方法

```
StringBuffer();                  //得到一个空串,长度为 16 个字节
StringBuffer(int length);        //得到一个空串,长度为 length 个字节
StringBuffer(String s);          /* 得到一个字符串,初始化为 s,长度为 s.length()
                                    +16 个字节 */
```

2. 常用成员方法

```
int length();                //得到字符串的长度
int capacity();              //得到字符串的容量
String toString();           //转换为 String 类对象并返回
StringBuffer append(boolean b);
StringBuffer append(char c);
```

```
StringBuffer append(int i);
StringBuffer append(long l);
StringBuffer append(float f);
StringBuffer append(double d);
StringBuffer append(String str);
StringBuffer append(char str[]);
```

以上 7 个方法可将不同类型的数据追加到 StringBuffer 类的对象的后面,构成新字符串。

```
StringBuffer append( char str[], int offset, int len );
```

上面的方法将字符数组 str 从 offset 位置开始取 len 个字符,追加到 StringBuffer 类的对象的后面。位置 offset 的值从 0 开始。

```
StringBuffer insert(int offset, boolean b);
StringBuffer insert(int offset, char c);
StringBuffer insert(int offset, int i);
StringBuffer insert(int offset, long l);
StringBuffer insert(int offset, float f);
StringBuffer insert(int offset, double d);
StringBuffer insert(int offset, String str);
StringBuffer insert(int offset, char str[]);
```

上述 8 个方法可将不同类型的数据插入到 StringBuffer 类的对象中的 offset 位置。

```
StringBuffer reverse();              //得到反转字符串
StringBuffer replace(int start,int end,String s);
```

上面的方法把当前字符串中从位置 start 开始到 end 位置之前的字符串替换为 s,形成新的字符串。

StringBuffer 类提供的字符串处理方法还有很多,大家可以查阅相关的 API 文档,在需要时加以应用。

6.8.3 String 类与 StringBuffer 类的异同

String 类代表不可变的字符序列(字符串常量),而 StringBuffer 类代表可变的字符序列。

举例来说,如果有语句:

```
String s1=new String("OK!"), s2=new String("no problem!");
```

此时内存中出现两个字符串常量"OK!"和"no problem!",s1 和 s2 分别引用它们,可形象地理解成 s1 指向"OK!",s2 指向"no problem!"。

如果再写一个语句:

```
s1=s1+s2;
```

我们都知道,结果将会是 s1 所代表的字符串内容变为"OK! no problem!",但实际上之前的字符串常量并没有发生变化,系统是将原来的两个字符串进行连接,产生了新字符串,然后让 s1 引用这个新字符串。可以简单想象成此时内存中有 3 个字符串,s1 改变了它的指向,如图 6-9 所示。

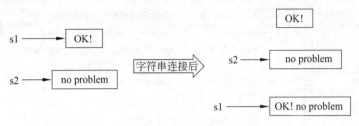

图 6-9　String 字符串连接示意图

如果用 StringBuffer 类来实现,语句如下:

```
StringBuffer s1=new StringBuffer("OK!"),
        s2=new StringBuffer("no problem!");
s1=s1.append(s2);
```

StringBuffer 为可变字符串,此时 s2 的内容将直接加在 s1 的后面形成连接后的字符串,而并不开辟新字符串空间,所以用的时间和空间都比较少,如图 6-10 所示。

图 6-10　StringBuffer 字符串连接示意图

String 与 StringBuffer 各自的特点:

String 类直接对字符串常量进行操作,执行效率比 StringBuffer 类高;

StringBuffer 类提供更多的字符串处理方法,比 String 类更方便。

在编写程序时,可以针对这两个字符串类各自的特点选择使用:如果创建一个字符串并且不打算修改它,就使用 String 类;如果创建一个字符串并且计划修改它,就用 StringBuffer 类。

6.9　使用 Java API 文档

Java API (Java Application Interface,Java 的应用编程接口)是提供给 Java 编程人员使用的程序接口,描述 Java 所提供的已经定义好的类库。编程人员使用 API 文档来查阅 Java 提供的包、类等内容,是 Java 开发最经常使用的重要参考资料之一。

API 文档可以从 Sun 公司网站下载,地址是 http://java.sun.com,或者在网上搜索该文档,资源非常丰富。

API 文档的页面如图 6-11 所示。

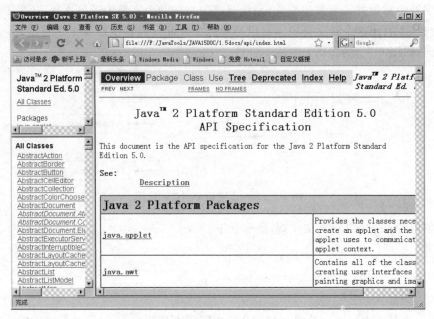

图 6-11　API 文档界面

API 文档的每个页面都介绍了使用给定类或软件包的类、方法、构造方法和字段。可以通过搜索或索引来查找相关内容。

通常可以在左边的导航栏里先选择包，再进一步选择该包中要查阅的类，如图 6-12 所示。

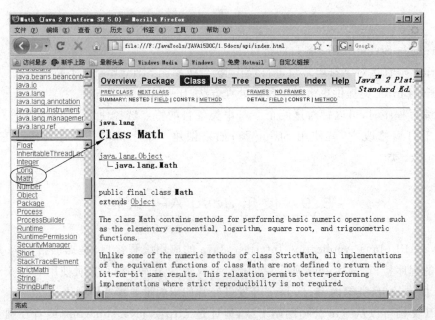

图 6-12　选择要使用的类

API 文档中对每个类、接口等都有全面的介绍，通常先是相关描述，然后用表格的形式罗列类的属性、构造方法、成员方法等，有些内容还提供实例代码片段。根据这些方法原型和介绍，可以在程序中对它们进行应用，如图 6-13 所示。

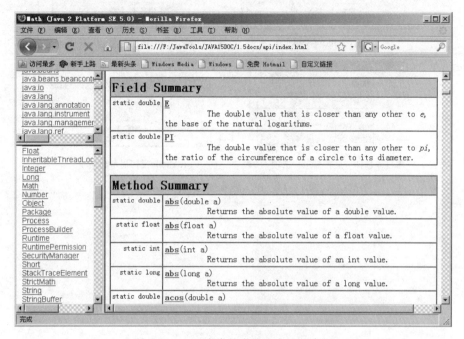

图 6-13　API 中类的字段和方法的介绍

本章列举了典型、常用的 Java 常用类及其成员，更全面详细的内容可以查阅 API 文档，以灵活地对 Java 类库进行使用。

实 验 与 训 练

1. 提示用户输入三角形两边边长与其夹角度数，利用公式 $s=1/2ab\sin(c)$ 计算三角形面积，输出结果。

注意：正弦值的计算对象是弧度制的角，需将角度转换为弧度：$\pi/180$。

2. 编写 Java 应用程序，使用 Vector 向量来保存用户输入的若干个字符串。循环读入用户输入的字符串，以 end 作为结束。将所有字符串显示出来。在所有字符串的中间位置插入"NICE"，再次显示所有字符串。

3. 显示 InputDialog 输入对话框实现对用户输入的英文单词进行简单处理（转换为大写、转换为小写、反转显示）。程序运行结果如图 6-14 所示。

(a) 输入hello英文单词

(b) 选择"转换为大写"选项

(c) 选择"反转显示"选项

(d) hello反转显示结果

图 6-14　第 3 题程序运行结果

第 7 章　面向对象中的继承

学习目标：

- 理解类的继承关系，掌握继承的实现和应用；
- 掌握子类对父类方法的覆盖；
- 掌握子类对父类方法的重载；
- 掌握 this 和 super 的使用，理解子类与父类的关系；
- 理解多态的含义，掌握它是如何实现的；
- 加深对面向对象程序设计思想的理解。

继承是面向对象程序设计思想的典型特点之一，本章内容对学习 Java 编程、理解面向对象思想非常重要。有了继承，类与类相互之间就有了紧密的联系，编写复杂程序时大大提高了效率，并使程序更易维护。

例 7-1　具有继承关系的类。

本例定义了二维坐标系中的点类 Point2D、三维坐标系中的点类 Point3D，后者继承了前者，并覆盖了父类中的 getDistance()方法。代码中使用 this 引用类自身的成员，使用 super(double,double)调用父类的构造方法。

```
class Point2D{                          //二维坐标系中的点类
    private double x;                   //记录 x 轴坐标
    private double y;                   //记录 y 轴坐标

    Point2D(double x, double y){        //构造方法
        this.x=x;
        this.y=y;
    }

    double getX(){                      //获取 x 轴坐标值
        return x;
    }

    double getY(){                      //获取 y 轴坐标值
        return y;
    }
```

```
        double getDistance(){                           //计算点到原点的距离
            return Math.sqrt(x * x+y * y);
        }
}

class Point3D extends Point2D{                           //三维坐标系中的点类

    private double z;                                   //记录 z 轴坐标

    Point3D(double x, double y, double z){              //构造方法
        super(x,y);                                     //调用父类构造方法
        this.z=z;
    }

    double getDistance(){                               //计算点到原点的距离
        return Math.sqrt(getX() * getX()+getY() * getY()+z * z);
    }

}

public class PointTest{
    public static void main (String[] args){
        Point2D p1=new Point2D(3,4);
        Point3D p2=new Point3D(1,4,8);
        System.out.println("二维坐标系中点(3,4)到原点的距离是"+p1.getDistance
        ());
        System.out.println("三维坐标系中点(5,5,5)到原点的距离是"+p2.getDistance
        ());
    }
}
```

程序运行后在屏幕上显示:

二维坐标系中点(3,4)到原点的距离是 5.0
三维坐标系中点(5,5,5)到原点的距离是 9.0

7.1 类 的 继 承

继承是面向对象编程思想最重要的组成部分之一,是 Java 程序设计中的一项核心技术。面向对象程序设计思想不仅可以使用类和对象反映现实生活中的一切事物,还能够通过类的继承反映事物之间的关系。

继承使得众多类之间有了层次关系,下层的类能够具备上层类的非私有属性和方法,还可以根据自己的需要添加新的成员。Java 就像一棵大树,所有类都在这棵大树的某

处。大树从树根开始不断产生众多分支,沿着这些分支,类不断被细化。

7.1.1 继承的实现

在继承关系中,上层的类即被继承的类叫超类或父类(superclass)。下层的类叫子类(subclass),子类自动继承父类的所有非私有的成员变量和成员方法。

继承的实现要使用关键字 extends,格式如下:

[修饰符] class 子类名 extends 父类名{
    //定义成员变量
    //定义成员方法
}

实现继承要先准备好父类,有了父类再按上面的格式定义子类,则子类会继承父类的特征。通常子类是父类的进一步细化,它在父类的基础上进行拓展,增加许多自己独特的属性或行为。

例 7-2 Student 类继承 Person 类。

```java
class Person{
    String name ;                    //姓名
    char sex;                        //性别

    void showPerson(){               //显示人的基本信息
        System.out.println("name is "+name+",sex is "+sex);
    }
}


class Student extends Person{
    int num;                         //学号
    double score;                    //成绩

    //设置学生的各项信息
    void setItem(String na, char s, int n, double sco){
        name=na;
        sex=s;
        num=n;
        score=sco;
    }

void showStudent(){                  //显示学生信息
    System.out.println("num is "+num+",score is "+score);
    }
}
```

```
public class StudentTest1{
    public static void main(String[] s){
        Student stu;                    //使用子类声明对象
        stu=new Student();
        stu.setItem("小明",'男',101,87.5);
        stu.showPerson();               //调用父类成员方法
        stu.showStudent();              //调用子类成员方法
    }
}
```

程序运行后在屏幕上显示：

```
name is 小明,sex is 男
num is 101,score is 87.5
```

本例定义了两个类，其中 Person 类是父类，具有姓名、性别两个属性以及显示它们的一个行为。Student 类是 Person 类的子类，继承了 Person 类的所有成员（因为都是非私有的），同时增加了自己的新属性：学号和成绩，以及两个新行为：设置 4 个属性值的方法、显示学号和成绩的方法。因此，当在 main 方法里用 Student 创建一个对象 stu 时，构造后的对象包含 4 个成员变量 name、sex、num、score，3 个成员方法 showPerson()、setItem()、showStudent()。

注意：子类从父类继承过来的成员不会直接出现在代码中，通过 extends 表明继承关系，系统会在内存中给子类增加继承过来的成员。

7.1.2 继承的层次

Java 可以实现多重继承，即类的继承关系是可以层层传递下去的。
代码示例如下：

```
class A {
    protected int value;
    public int getValue(){return value;}
}
class B extends A{
    private String s;
    public String getString(){return s;}
}
class C extends B{
    private char ch;
    public char getchar(){return ch;}
}
```

观察上面的 C 类，由于继承具有传递性，因此 C 类有两个成员变量：间接从 A 类继承过来的 value 和自己新增的 ch;有 3 个成员方法:间接从 A 类继承过来的 getValue()方法、从 B 类继承过来的 getString()方法和自己新增的 getChar()方法。由于 B 类中的 s 是私有成员,因此它没有被 C 类继承。

Java 规定子类与父类之间是单继承,每个子类只能有一个父类,而一个父类可以有多个子类。

类的继承关系如图 7-1 所示。

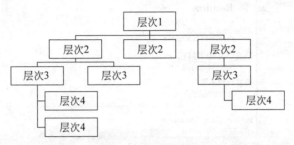

图 7-1 类的继承层次

图中每个层次关系中,上层为父类,下层为子类。

子类包含于父类,子类与父类的关系是树形的关系。从父类角度来看,父类与子类是一对多的关系;而从子类的角度来看,子类与父类是一对一的关系。

7.1.3 继承的意义

(1) 继承避免了重复的代码程序。

在父类中定义子类共同的程序代码,各子类只需继承父类即可,不必在每个子类中都重复写上一遍。如果需要改变相关代码,只需修改父类中的内容,子类会发生同样的变化。

(2) 定义出共同的协议。

继承可以确保在某个父型之下的所有类都会有父型所持有的全部非私有属性和方法。

还可以定义子类继承 Java 提供的常用类,从类库中取得类,通过继承可以定义更强大、更切合实际需要的类。

继承让程序更简洁、有效,更易扩展。

7.1.4 所有类的父类——Object 类

Object 类存在于 java.lang 包中,它是所有类的根类。Java 中的每个类都直接或间接地使用 Object 作为父类,所有对象都实现这个类的方法。

所有类对 Object 类的继承是 Java 默认的,无需使用 extends 明确表示。即使是在程序中自定义的一个类,实际上也不是独立的,Java 已经把它定义为了 Object 类的子类。观察 API 文档,会发现所有类都是从 Object 类层层继承而来的,如图 7-2 和图 7-3 所示。

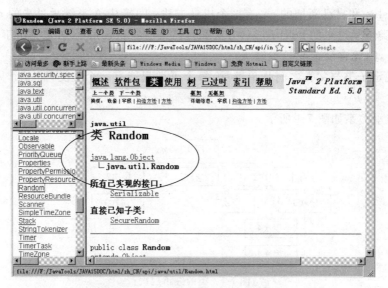

图 7-2   Object 类是 Random 类的父类

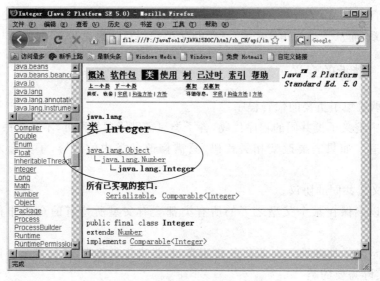

图 7-3   Object 类是 Integer 类的根类

Object 类提供了 11 个成员方法,也就是说所有其他类都具备这 11 个方法。其中最常用的方法有两个,分别是:

```
public boolean equals(Object obj);          //比较两个对象是否相等
public String toString();                    //返回该对象的字符串表示
```

注意:

(1) 对象之间的比较不能用"=="运算符,必须使用 equals()方法;

(2) 当直接把对象放在输出语句中输出时,相当于通过对象调用了 toString()方法得

到字符串描述,再输出结果。例如:

```
Vector vct=new Vector();
vct.add("hello");
vct.add(new Integer(15));
System.out.println(vct);   //相当于 System.out.println(vct.toString());
```

结果将显示

```
[ hello, 15 ]
```

7.2　子类覆盖父类的方法

子类可以重写继承过来的父类方法的方法体,这叫做方法的覆盖。子类方法覆盖了父类中的方法,即子类中的成员方法隐藏了父类中原有的同名方法,对其进行了重定义。

7.2.1　方法覆盖

方法覆盖即在一个类的子类中定义与父类方法同名的方法,并且它们的参数列表、返回类型均完全相同,而方法体是不同的,此时子类中的方法就会覆盖父类中的方法。

例 7-3　Student 类覆盖 Person 类的方法。

```
class Person{                      //自定义 Person 类
    String name;                   //姓名
    char sex;                      //性别

    void setItem(String na,char s){ //设置各成员值
        name=na;
        sex=s;
    }

    public void show(){            //显示各成员信息
        System.out.println("姓名是"+name+",性别是"+sex);
    }
}

class Student extends Person{      //自定义 Person 类的子类 Student 类
    int num;                       //学号
    double score;                  //成绩

    void setItem(String na,char s,int n,double sco){    //重载父类 setItem 方法
        name=na;
        sex=s;
        num=n;
```

```
            score=sco;
        }

        public void show(){                      //覆盖父类 show 方法
            System.out.println("姓名是"+name+",性别是"+sex+",学号是"+num+",成绩是"
            +score);
        }
    }


    class StudentTest2{
        public static void main(String[] args){
            Person p=new Person();
            p.setItem("大亮",'男');              //父类对象 p 调用父类的 setItem 方法
            p.show();                             //父类对象 p 调用父类的 show 方法
            Student s=new Student();
            s.setItem("小强",'男',102,85.5);     //子类对象 s 调用子类的 setItem 方法
            s.show();                             //子类对象 s 调用子类的 show 方法
        }
    }
```

程序运行结果如下：

姓名是大亮,性别是男
姓名是小强,性别是男,学号是 102,成绩是 85.5

本例中的 Student 类覆盖了父类 Person 类中的 show()方法,对方法体进行了重写,因此通过父类对象 p 调用方法与通过子类对象 s 调用同样名称的方法,得到的结果是不同的。此外,Student 类对 Person 类中的 setItem()方法进行了重载,注意区分方法重载与方法覆盖。方法重载相关内容参见 4.3 节。

方法覆盖注意事项:

(1) 子类中的方法不能抛出父类中被覆盖方法没有抛出的异常(有关异常的知识将在第 9 章介绍,此要点有个印象即可)。

(2) 子类中方法的访问权限不能比父类中被覆盖方法的访问权限低。

即一个 package 方法可以被重写为 package、protected 和 public 的;一个 protected 方法可以被重写为 protected 和 public 的;一个 public 方法只可以被重写为 public 的。

方法覆盖在面向对象程序设计中是实现多态的一种手段。

7.2.2　Java 中静态方法和非静态方法覆盖的区别

(1) 子类对父类的非静态方法可以实现方法的覆盖。

(2) 静态方法不能实现方法重载。子类中创建的静态方法不会覆盖父类中相同名字的静态方法,即此时父类和子类各有一个该成员方法。

7.3　子类与父类的进一步说明

7.3.1　关于子类的构造方法

在使用子类创建对象时，Java 总是先调用父类的构造方法，然后才调用子类自己的构造方法。若不能按此规律执行，则无法创建子类对象。

先调用父类的构造方法有两种情况：

（1）系统自动调用。子类没有主动调用父类构造方法时，Java 将自动先调用父类中无参的构造方法，然后再调用子类自己的构造方法。这种情况下，一定要确保父类能够提供无参的构造方法。

（2）子类主动调用。子类在构造方法中主动先调用父类的构造方法，这要使用 super 关键字来实现，且该句必须放在子类构造方法里面的第一行。

注意：调用类中不存在的构造方法会产生错误。

例 7-4　创建子类对象时 Java 先调用父类无参构造方法。

```java
class SuperClass{                     //自定义父类
    int a;                            //成员变量a

    SuperClass(){                     //无参构造方法
        System.out.println("父类无参构造方法被调用");
    }

    void printInfo(){                 //输出信息的方法
        System.out.println("父类的成员 a="+a);
    }
}


class SubClass extends SuperClass{    //自定义子类
    int b;                            //成员变量b

    SubClass(int x, int y){           //有参构造方法
        a=x;
        b=y;
        System.out.println("子类有参构造方法被调用");
    }

    void printInfo(){                 //覆盖父类的输出信息方法
        System.out.println("子类继承来的成员 a="+a+",子类的成员 b="+b);
    }
}
```

```
public class ConstructTest1{
    public static void main(String args[]){
        //创建子类对象,先调用父类无参构造方法,再调用子类自己的构造方法
        SubClass subC=new SubClass(10,20);
        subC.printInfo();              //子类对象调用子类的输出信息方法
    }
}
```

程序运行后在屏幕上显示:

父类无参构造方法被调用
子类有参构造方法被调用
子类继承来的成员 a=10,子类的成员 b=20

本例使用 SubClass 创建对象时先调用了父类无参的构造方法输出一句话,然后再调用子类自己的构造方法去初始化成员变量。通过子类对象 subC 调用的是子类中的 printInfo 方法,输出 a 和 b 的信息。

例 7-5　子类构造方法中主动通过 super 调用父类构造方法。

```
class SuperClass{                        //自定义父类
    int a;                               //成员变量 a

    SuperClass(int x){                   //有参构造方法
        a=x;
        System.out.println("父类有参构造方法被调用");
    }

    void printInfo(){                    //输出信息的方法
        System.out.println("父类的成员 a="+a);
    }
}

class SubClass extends SuperClass{       //自定义子类
    int b;                               //成员变量 b

    SubClass(int x, int y){              //有参构造方法
        super(x);                        //主动调用父类有参构造方法
        b=y;
        System.out.println("子类有参构造方法被调用");
    }

    void printInfo(){                    //覆盖父类的输出信息方法
        System.out.println("子类继承来的成员 a="+a+",子类的成员 b="+b);
    }
}
```

```
public class ConstructTest2{
    public static void main(String args[]){
        SubClass subC=new SubClass(10,20);        //创建子类对象
        subC.printInfo();
    }
}
```

程序运行后在屏幕上显示：

父类有参构造方法被调用
子类有参构造方法被调用
子类继承来的成员 a=10,子类的成员 b=20

本例中子类在构造方法中的第一句通过"super(x);"主动调用了父类中的构造方法，此时 Java 不再自动调用父类构造方法，而是按照 super(x)的意图先初始化成员变量 a,然后再继续执行子类自己的构造方法初始化成员变量 b,并输出相关语句。

7.3.2 this 关键字的使用

this 是对当前对象的一个引用，即代表当前对象自身。在一个对象的内部，如果想得到该对象的引用，要使用 this 而不是它的名称。就像我们平时说到自己时不会大呼自己的姓名，而是说"我"如何如何。this 可以在普通成员方法和构造方法中使用，不能在静态方法中使用；对于 static 属性和方法，不能有 this 引用。

(1) 使用 this 可以在类的内部引用该类的其他成员。

示例代码如下：

```
class Rect {
    double width;                        //成员变量
    double length;                       //成员变量

    double area(){
        return width * length;           //使用成员变量计算面积并返回结果
    }

    void setItem(double width,double length){
        this.width =width ;              //将参数 width 存至类的成员变量 width 中
        this.length=length ;            //将参数 length 存至类的成员变量 length 中
    }
}
```

在 Rect 类的 setItem 方法中，参数名称和类的成员变量名称是一样的，按照变量定义域的规则，这种情况下 setItem 方法中成员变量会被方法中局部变量覆盖掉。使用 this 引用可避免这种情况，this. width 和 this. length 明确表示引用类的成员变量，因此成员又重新暴露出来了。

(2) 使用 this 调用类自己的其他构造方法。

构造方法里可以使用 this 调用同类的其他构造方法,格式为"this(形参)"。

示例代码如下:

```
class Person{                          //自定义 Person 类
    String name;                       //姓名
    int age;                           //年龄

    Person(String n) {                 //带一个参数的构造方法
        name=n;
    }

    Person(String n, int a){           //带两个参数的构造方法
        this(n);                       //调用一个参数的构造方法
        age=a;
    }
}
```

Person 类的构造方法进行了重载,第二个构造方法带两个参数,在其代码内部通过 this(n)调用了第一个构造方法。

7.3.3 super 关键字的使用

super 是对父类的一个引用。在一个对象的内部,如果想得到该对象父类的引用,要使用 super 而不是父类名称。

子类引用父类的成员格式:

super.变量名,super.方法名(实参列表)

super 关键字的使用说明:

(1) 在子类中有方法或变量名与父类有冲突的时候,可以用 super 来加以区别,指明父类的成员。

(2) 子类的构造方法中可以通过 super(形参表)调用父类构造方法。

例 7-6 super 的使用。

```
class SuperClass{                      //自定义父类

    int value;                         //成员变量

    SuperClass(int x){                 //带一个参数的构造方法
        value=x;
        System.out.println("父类有参构造方法被调用");
    }

    void printInfo(){                  //输出信息的方法
        System.out.println("父类的成员 value="+value);
```

```
    }
}

class SubClass extends SuperClass{          //自定义子类
    int value;                              //同名成员变量,并不冲突也不覆盖

    SubClass(int x, int y){                 //构造方法
        super(x);                           //主动调用父类的构造方法
        value=y;                            //给自己的成员变量赋值
        System.out.println("子类有参构造方法被调用");
    }

    void printInfo(){                       //输出信息的方法
        //先输出父类成员 value 的值,再输出子类成员 value 的值
        System.out.println("子类继承来的成员 value="+super.value+",子类的成员
value="+value);
    }
}

public class SuperTest{
    public static void main(String args[]){
        SubClass subC=new SubClass(10,20);      //创建子类对象
        subC.printInfo();                       //通过子类对象调用子类的输出信息方法
    }
}
```

注意:子类与父类有同名的成员变量 value,成员变量是不能覆盖的,此时父类与子类各自有一个 value 成员变量。因此在子类的 printInfo()方法中,当需要输出父类的 value 值时,需要通过 super.value 指明。

可以通过 super 调用父类的 printInfo()方法实现对父类 value 的输出,即子类的 printInfo()方法可写为:

```
void printInfo(){
    super.printInfo();      //调用父类的输出信息方法,输出父类的 value 值
    System.out.println("子类的成员 value="+value); //输出子类自己的 value
}
```

7.3.4 父类和子类对象的转换

明确类与类之间的关系,要注意区分"是一个"与"有一个"的关系。
下面几句话比较好理解:
菱形是一个四边形;
地球是一个星球;

诸葛亮是一个人等。

仔细观察,发现存在"子类对象是父类"的关系;反之,可以说"父类有一个子类对象",如"星球里有一个地球"。

当表达"子类对象是父类"时,我们强调的是当前对象作为父类所具备的特性,如"诸葛亮是一个人,他也有七情六欲,也要吃饭睡觉……",此时子类对象将失掉子类特有的属性和行为。

示例代码如下:

```
class A {…}
class B extends A {…}
```

A 类是 B 类的父类,则可以有如下语句:

```
A a=new B();        //new 创建的子类对象是父类
```

可以通过 a 找到父类 A 与子类 B 都具备的成员加以使用。将它进行强制转换后,就可以调用子类中特有的方法了。如:

```
B b=(B)a;
```

将 a 强制类型转换为 B 类的对象,并使用 b 来引用它,这之后,b 可以完全当作子类对象来使用。

例 7-7 父类和子类对象的转换。

```
class ConverDemo{
    public static void main(String[] args){
        Animal pet;                    //声明 Animal 类的对象 pet

        System.out.println(
            "pet 引用子类 Dog 类的对象,可以调用的方法有 sleep()和 cry()");
        pet=new Dog();                 //父类对象 pet 指向子类 Dog 的一个实体
        pet.sleep();                   //调用父类和子类共有的方法 sleep()
        pet.cry();                     //调用父类和子类共有的方法 cry()

        System.out.println(
            "pet 引用子类 Cat 类的对象,可以调用的方法有 sleep()和 cry()");
        pet=new Cat();                 //父类对象 pet 指向子类 Cat 的一个实体
        pet.sleep();                   //调用父类和子类共有的方法 sleep()
        pet.cry();                     //调用父类和子类共有的方法 cry()

        System.out.println(
            "pet 强制类型转换为子类 Cat 后,可以调用子类新增的方法了!");
        Cat d=(Cat)pet;                //将 pet 强制类型转换为真正的 Cat 对象
        d.play();                      //调用 Cat 自己的新增方法 play()
        //上述两句相当于((Cat)pet).play();
    }
```

```
    }

class Animal{                             //自定义类 Animal
    void sleep(){                         //描述休息的方法
        System.out.println("动物也要睡觉休息的");
    }
    void cry(){                           //描述叫喊的方法
        System.out.println("动物的叫声");
    }
}

class Dog extends Animal{                 //自定义子类 Dog
    void eat(){                           //描述进食的方法
        System.out.println("小狗啃骨头");
    }
    void cry(){                           //覆盖父类描述叫喊的方法
        System.out.println("小狗叫:汪汪");
    }
}

class Cat extends Animal{                 //自定义子类 Cat
    void play(){                          //描述活动的方法
        System.out.println("小猫玩绒球");
    }
    void cry(){                           //覆盖父类描述叫喊的方法
        System.out.println("小猫叫:喵喵");
    }
}
```

程序运行后在屏幕上显示：

pet 引用子类 Dog 类的对象,可以调用的方法有 sleep()和 cry()
动物也要睡觉休息的
小狗叫:汪汪
pet 引用子类 Cat 类的对象,可以调用的方法有 sleep()和 cry()
动物也要睡觉休息的
小猫叫:喵喵
pet 强制类型转换为子类 Cat 后,可以调用子类新增的方法了!
小猫玩绒球

父类与子类对象转换注意事项：

（1）通过父类的引用指向子类对象时,不能使用父类所不具备的成员。

（2）若子类中覆盖了父类的某些方法,则通过父类的引用指向子类对象时,所调用的相应方法为子类中的成员方法。

（3）可对父类引用的对象进行子类强制类型转换,以使用子类自己新增成员方法。

7.3.5   继承的使用说明

当某个类比其父类更具有特定意义时,使用继承。在某部分程序应该被多个相同基本类型类所共享时,也使用继承。如矩形、圆形、三角形都需要计算面积并输出信息,此时将这些功能放在它们的父类中即可,这样更易于维护和扩展。

使用继承的要点:

(1) 子类通过 extends 继承父类。

(2) 子类会继承父类所有非私有的成员变量和成员方法。

(3) 类的继承关系具有传递性。

(4) 继承下来的方法可以被子类覆盖掉,但成员变量不能被覆盖掉。

(5) 可以使用“子类是父类”来验证继承结构的合理性。

(6) “子类是父类”的关系是单方向的。“猫是动物”对,“动物是猫”就不对了。

(7) 当某个方法在子类中被覆盖后,通过子类对象调用的是子类覆盖后的新方法。

7.4   面向对象编程的多态

7.4.1   运行时多态

运行时多态(polymorphism)是面向对象程序设计中代码重用的一个最强有力的机制。具体就是:在父类中定义一个方法,而在子类中重载或覆盖这些方法,运行时,由系统根据被引用对象的类型或调用时的实际参数表动态决定实际调用的方法。

方法重载和方法覆盖均是实现多态的机制。

例 7-8   多态的实现。

```
class Shape{                          //自定义形状类
    String color;                     //颜色

    double getArea(){                 //计算面积
        return 0;
    }

    void printInfo(){                 //显示信息
        System.out.println("颜色是"+color);
    }
}

class Circle extends Shape{           //形状类的子类圆形类
    double radius;                    //半径

    Circle(String c, double r){       //构造方法
```

```
            color=c;
            radius=r;
        }

        double getArea(){                    //覆盖父类计算面积的方法
            return Math.PI * radius * radius;
        }
        void printInfo(){                    //覆盖父类显示信息的方法
            super.printInfo();
            System.out.println("面积是"+getArea());
        }
}


class Rectangle extends Shape{               //形状类的子类矩形类
    double width, height;                    //长、宽

    Rectangle(String c, double w, double h){ //构造方法
        color=c;
        width=w;
        height=h;
    }

    double getArea(){                        //覆盖父类计算面积的方法
        return width * height;
    }

    void printInfo(){                        //覆盖父类显示信息的方法
        super.printInfo();
        System.out.println("面积是"+getArea());
    }
}


class PolyDemo{
    public static void main(String[] args){
        Shape s;                             //声明父类对象 s
        System.out.println("父类的引用指向圆形类对象:");
        s=new Circle("blue",1);              //父类对象 s 指向 Circle 子类实体
        s.printInfo();                       //调用 Circle 中显示信息的方法
        System.out.println("父类的引用指向矩形类对象:");
        s=new Rectangle("green",3,4);        //父类对象 s 指向 Rectangle 子类实体
        s.printInfo();                       //调用 Rectangle 中显示信息的方法
    }
}
```

程序运行后在屏幕上显示：

父类的引用指向圆形类对象：
颜色是 blue
面积是 3.141592653589793
父类的引用指向矩形类对象：
颜色是 green
面积是 12.0

代码执行时，父类的引用 s 首先指向 Circle 类对象，调用的 printInfo 是子类 Circle 中的。然后 s 再指向 Rectangle 类对象，再调用的就是子类 Rectangle 中的 printInfo 方法了。

7.4.2　方法重载与方法覆盖的比较

此前学习过方法的重载，在这一章学习了方法的覆盖，它们有些共同的特性，相互又存在显著的差别。要明确掌握方法重载与方法覆盖的特点，对它们加以最恰当的应用。

1. 重载方法必须满足的条件

（1）方法名必须相同。

（2）方法的参数表必须不相同。

（3）方法的返回类型可以不相同。

（4）方法的修饰符可以不相同。

（5）方法重载可以在同一个类内部进行，也可以在子类中对父类的方法进行重载。

2. 方法覆盖必须满足条件

（1）子类方法的名称及参数表必须与所覆盖方法相同。

（2）子类方法的返回类型必须与所覆盖方法相同。

（3）子类方法不能缩小所覆盖方法的访问权限。

（4）子类方法不能抛出比所覆盖方法更多的异常。

（5）方法覆盖限于子类对父类方法进行，不能在同一个类的内部完成。

实 验 与 训 练

1. 定义一个球类 Ball，包含一个私有成员变量——半径（double r），两个公有成员方法：设定半径值方法（ void setR(double x) 、得到半径值方法（double getR(））。

定义一个台球类 Billiards，继承 Ball 类，包含一个私有成员变量——颜色（String color），两个公有成员方法：设定颜色方法（void setCol（String clo））、输出信息方法（void show()），其中 show 方法可以输出该台球的颜色和半径值。

定义一个公有类，测试前两个类。

2. 首先，定义材料类 Material，包含：

（1）保护的成员变量名称、单价（String name, double price）；

（2）为数据初始化赋值的构造方法；

（3）公有的成员方法得到所有信息（public String toString()）。

再定义木材类 Wood，继承自材料类。包含：

（1）私有的成员变量颜色（String col）；

（2）为数据初始化赋值的构造方法；

（3）覆盖公有的成员方法得到所有信息（public String toString()）。

最后，定义公共类，测试上述两个类 Material 和 Wood 的使用。

思考：

（1）程序中把木材类中 toString()方法的 public 去掉会产生什么结果？为什么？

（2）程序中把材料类中 toString()方法的 public 去掉会产生什么结果？为什么？

3. 改写例 7-8，给 Shape 类增加构造方法，能够对颜色进行初始化设置，思考两个子类的构造方法该如何修改才能使程序正常运行。

第8章 面向对象中的多态

学习目标：

- 掌握 final 修饰的最终类与最终方法的定义、特点及使用；
- 掌握 abstract 修饰的抽象类与抽象方法的定义、特点及使用；
- 掌握 interface 接口的定义、特点及使用；
- 掌握最终类、抽象类、接口在多态中的应用；
- 进一步理解多态。

多态是面向对象编程思想的重要体现，良好地应用多态可以进一步优化程序的结构和性能。除方法的重载和覆盖以外，接口、父型子型的应用是实现多态的其他重要手段。

例 8-1 使用接口实现多态。

定义立体物体接口 Solid，规定具备计算其表面积和体积的方法。Cube 立方体类实现了 Solid，具体描述了立方体表面积和体积的计算过程；Sphere 球体类实现了 Solid，具体描述了球体表面积和体积的计算过程。这两个类可用来创建对象并使用。

```java
interface Solid{
    double getArea();
    double getVolume();
}

class Cube implements Solid{

    private double width,height,depth;

    Cube(double w,double h,double d){
        width=w;
        height=h;
        depth=d;
    }

    public double getArea(){
        return(width * height+width * depth+height * depth) * 2;
    }
```

```
    public double getVolume(){
        return width * height * depth;
    }
}

class Sphere implements Solid{

    private double radius;

    Sphere(double r){
        radius=r;
    }

    public double getArea(){
        return 4 * Math.PI * radius * radius;
    }

    public double getVolume(){
        return 4.0/3 * Math.PI * radius * radius * radius;
    }
}

public class InterfaceDemo{
    public static void main(String[] args) {
        Cube c=new Cube(3,4,5);
        System.out.println("立方体的表面积是"+c.getArea());
        System.out.println("立方体的体积是"+c.getVolume());
        Sphere s=new Sphere(1);
        System.out.println("球的表面积是"+s.getArea());
        System.out.println("球的体积是"+s.getVolume());
    }
}
```

程序运行后在屏幕上显示：

立方体的表面积是 94.0
立方体的体积是 60.0
球的表面积是 12.566370614359172
球的体积是 4.1887902047863905

8.1　final 关键字

Java 中的 final 关键字可以用来修饰类、方法和局部变量,修饰过的类叫做最终类,修饰过的方法叫做最终方法,修饰过的变量实际上相当于常量。

8.1.1　final 修饰的最终类

在 Java 中，使用关键字 final 修饰的类叫做最终类，这意味着此类在继承关系中必须处于最末端，它不能被继承，不能有子类。

定义最终类时，final 要写在 class 的前面。

```
final class A{
    //…
}
```

试图继承最终类将会产生编译错误，程序无法运行。如：

```
public class B extends A {          //错误，最终类不能被继承
    //…
}
```

定义最终类的目的是不让其被继承。有些类的设计已很具体不需要进行修改或扩展，处于安全性的考虑，往往将其定义为 final 最终类。如 Java 类库中的 String（字符串）类、Math（数学）类就被定义为最终类。

8.1.2　final 修饰的最终方法

在 Java 语言中，使用关键字 final 修饰的方法叫做最终方法，这意味着此方法被"固化"了，不允许再以任何形式进行修改。即在继承关系中，子类不能覆盖父类中的最终方法。

定义最终方法的格式如下：

```
public class A{
    public final void fun(){
        //…
    }
}
```

其中的 fun() 方法经 final 关键字修饰成为最终方法。此时如果在 A 类的子类里试图重写 fun() 方法，将产生编译错误。如：

```
public class B extends A{
    public void fun(){                //错误，最终方法不能被覆盖
        //…
    }
}
```

最终方法使得子类不能重新定义与父类同名的方法，而只能使用从父类继承来的方法，从而防止了子类对父类一些重要方法的篡改，保证了程序的安全性和正确性。

8.1.3　final 修饰的常量

在声明成员变量或局部变量的时候加上 final 修饰符，相当于将其定义为常量。Java 规定，final 常量没有默认值，必须在定义时指定其数据值。常量一旦定义，其值就再不能改变，即不能被重新赋值。

观察下列语句：

```
final double PI;              //错误，常量必须指定数据值
final double PI=3.14;         //正确，定义了常量 PI 代表实数 3.14
PI=3.1415926;                //错误，常量不能被重新赋值
```

对于一些在程序中功能、内容固定，不希望被修改的数据（如圆周率），可以使用 final 将其定义为常量，确保数据的安全性。

8.2　抽象类与抽象方法

Java 中的 abstract 关键字可以用来修饰类和方法，修饰过的类叫做抽象类，修饰过的方法叫做抽象方法。

8.2.1　抽象类与抽象方法的定义

抽象类意味着此类不能用来创建对象，是专门设计让子类继承的。抽象类以关键字 abstract 来说明，如下面的代码：

```
abstract class A{              //抽象类
    //…
}
```

抽象方法意味着此方法没有方法体，一定要被子类进行方法覆盖才能使用。抽象方法以关键字 abstract 声明，只有方法首部，以一个分号结束。如下面的代码：

```
abstract  class  A {          //抽象类
    abstract  void  fun();    //抽象方法
}
```

注意：private 和 static 修饰的方法不能声明为抽象方法。

抽象类和抽象方法之间的关系：

（1）抽象类可以没有抽象方法，但这种情况并不多。

（2）通常抽象类的内部都有至少一个抽象方法。

（3）如果一个类中有抽象方法，则这个类就必须声明成抽象的。

抽象类不一定有抽象方法，但抽象方法决定了它所在的类必须是抽象的。

8.2.2 抽象类与抽象方法的使用

例 8-2 抽象类及抽象方法的使用。

定义抽象父类 Shape 用来描述形状，其中的 getArea()方法为抽象方法。圆形类 Circle 和矩形类 Rectangle 继承了 Shape 类，并各自覆盖了 getArea()方法，实现了相应功能。这两个子类是可以用来创建对象进行应用的类。

```java
abstract class Shape {                        //抽象类 Shape

    protected String color;                   //颜色

    Shape(){ }                                //无参构造方法,无执行语句

    Shape(String col){                        //有参构造方法
        color=col;
    }

    abstract public double getArea();         //抽象方法 getArea()

    public String toString(){                 //得到描述信息字符串
        return "颜色是"+color;
    }
}

class Circle extends Shape {                   //Shape 的子类圆类
    double radius;                             //半径

    public Circle(String c ,double r){         //构造方法
        super(c);                              //调用父类有参构造方法
        radius=r;
    }

    public double getArea(){                   //实现父类的抽象方法,求圆面积
        return Math.PI * radius * radius;
    }

    public String toString(){                  //覆盖父类的同名方法
        return"圆的面积是: "+getArea()+super.toString();
    }
}

class Rectangle extends Shape {                //Shape 的子类矩形类
    protected double wid,len;                  //长、宽
```

```
    public Rectangle(String c,double w,double l){        //构造方法
        super(c);
        wid=w;
        len=l;
    }

    public double getArea(){                    //实现父类的抽象方法,求长方形面积
        return wid * len;
    }

    public String toString(){                   //覆盖父类的同名方法
        return "长方形的面积是: "+getArea()+super.toString();
    }
}

class TestShape{
    public static void main(String[] args){
        Rectangle rect=new Rectangle("蓝色",10.0 , 20.0);
        Circle cir=new Circle("绿色" , 10.0);
        System.out.println(rect.toString());
        System.out.println(cir.toString());
    }
}
```

程序运行后在屏幕上显示：

长方形的面积是 200.0,颜色是蓝色
圆的面积是 314.1592653589793,颜色是绿色

关于抽象类使用的说明：

（1）抽象类不能使用 new 创建对象。

如下代码片段将产生错误：

```
abstract class A {                          //抽象类
    abstract void fun();                    //抽象方法
}
public class App{
    public static void main(String[] s){
        A a=new A();                        //错误,抽象类不能生成它的实例对象
        ⋮
    }
}
```

（2）抽象类是用来生成子类的。

在抽象类的子类中,需要覆盖抽象类中的抽象方法,也叫做实现抽象方法。实现了所有抽象方法的子类是健全的类,可以用来创建对象。

例如下面的代码片段：

```
abstract class A{                          //抽象类
    abstract void fun();                   //抽象方法
}
class B extends A{
    void fun(){
        System.out.println("子类 B 实现抽象方法");
    }
}
```

B 类实现了抽象类 A 的抽象方法 fun()，B 类不是抽象类，可以用 new 创建对象。

（3）如果在子类中没有实现抽象父类中全部的抽象方法，则这个子类也是一个抽象的类。只有实现了抽象类中所有抽象方法的子类才是一个可以用来创建对象的类。

例如下面的代码片段：

```
abstract class A{                          //抽象类
    abstract void fun1();                  //抽象方法
}
abstract class B extends A{
    void fun2(){
        System.out.println("子类 B 自己的方法");
    }
}
```

子类 B 虽然继承了抽象类 A，但没有实现抽象类 A 中的抽象方法 fun1()，所以子类 B 也是抽象类，仍然不能直接使用。

8.2.3 对抽象类与抽象方法的总结

（1）抽象类中可以包含抽象方法和非抽象方法。

（2）一旦某个类包含了抽象方法，则该类必须使用 abstract 说明为抽象类，即抽象方法必须存在于抽象类中，不能出现在普通类中。

（3）抽象方法必须用 abstract 来说明，抽象方法没有方法体，在方法首部后以分号结束。

（4）abstract 不能用来修饰实例变量。

（5）abstract 不能与 private、static、final 等同时修饰一个成员方法。

（6）抽象类代表此类必须被继承过才能使用，抽象方法代表此方法必须被覆盖过才能使用。

抽象类与抽象方法的作用如下：

（1）定义抽象类和抽象方法的目的是建立抽象模型，它们只关心类应具备的功能，而不关心功能具体实现的细节。

（2）有时候在父类中可能无法给出对所有子类都有意义的共同程序代码，抽象方法的意义就是即使无法给出方法的具体实现内容,还是可以定义出一组子类共同的协议。

抽象类本身不具备实际功能,它只是制定了"规范",仅用于衍生子类。

8.3　接　　口

Java 中的接口 interface 是一种特殊的结构,它就像一个 100％的抽象类,因为接口里面的方法全部都是抽象方法。

与类相同,接口也是一种数据类型。

8.3.1　接口的定义

接口的定义与类的定义很相似,只是所用的关键字不同,其格式如下:

```
[修饰符] interface 接口名{
    //定义成员变量
    //定义成员方法
}
```

例 8-3　薪酬接口的定义。

```
interface ISalary{
    double rate=0.15;                        //税率
    int taxBase=2000;                        //个税起征值
    double getSalary();
    DecimalFormat df=new DecimalFormat("0.00");
}
```

本例定义了一个薪酬接口,名称为 ISalary。包含常量成员 rate 代表税率 15％,包含常量成员 taxBase 代表个税起征点 2000 元。由于不同工作岗位薪酬体系不同,因此不能确定计算月薪的具体过程,因此定义了抽象方法 getSalary()代表计算月薪。包含常量成员 df 可以实现保留两位小数,该对象使用 java.text.DecimalFormat 类创建。

接口定义说明:

(1) 使用关键字 interface。

(2) 接口中的成员变量一律是公共的、静态的、最终的。相应的关键字可省略不写,但 Java 仍认为它们是使用 public、static、final 修饰的。

(3) 成员变量相当于已被修饰为常量,必须在声明的时候赋值。

(4) 接口中的成员方法一律是公共的、抽象的。相应的关键字可省略不写,但 Java 仍认为它们是使用 public、abstract 修饰的。

8.3.2　接口的使用

在定义类时使用关键字 implements 实现接口,相当于将接口中的内容继承到当前类中。覆盖接口中的抽象方法,这个类就可以使用了。

例 8-4　薪酬接口实现举例。

使用前面的 ISalary 接口,根据不同岗位的薪酬结构,实现薪酬计算功能。

程序员薪酬结构是:基础薪酬 3500 元,每工作 1 年工资涨 15%。销售人员薪酬结构是:基本工资 1500 元,加上业绩奖金。

```java
import java.text.DecimalFormat;

interface ISalary{                                  //薪酬接口
    double rate=0.15;                               //税率
    int taxBase=2000;                               //个税起征值
    DecimalFormat df=new DecimalFormat("0.00");     //用来保留两位小数
    double getSalary();                             //计算工资的抽象方法
}

class Programmer implements ISalary{                //程序员类,实现薪酬接口
    private double pay=3500;                        //基本薪酬
    private int year;                               //工作年限

    Programmer(int y){                              //构造方法
        year=y;
    }

    public double getSalary(){                      //实现接口中计算工资的方法
        double money=pay * Math.pow(1.15,year);
        return money-(money-taxBase) * rate;
    }

    void printInfo(){                               //显示信息
        System.out.println("程序员:工作"+year+"年,目前月薪"
                                +df.format(getSalary())+"元");
    }
}

class Seller implements ISalary{                    //销售人员类,实现薪酬接口
    private double pay=1500;                        //基本工资
    private double reward;                          //业绩奖金

    Seller(double r){                               //构造方法
        reward=r;
    }

    public double getSalary(){                      //实现接口中计算工资的方法
        double money=pay+reward;
        return money-(money-taxBase) * rate;
    }
```

```
        void printInfo(){                                //显示信息
            System.out.println("销售人员：业绩奖金"+reward+"元,目前月薪"
                                        +df.format(getSalary())+"元");
        }
    }

public class SalaryDemo1 {
    public static void main(String[] args){
        Programmer p1=new Programmer(5);
        p1.printInfo();
        Seller s1=new Seller(5000);
        s1.printInfo();
    }
}
```

程序运行后在屏幕上显示：

程序员：工作 5 年,目前月薪 6283.79 元
销售人员：业绩奖金 5000.0 元,目前月薪 5825.00 元

接口不能直接创建对象,它存在的意义是让其他类来使用。类通过关键字 implements
实现接口,相当于继承了接口的全部内容。所谓实现是指该类必须把接口中的所有方法
都补充上方法体,即进行重写。

例如：

```
class Demo implements ISalary{
    public double getSalary(){
        ⋮
    }
    ⋮
}
```

Demo 类通过 implements 关键字实现接口 ISalary,同时必须在内部实现公共抽象方
法 getSalary()方法。

注意：实现方法时必须写上 public 关键字,因为接口中原方法默认为 public 的。

接口的使用非常灵活,一个类可以在继承其他类的同时实现接口,父类只能有一个,
而实现的接口可以有多个,接口名之间用逗号隔开。

如下面的代码片段：

```
interface IA{⋯}
interface IB{⋯}
interface IC{⋯}
class A implements IA{⋯}
class B extends A implements IB, IC{⋯}
```

类 A 实现了接口 IA;类 B 继承了类 A,又实现了接口 IB 和 IC。

例 8-5 补充例 8-4,实现类的继承与接口的使用同时进行。

定义 Employee 类,能够描述员工工作岗位、姓名、年龄,包含相关的构造方法和输出信息方法。让程序员类和销售人员类继承 Employee 类,同时实现 ISalary 接口。

```java
import java.text.DecimalFormat;

class Employee{                                 //员工类
    private String name;                        //姓名
    private int age;                            //年龄
    private String position;                    //职位

    Employee(String n, int a,String p){         //构造方法
        name=n;
        age=a;
        position=p;
    }

    void printInfo(){                           //显示信息
        System.out.println(name+"今年"+age+"岁"+"职位是"+position);
    }
}

interface ISalary{                              //薪酬接口
    double rate=0.15;                           //税率
    int taxBase=2000;                           //个税起征值
    DecimalFormat df=new DecimalFormat("0.00");
    double getSalary();
}
//程序员类继承自员工类,并实现了薪酬接口
class Programmer extends Employee implements ISalary{
    private double pay=3500;                    //基本薪酬
    private int year;                           //工作年限

    Programmer(String n,int a,String p,int y){
        super(n,a,p);
        year=y;
    }

    public double getSalary(){
        double money=pay * Math.pow(1.15,year);
        return money- (money-taxBase) * rate;
    }

    void printInfo(){
```

```
            super.printInfo();
            System.out.println("工作了"+year+"年,目前月薪"
                                  +df.format(getSalary())+"元");
    }
}
//销售人员类继承自员工类,并实现了薪酬接口
class Seller extends Employee implements ISalary{
    private double pay=1500;                      //基本工资
    private double reward;                         //业绩奖金

    Seller(String n,int a,String p,double r){
        super(n,a,p);
        reward=r;
    }

    public double getSalary(){
        double money=pay+reward;
        return money-(money-taxBase) * rate;
    }
    void printInfo(){
        super.printInfo();
        System.out.println("业绩奖金"+reward+"元,目前月薪"
                              +df.format(getSalary())+"元");
    }
}


public class SalaryDemo2 {
    public static void main(String[] args){
        Programmer p1=new Programmer("张三",26,"程序员",5);
        p1.printInfo();
        Seller s1=new Seller("李四",30,"销售人员",5000);
        s1.printInfo();
    }
}
```

程序运行后在屏幕上显示:

张三今年 26 岁,职位是程序员
工作了 5 年,目前月薪 6283.79 元
李四今年 30 岁,职位是销售人员
业绩奖金 5000.0 元,目前月薪 5825.00 元

8.3.3 接口的相关说明

接口的使用注意事项:

（1）如果一个类在实现接口时没有实现其中的全部抽象方法，那么这个类就是一个抽象类，必须用 abstract 关键字声明。

（2）实现接口中的方法时注意，接口中的抽象方法都默认为 public，因此在实现接口的类中，重写接口的方法必须明确写出 public 修饰符。这是因为继承关系中不允许缩小访问权限范围。

（3）类可以在使用 extends 继承某一父类的同时使用 implements 实现接口。

（4）类可以同时实现多个接口，用逗号将各接口名称分开即可。

（5）接口之间使用 extends 实现继承关系。子接口无条件继承父接口的所有内容。

接口的作用：

（1）像抽象方法一样，接口只关心该具备哪些功能，而不关心功能的实现过程。大部分良好的设计也不需要在抽象的层次上定义出实现细节，所需的只是一个共同的合约协议。接口很好地做到了这一点，实现接口的类相当于保证了必然会履行这个合约。

（2）接口弥补了类仅能单继承的局限性。类可以使用 extends 继承一个父类，同时还使用 implements 实现多个接口。其他的类也可以实现这些接口，这就可以根据不同的需求组合出不同的继承关系。

（3）接口是实现多态的重要手段。接口有无比的适用性，使用接口作为参数或返回类型，可以传入任何实现了该接口的类的对象。8.4 节中将重点介绍多态的实现手段。

8.4　多态的应用

多态意味着"看似同一个内容，却表现出多种状态"。

方法重载和方法覆盖实现了方法调用的多态，根据参数表或引用对象的不同，同名方法调用显现出不同的执行结果。多态的另一种应用是使用父型的声明引用不同的子类对象，抽象类和接口将这一点发挥得更加灵活丰富。

8.4.1　多态的进一步理解

多态是指 Java 的运行时多态性，它是面向对象程序设计中代码重用的最强大机制，Java 实现多态的基础是动态方法调度，方法的重载和覆盖是多态性的不同表现。

方法重载是类家族中（一个类的内部，或类与子类之间）多态性的表现，同名方法调用时根据实参表的不同调用最匹配的方法，显现出不同的执行结果；方法覆盖是子类与父类之间多态性的表现，同名方法调用时根据引用它的对象的不同调用相应类中的方法，显现出不同的执行结果。

方法重载和方法覆盖的多态性示例：

```
int m=Math.max(3L,10L);              //调用 Math 类重载方法 max()比较 long 型最大值
int n=Math.max(7.5,2.4);             //调用 Math 类重载方法 max()比较 double 型最大值
StringBuffer str=new StringBuffer("Java");
```

```
Vector vect=new Vector("hello",new Integer(10));
String s1=str.toString();        //调用 StringBuffer 类的 toString()方法
String s2=vect.toString();       //调用 Vector 类的 toString()方法
```

抽象类和接口赋予了 Java 更强大的面向对象能力。它们所声明的抽象方法约定了多个子类共用的方法,每个子类根据自身的实际情况给出方法的具体实现。因此,同一个抽象方法在多个子类中表现出多态性。抽象类提供了方法声明与方法实现分离的机制,使得多个不同的子类遵守共同的协议,又能够表现出不同的具体行为。接口在这一基础上弥补了类单继承的不足,能够进行多实现的应用。

根据父类与子类对象转换的规则,不同子类对象均能够对应父型声明,抽象类、接口在这方面将多态发挥得淋漓尽致。在方法参数、返回类型、数组类型等方面,如果使用抽象类或接口声明对象,那么所有实现了该抽象类或接口的子类对象在实际使用中都能够被引用。

例如:

```
interface IA{…}
class B implements IA{…}
public class Demo{
    public static void main(String[] args){
        IA ia=new B();           //接口 IA 声明的对象引用实现了该接口的 B 类对象
        ⋮
    }
}
```

在类 B 实现了接口 IA 的情况下,可以用接口 IA 声明的对象 ia 来引用类 B 的实例对象。

这种子类对象对应父型的情况,就好像你需要一个人来帮你搬东西,实际帮助你的人是程序员、教师、建筑师或其他职业都行。因为你提出的要求是“人”,此时强调“人”这个父型级别概念,因此符合要求的“是人即可”,如图 8-1 所示。

程序员　　　　　教师　　　　　建筑师

实现父型的各子类对象均能对应上需要的父型“人”

图 8-1　父型的多态性

8.4.2　抽象类与接口的多态性应用

在需要的地方——方法参数、返回值类型、数组类型等,使用抽象类或接口进行声明,在实际应用中可使用它们的子类对象,实现面向对象多态。下面以方法参数举例说明。

例 8-6　抽象类做方法参数体现多态。

```java
abstract class Person{                        //抽象类 Person
    private String name;                      //姓名
    private int age;                          //年龄
    private boolean married;                  //婚姻状况

    Person(String n, int a, boolean m){       //构造方法
        name=n;
        age=a;
        married=m;
    }

    abstract void work();                     //抽象方法工作

    void printInfo(){                         //显示信息的方法
        if(married)
            System.out.println("我叫"+name+",今年"+age+",已婚!");
        else
            System.out.println("我叫"+name+",今年"+age+",未婚。");
    }
}

class Programmer extends Person{              //实现了抽象类 Person 的子类程序员类
    Programmer(String n, int a, boolean m){   //构造方法
        super(n,a,m);
    }

    void work(){                              //实现父类的 work 抽象方法
        System.out.println("我是程序员,今天编了 5000 行代码!");
    }
}

class Teacher extends Person{                 //实现了抽象类 Person 的子类教师类
    Teacher(String n, int a, boolean m){      //构造方法
        super(n,a,m);
    }

    void work(){                              //实现父类的 work 抽象方法
        System.out.println("我是教师,今天上了 10 节课!");
    }
}

class Architect extends Person{               //实现了抽象类 Person 的子类建筑师类
    Architect(String n, int a, boolean m){    //构造方法
        super(n,a,m);
```

```
    }

    void work(){                              //实现父类的 work 抽象方法
        System.out.println("我是建筑师,今天把图纸改了 30 次!");
    }
}


public class PersonDemo {
    public static void main(String[] args){
        Programmer p1=new Programmer("张三",25,false);
        showPerson(p1);
        Teacher p2=new Teacher("李四",35,true);
        showPerson(p2);
        Architect p3=new Architect("王五",30,true);
        showPerson(p3);
    }

    static void showPerson(Person p){          //显示人员信息的方法
        p.printInfo();
        p.work();
    }
}
```

程序运行后在屏幕上显示:

我叫张三,今年 25,未婚。
我是程序员,今天编了 5000 行代码!
我叫李四,今年 35,已婚!
我是教师,今天上了 10 节课!
我叫王五,今年 30,已婚!
我是建筑师,今天把图纸改了 30 次!

应用程序类 PersonDemo 中的 showPerson()方法使用抽象父类 Person 作为参数,在实际调用中,分别传递了 Person 类的 3 个子类对象,调用 printInfo()方法和 work()方法会根据对象找到不同子类去执行,因此 3 次调用得到了不同的结果。

注意:如果各子类新增了其他方法,这些新增内容是不能在 showPerson()方法中通过父型对象 p 去调用的。

为体现多态的应用,还可以把 main()方法写成如下形式:

```
public static void main(String[] args){
    Person p[]=new Person[3];
    p[0]=new Programmer("张三",25,false);
    showPerson(p[0]);
    p[1]=new Teacher("李四",35,true);
    showPerson(p[1]);
    p[2]=new Architect("王五",30,true);
```

```
        showPerson(p[2]);
    }
```

新的 main()方法用抽象类 Person 定义了数组,而每个数组元素在创建时指向了不同的子类对象,将数组元素作为实参调用 showPerson()方法,能够实现输出和刚才同样的结果。

例 8-7 接口做方法参数体现多态。

```
interface USB{                          //定义 USB 接口
    void connect();                     //抽象方法用来描述连接
    void transfer();                    //抽象方法用来描述传输
}

class Keyboard implements USB{          //实现 USB 接口的键盘类 Keyboard
    public void connect(){              //实现接口中用来描述连接的方法
        System.out.println("键盘通过 USB 接口连接计算机。");
    }

    public void transfer(){             //实现接口中用来描述传输的方法
        System.out.println("键盘输入的各种字符数据。");
    }

    void typing(String s){              //打字
        System.out.println(s);
    }
}

class Mouse implements USB{             //实现 USB 接口的鼠标类 Mouse
    public void connect(){              //实现接口中用来描述连接的方法
        System.out.println("鼠标通过 USB 接口连接计算机。");
    }

    public void transfer(){             //实现接口中用来描述传输的方法
        System.out.println("鼠标传输单击、移动的各种操作。");
    }

    void move(){                        //移动
        System.out.println("鼠标移动。");
    }
}

class Computer{                         //计算机类
    private String brand;               //品牌
    private String cpu;                 //CPU
    private int memory;                 //内存
    private int harddisk;               //硬盘
```

```
        Computer(String b,String c,int m, int h){        //构造方法
            brand=b;
            cpu=c;
            memory=m;
            harddisk=h;
        }

        void showInfo(){                                  //显示信息方法
            System.out.println(brand+"品牌,CPU:"+cpu+",内存："+memory
                +"GB,硬盘："+harddisk+"GB。");
        }

        void showDevice(USB usb){                         //显示设备的连接和传输信息
            usb.connect();
            usb.transfer();
        }
    }

public class Demo {
    public static void main(String[] s){
        Computer c=new Computer("IBM","酷睿双核 2.6GHz",2,200);
        c.showInfo();
        c.showDevice(new Keyboard());
        c.showDevice(new Mouse());
    }
}
```

程序运行后在屏幕上显示如下内容：

IBM 品牌,CPU：酷睿双核 2.6GHz,内存：2GB,硬盘：200GB。
键盘通过 USB 接口连接计算机。
键盘输入的各种字符数据。
鼠标通过 USB 接口连接计算机。
鼠标传输单击、移动的各种操作。

Computer 类的 showDevice()方法使用接口 USB 类型作为参数,在通过 Computer 类的对象 c 调用该方法时,使用语句 c. showDevice(new Keyboard())和 c. showDevice(new Mouse())传递了实现接口的不同类对象,从而输出不同内容。

编写程序时,除方法参数外,其他很多描述类型的地方都可以使用父型,这样可以利用不同子类充分发挥父型的多态性。如返回类型、数组类型等方面的使用,可参考本节多态的应用方式。

8.4.3 多态使用的注意事项

使用抽象类或接口作为方法的参数、返回类型或数组类型,使得实际应用有了非常丰

富的适用性,但要注意,多态体现在抽象方法的实现上,那些父型所不具备的方法此时是不能够使用的。

父型多态的应用会忽略子类新增加的特性,那么,多态该定义什么呢? 可以遵循这样的规则:

(1) 如果新的类与其他类之间不存在"是一个"这种关系,将它定义成一个普通类,不去继承其他类就可以了。

(2) 在需要某类的特殊化版本时,即这个类"是一个"其他类时,以覆盖或增加新的方法来继承现有的类,定义一个子类。

(3) 当需要定义一群子类的模板,又不想初始化此模板,即只考虑具备的项目而不考虑实现细节时,就定义抽象类。

(4) 如果想要定义出类可以扮演的各种角色,在继承之外能够多实现,就使用接口。

实验与训练

1. 要使程序运行后出现如图 8-2 所示的结果,怎样修改以下程序代码。

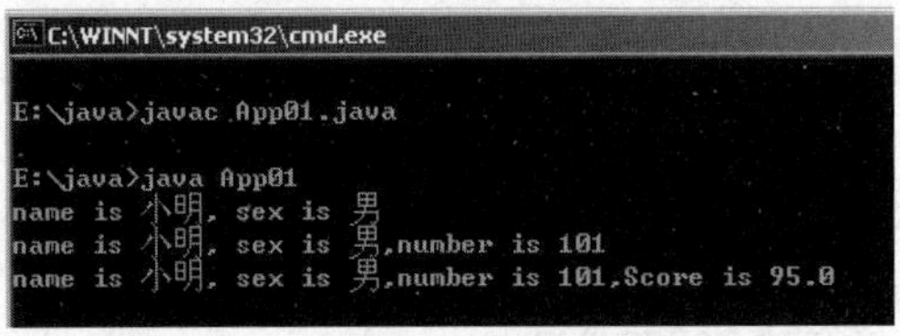

图 8-2　第 1 题程序运行结果

```java
final class Person {
    String name;
    char sex;
    Person(){}
    Person(String n,char s){
        name=n;
        sex=s;
    }
    void show(){
        System.out.println("name is "+name+", sex is "+sex);
    }
}

class Student extends Person{
    int number;
    Student(){}
    Student(String n, char s, int num){
        name=n;
```

```
            sex=s;
            number=num;
        }
        final void show(){
            System.out.println("name is"+name+",sex is"+sex+",number is"+number);
        }
    }


class Pupil extends Student{
    double hcScore;
    Pupil(){}
    Pupil(String n, char s, int num,double hcs){
        name=n;
        sex=s;
        number=num;
        hcScore=hcs;
    }
    void show(){
        System.out.println("name is"+name+",sex is"+sex+",number is"+number
+",Score is"+hcScore);
    }
}


public class App01{
    public static void main(String[] s){
        Person p=new Person("小明",'男');
        p.show();
        Student stu=new Student("小明",'男',101);
        stu.show();
        Pupil pu=new Pupil("小明",'男',101,95);
        pu.show();
    }
}
```

2. 求正方形的面积。

(1) 创建一个接口 IShape，接口中有一个抽象方法。

```
public double area( );
```

(2) 定义一个类 square，且实现 IShape 接口。square 类有一个属性表示正方形的边长，构造方法初始化该边长。

(3) 定义一个主类，在此类中创建 square 类的实例，求该正方形面积。

第 9 章　使用异常处理

学习目标：
- 了解 Java 的运行时异常；
- 掌握使用 try、catch、finally 语句块处理异常；
- 掌握异常的抛出；
- 掌握用户自定义异常的使用。

　　Java 的异常处理机制用来处理程序运行期间出现的意外状况，异常处理的使用简单、方便，从而使我们能够把处理错误情况的程序代码放在一个容易阅读的地方。

　　例 9-1　使用异常处理机制完善程序。

　　要求能够对用户输入的选择进行维护，若输入非数字或输入超出选项范围，则进行有针对性的提示，程序不会因为用户的错误操作而导致中断。

```
import java.util.Scanner;

public class ExceptionDemo {
    public static void main(String[] args){
        Scanner reader=new Scanner(System.in);
        int ch;
        String str[]={"篮球","足球","排球","乒乓球","羽毛球"};
        System.out.println("您最喜欢以下哪项球类运动?");

        for(int i=0;i<str.length;i++)                       //循环输出标号及数组元素
            System.out.print((i+1)+str[i]+" ");
        System.out.print("\n 请选择: ");

        try{
            ch=reader.nextInt();                            //读入用户输入的选项
            System.out.println("您选择的是"+str[ch-1]);      //输出选择结果
        }
        catch(InputMismatchException e){                    //捕获数据格式异常
            System.out.println("发生输入格式不匹配异常!"+e.toString());
        }
        catch(ArrayIndexOutOfBoundsException e){            //捕获数组越界异常
```

```
        System.out.println("发生数组下标越界异常!"+e.toString());
    }
    catch(Exception e){                              //捕获其他异常
        System.out.println(e.toString());
    }
    }
}
```

程序运行的几种不同情况:

(1) 输入非数字内容时程序运行结果:

您最喜欢以下哪项球类运动?

1 篮球 2 足球 3 排球 4 乒乓球 5 羽毛球

请选择: a

发生输入格式不匹配异常!java.util.InputMismatchException

(2) 输入超出选项范围内容时程序运行结果:

您最喜欢以下哪项球类运动?

1 篮球 2 足球 3 排球 4 乒乓球 5 羽毛球

请选择: 7

发生数组下标越界异常!java.lang.ArrayIndexOutOfBoundsException: 6

(3) 正确操作时程序运行结果:

您最喜欢以下哪项球类运动?

1 篮球 2 足球 3 排球 4 乒乓球 5 羽毛球

请选择: 1

您选择的是篮球

9.1　异常和异常处理

异常是指程序在运行期间出现了不正常的情况,通常是一些错误状况,比如引用了下标越界的数组元素,进行了除以 0 的计算,打开一个根本不存在的文件等。异常会改变程序运行的流程,导致程序中断,但也可以及时对异常进行处理,将程序流程引导到安全、适当的位置,这就要使用异常处理机制。

9.1.1　异常和异常类

Java 给各种情况下发生的异常都定义了相应的类,这些异常类都继承自 Throwable,表示它们都是可以"被捕获"的。可以通过代码捕捉到异常对象进而对其进行处理,如图 9-1 所示。

在异常类层次结构中,所有 Error 类的错误代表与硬件设备相关的严重错误,比如内存溢出、虚拟机错误等,这样的错误一般程序不在代码中进行处理。Exception 类的错误

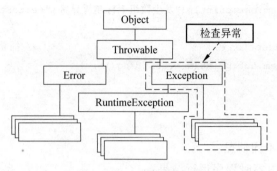

图 9-1　Java 中的异常类

代表那些诸如算术错误、数据格式错误、非法参数、非法存取等与程序有关的错误,这些错误是重点处理的对象。

Exception 类下的 RuntimeException 类及其子类代表运行时异常,或称非检查异常,也不需要我们考虑。Exception 类下的所有非 RuntimeException 子类叫做检查异常,是着重处理的内容。

检查异常在代码中必须被捕获,或者被声明,即不能对检查异常置之不理,否则程序会发生编译错误。

Java 给所有的检查异常都定义了对应的类,程序在运行中发生错误时就会自动使用相应的类创建对象,该对象代表当前的异常,并包含了该异常相关的所有信息,如问题的描述、发生的位置等,如图 9-2 所示。

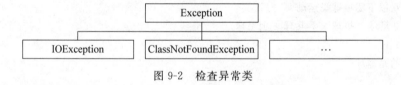

图 9-2　检查异常类

检查异常类有两个常用的方法:

```
public String toString();
public String getMessage();
```

通过异常对象调用这两个方法,能够得到这个异常问题的具体描述。toString()方法除了问题描述外,还能显示当前异常具体的类名。9.1.3 节将介绍其应用。

异常发生时,代表着问题的异常类对象被创建,需要使用异常处理机制去捕获这些异常对象,然后进行处理。异常处理机制通过 try-catch-finally 语句块实现。

9.1.2　try…catch…finally…语句块

try、catch、finally 是进行异常处理的 3 个关键字,使用它们的格式如下:

```
try{
    //可能产生异常的代码
```

```
    }
catch(someException e){
    //处理异常的代码
}
finally{
    //必须执行的代码
}
```

把可能隐含有问题的代码用 try 语句块括起来,后面紧接着写好 catch 语句块以捕获异常对象,并进行处理。

例 9-2　使用 try…catch…finally…语句块进行异常处理。

对用户输入的两个整数进行除法运算并输出结果,对除 0 的情况进行异常处理。

```
import java.util.Scanner;
public class DivideTest1 {
    public static void main(String[] s){
        Scanner reader=new Scanner(System.in);
        int m=0,n=0;
        try{                                  //可能隐含问题的语句用 try 语句块括起来
            System.out.println("输入两个整数,进行除法运算。");
            m=reader.nextInt();
            n=reader.nextInt();
            int result=m/n;
            System.out.println(m+"除以"+n+"的结果是"+result);
        }
        catch(Exception e){                   //捕获异常
            System.out.println(
                    "发生异常!输入的除数为 0,不能进行除零的非法运算!");
        }
        finally{                              //最后必须执行的语句块
            System.out.println("程序运行结束。");
        }
    }
}
```

运行程序时,若输入两个合法的整数,如 6、3,则 try 语句块运行完全正常,不执行 catch 语句块内容,最后会执行 finally 中的输出语句。程序运行结果如下:

```
输入两个整数,进行除法运算。
6
3
6除以 3 的结果是 2
程序运行结束。
```

若输入了 0 做除数,如 6、0,则 try 语句块中的 int result ＝ m/n;语句执行时发生错误,Java 会中断当前语句的执行,创建异常类对象并将对象抛出。catch(Exception e)会马上捕获抛出的异常类对象,程序运行流程转移到 catch 语句块中,执行完该块后执行 finally 语句块。程序运行结果如下:

输入两个整数,进行除法运算。
6
0
发生异常!输入的除数为 0,不能进行除零的非法运算!
程序运行结束。

注意:

(1) catch 小括号中的参数代表要捕获哪种异常,应该写 Exception 或其某个子类的对象。

(2) 若发生异常,则 try 语句块的执行在发生问题的位置中断,后面若还有语句将被忽略,执行流程转移到捕获该异常的 catch 语句块中。

(3) 如果不发生异常,则 catch 块中的代码不会被执行。

(4) 不论是否发生异常,finally 块中的代码一定会被执行。

9.1.3   使用异常处理的相关说明

(1) 3 个语句块不是必须都写,可以根据情况省略 catch 语句块或 finally 语句块。最常用的形式是:

```
try{
    //可能产生异常的代码
}
catch(Exception e){
    //处理异常的代码
}
```

(2) try 语句块不能单独出现,catch 和 finally 必须至少有一个跟在 try 后面。

(3) catch 语句块可以写多个,每个 catch 捕获不同的异常,依次跟在 try 语句块的后面。发生异常时程序将从上向下找到最先能匹配的 catch 语句块去执行,因此子类级别的异常要写在前面,父类级别的异常靠后。

(4) 在 catch 语句块中通常会调用异常对象的相关方法得到问题描述信息显示在屏幕上,如 System. out. println(e. toString())。

例 9-3   使用多重 catch 捕获不同异常。

将命令行参数输入的字符串转换为整数,进行除法运算并输出结果。对可能出现的异常进行处理。

```
public class DivideTest2 {
    public static void main(String[] args){
        int m=0,n=0;
```

```
        try{
            m=Integer.parseInt(args[0]);              //将第一个命令行参数转换为整数
            n=Integer.parseInt(args[1]);              //将第二个命令行参数转换为整数
            int result=m/n;
            System.out.println(m+"除以"+n+"的结果是"+result);
        }
        catch(ArrayIndexOutOfBoundsException e){ //捕获数组下标越界异常
            System.out.println(e.toString());        //输出异常信息
            System.out.println("数组元素引用越界,输入的命令行参数不够吧!");
        }
        catch(NumberFormatException e){              //捕获数据格式异常
            System.out.println(e.toString());
        System.out.println("命令行参数不能转换成整数,看看是不是输入错了。");
        }
        catch(ArithmeticException e){                //捕获数学运算异常
            System.out.println(e.toString());
            System.out.println("除数不能为 0!");
        }
        catch(Exception e){                          //捕获其他异常
            System.out.println(e.toString());
        }
    }
}
```

程序运行有以下几种不同情况的执行结果:

(1) 若命令行参数输入 12,则运行结果如下:

```
java.lang.ArrayIndexOutOfBoundsException: 1
数组元素引用越界,输入的命令行参数不够吧!
```

(2) 若命令行参数输入 12 和 abc,则运行结果如下:

```
java.lang.NumberFormatException: For input string: "abc"
命令行参数不能转换成整数,看看是不是输入错了。
```

(3) 若命令行参数输入 12 和 0,则运行结果如下:

```
java.lang.ArithmeticException: /by zero
除数不能为 0!
```

(4) 若命令行参数输入 12 和 6,则运行结果如下:

```
12 除以 6 的结果是 2
```

第(4)种情况算是运行成功。为了安全起见,代码中还捕获了 Exception 异常对象,将该 catch 语句块放在最后。若发生了所列举 catch 捕获情况外的异常,它会帮助处理,而不会导致程序中断直接退出。

注意：写多个 catch 语句块进行捕获时，要把子类层次的异常写在前面，父类层次的异常写在后面。这是因为子类存在"是一个"父类的关系，如果第一个 catch 就去捕获 Exception 类的对象，那么任何它的子类异常对象都符合当前捕获，直接进入第一个 catch 语句块执行，后面的 catch 想要捕获更具体的其他异常就实现不了。

通常在使用多个 catch 捕获能够预想到的各种异常后，还会加上一个 catch 来捕获 Exception 对象，可以防止异常处理的遗漏，发生的问题总能最终找到处理语句块。

9.2　自定义异常

Java 依照日常的逻辑，已经针对编程中常见的每种运行错误在类库中定义了相关的异常类，这些异常是系统可以预见和自动识别的，在发生问题时自动创建异常对象并抛出。

如果用户的程序有其特殊的逻辑要求，需要用户自定义异常，再通过 Java 的异常处理机制来处理。比如用户输入成绩，若超出了 0～100 这个百分制成绩范围则认为不合逻辑，这样的异常需要自定义去处理。

9.2.1　自定义异常类

使用自定义异常的步骤如下：

（1）创建一个自定义异常类，必须继承 Exception 类。

（2）在可能抛出自定义异常方法的方法头中使用 throws 声明该异常。

（3）在方法体中出现异常的位置使用 throw 抛出该自定义异常对象。

例 9-4　自定义异常的使用。

在命令行输入一个百分制成绩，输出相应的等级（90 分以上为等级 A，80～89 分为等级 B，70～79 分为等级 C，60～69 分为等级 D，60 分以下为等级 E）。要求输入的分数值在 0～100 之间，自定义异常处理输入不符合此逻辑的情况。

```java
import java.util.Scanner;

class ScoreRangeException extends Exception{          //自定义成绩范围异常
    ScoreRangeException(String msg){                  //构造方法
        super(msg);              //调用父类 Exception 的构造方法，将 msg 保存为异常信息
    }
}

public class ConvertDemo1{                             //应用程序类

    //成绩转换方法,方法头声明该方法可能抛出 ScoreRangeException 异常
    static void convert(int score)throws ScoreRangeException{

        //若不是一个合法的百分制成绩,则创建自定义异常对象,并抛出
```

```
        if(score<0||score>100){
            //创建自定义异常类对象,初始化异常信息描述字符串
            ScoreRangeException e=
                    new ScoreRangeException("不是一个合法的百分制成绩!");
            throw e;                                    //抛出自定义异常类对象
        }
        else{                                          //若成绩合法,则进行转换
            System.out.print("转换为等级制成绩为: ");
            int s=score/10;
            switch(s){
            case 10:
            case 9:System.out.println("A");break;
            case 8:System.out.println("B");break;
            case 7:System.out.println("C");break;
            case 6:System.out.println("D");break;
            default:System.out.println("E");
            }
        }
    }

    public static void main(String[] args){
        Scanner reader=new Scanner(System.in);
        System.out.println("请输入一个百分制成绩");
        int score=reader.nextInt();
        try{                            //将成绩转换方法的调用放在 try 语句块中
            convert(score);
        }
        catch(ScoreRangeException e){              //捕获自定义异常
            System.out.println(e.getMessage());
        }
    }
}
```

(1) 输入合法成绩时,程序运行结果如下:

请输入一个百分制成绩
90
转换为等级制成绩为: A

(2) 输入非法成绩时,程序运行结果如下:

请输入一个百分制成绩
-120
不是一个合法的百分制成绩!

代码中自定义异常类 ScoreRangeException,其构造方法能够利用 Exception 的构造

方法初始化异常信息字符串。用于成绩转换的方法 void convert(int score)在内部对成绩进行判断,有可能抛出 ScoreRangeException 异常,因此必须在方法首部通过 throws 对该异常进行声明。当输入的分数不在 0 ~ 100 之间时,convert()方法将创建 ScoreRangeException 对象并使用 throw 将其抛出。创建该自定义异常对象时初始化的字符串就是异常信息,可以通过异常对象的 getMessage()或 toString()方法获取到。convert()方法隐含着可能发生的问题,因此调用该方法要使用 try-catch 语句块进行异常处理。

也可以不使用 convert()方法处理成绩,而直接将转换语句写在 try 语句块中,再配合 catch 进行异常处理。代码如下。

例 9-5 修改例 9-4,写成不使用 convert()方法的形式。

```java
import java.util.Scanner;

class ScoreRangeException extends Exception{        //自定义异常类
    ScoreRangeException(String msg){               //构造方法初始化异常信息
        super(msg);                                //调用父类构造方法
    }
}

public class ConvertDemo2{
    public static void main(String[] args){
        Scanner reader=new Scanner(System.in);
        System.out.println("请输入一个百分制成绩");
        //将成绩读入、转换的语句放在 try 语句块中,配合 catch 进行异常处理
        try{
            int score=reader.nextInt();
            //若成绩非法,则创建自定义异常对象,并将其抛出
            if(score<0||score>100){
                ScoreRangeException e=
                        new ScoreRangeException("不是一个合法的百分制成绩!");
                throw e;
            }
            else{
                System.out.print("转换为等级制成绩为: ");
                int s=score/10;
                switch(s){
                case 10:
                case 9:System.out.println("A");break;
                case 8:System.out.println("B");break;
                case 7:System.out.println("C");break;
                case 6:System.out.println("D");break;
                default:System.out.println("E");
                }
```

```
        }
    }
    catch(ScoreRangeException e){                      //捕获成绩范围自定义异常
        System.out.println(e.getMessage());
    }
    catch(Exception e){                                //捕获其他异常
        System.out.println(e.getMessage());
    }
  }
}
```

本例没有定义 convert(int)方法,在 main()方法中对接收的数据直接进行处理,这时要把相关处理语句放在 try 语句块中,在异常情况下创建自定义异常类对象并抛出,交给后面的 catch 语句块捕获处理。

程序运行结果与例 9-4 相同。

9.2.2 throw 与 throws 的使用

在自定义异常中,关键字 throw 用来实现"抛出"异常这个动作,关键字 throws 用于相应的方法声明异常。

有可能发生异常的语句出现在哪个方法中,就要在该方法的方法首部通过 throws 声明该异常,在出现问题的情况下通过 throw 抛出异常。

注意:声明不能省略不写。

throw 与 throws 的使用格式如下:

```
返回值类型 方法名称 throws 异常类{
    if(发生异常)
        throw 异常类对象;
}
```

如例 9-4 中的 convert 方法:

```
static void convert(int score)throws ScoreRangeException{
    if(score<0||score>100){
        ScoreRangeException e=new ScoreRangeException("…");
        throw e;
    }
    else{
        //…
    }
}
```

含有自定义异常可能性的方法在调用时必须放在 try…catch…语句块中,对自定义异常进行处理,如例 9-4 中的代码:

```
try{                              //将成绩转换方法的调用放在 try 语句块中
        convert(score);
}
catch(ScoreRangeException e){     //捕获自定义异常
        System.out.println(e.getMessage());
}
```

实验与训练

1. 查阅 API 文档，选择一个比较了解的 Java 系统异常，例如 ArrayIndexOutof-BoundsException(数组越界异常)，编程创建并抛出这个异常的实例。运行这个程序并观察执行结果。

2. 询问用户是哪个年级的同学，对输入的数据进行保存，将结果显示在屏幕上。要求合法年级为 1、2、3，自定义异常类 GradeException，对输入非法的情况进行异常处理。

以下是不同情况下程序运行的结果：

你是几年级同学？
3
你是 3 年级的同学！

你是几年级同学？
7
输入了不存在的年级！

第 10 章 基于 Swing 的图形界面编程

学习目标：

- 了解抽象窗口工具包（AWT）和 Swing 包；
- 掌握 Swing 容器组件；
- 掌握 Swing GUI 组件；
- 掌握布局管理器 BorderLayout、FlowLayout、GridLayout 的应用；
- 运用以上内容进行图形界面设计。

图形界面编程给用户提供可视化操作界面，更加吸引用户，并使用户与程序的交互变得直观而方便。

例 10-1 编写图形界面程序，实现带有菜单、按钮、文本区组件的窗口界面。

程序运行后产生一个带菜单、文本区、按钮的窗口。菜单可以展开、单击，文本区可以输入内容并进行编辑，按钮可以单击。窗口具备最小化、最大化、关闭、调整尺寸等基本功能。

```java
//MyFrame.java
import javax.swing.*;
import java.awt.Color;
import java.awt.BorderLayout;

public class MyFrame extends JFrame {
    JTextArea txa;
    JPanel panBtn;
    JButton btnOK, btnCancel;
    JMenuBar menuBar;
    JMenu fileMenu;
    JMenuItem openItem,exitItem;

    MyFrame(String s){

        super(s);
```

```java
        setSize(300,300);
        setLocationRelativeTo(null);

        JPanel contentPane=new JPanel();
        setContentPane(contentPane);
        contentPane.setLayout(new BorderLayout());

        txa=new JTextArea();
        panBtn=new JPanel();
        btnOK=new JButton("确定");
        btnCancel=new JButton("取消");
        panBtn.add(btnOK);
        panBtn.add(btnCancel);

        contentPane.add(txa,BorderLayout.CENTER);
        contentPane.add(panBtn,BorderLayout.SOUTH);

        menuBar=new JMenuBar();
        this.setJMenuBar(menuBar);

        fileMenu=new JMenu("文件");
        openItem=new JMenuItem("打开");
        exitItem=new JMenuItem("退出");

        menuBar.add(fileMenu);
        fileMenu.add(openItem);
        fileMenu.add(exitItem);

        setDefaultCloseOperation(JFrame.EXIT_ON_CLOSE);
        setVisible(true);
    }

}

//GUIDemo.java
public class GUIDemo{
    public static void main(String[] args){
        MyFrame frm=new MyFrame("GUI 窗口");
    }
}
```

程序运行结果如图 10-1 所示。

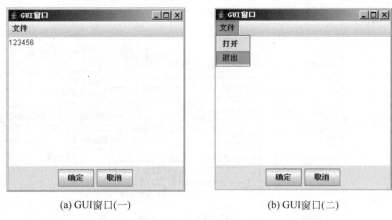

(a) GUI窗口(一)　　　　　(b) GUI窗口(二)

图 10-1　例 10-1 运行结果

10.1　图形界面编程与相关包

图形用户界面(Graphics User Interface,GUI)编程让程序在执行时摆脱了单调的命令行输入模式,用户可以通过可视化界面(如窗口、按钮、文本框等)方便、直观地和程序进行交互。

Java 的 AWT 与 Swing 包提供了各种用来设计、实现 GUI 的类,进行 GUI 编程就是使用这些包里的类和接口实现可视化效果及相关操作。

10.1.1　GUI 与 AWT 包、Swing 包

Java 对 GUI 的支持通过其丰富的软件包来实现,即 java.awt 包和 javax.swing 包。早期的 GUI 编程都使用 AWT 包来实现,jdk1.2 版本后,在 AWT 的基础上出现了 Swing 包。

java.awt 包提供了 GUI 设计所使用的类和接口,被称为抽象窗口工具包(Abstract Window Toolkit,AWT)。AWT 支持 GUI 编程的功能包括用户界面组件;事件处理模型;图形和图像工具,包括外形、颜色和字体类;布局管理器(可以进行灵活的窗口布局,而与特定窗口的尺寸和屏幕分辨率无关);数据传送类(可以通过本地平台的剪贴板进行剪切和粘贴)。

AWT 包的主要内容如图 10-2 所示,其中要直接使用的有 Color(颜色)类、Font(字体)类、BorderLayout 类、GridLayout 类、LayoutManager(布局管理)类和 Event(事件)类等,间接使用并值得关注的有 Component(组件)类和 Container(容器)类。

Component 组件类就是图形用户界面上的那些"小零件",比如按钮、文本框、下拉列表等;Container 类就是容纳这些小零件的容器,比如窗口、对话框等。组件都可以放置在容器中,例如把几个按钮放置在一个框架中。

注意:由于 Container 容器类是 Component 组件类的子类,因此容器类对象也具备

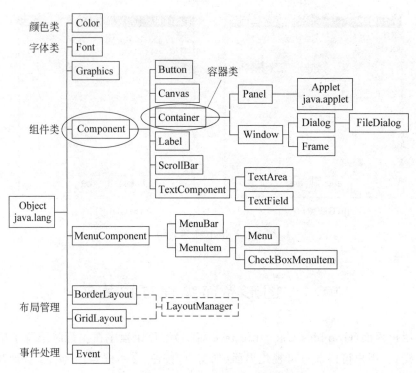

图 10-2　AWT 包的主要类和接口

组件类的特性,可以把一个容器类对象当成一个完整的组件放置在另一个容器类对象中。这就像把糖块(组件)放到了杯子(容器)里,然后还可以把这个杯子(容器)放在盘子(另一个容器)里。

　　AWT 设计的初衷是支持开发小应用程序的简单用户界面,满足不了图形化用户界面发展的需要。javax.swing 包在 AWT 的基础上产生,弥补了 AWT 的不足。Swing 中大部分是轻量级组件,几乎无所不能,不但样式丰富,种类繁多,而且更为美观易用。值得注意的是,Swing 包并不是完全替代 AWT 包,而是继承、发展了 AWT 中的容器类和组件类。

10.1.2　Swing 包简介

　　Swing 是由 100％纯 Java 实现的,Swing 组件是用 Java 实现的轻量级(light-weight)组件,没有本地代码,不依赖操作系统的支持,这是它与 AWT 组件的最大区别。由于 AWT 组件通过与具体平台相关的对等类实现,因此 Swing 比 AWT 组件具有更强的实用性。Swing 在不同的平台上表现一致,并且有能力提供本地窗口系统不支持的其他特性。

　　javax.swing 包中的类都是 AWT 的 Container 类的直接子类和间接子类。在 javax.swing 包中,定义了两种类型的组件:顶层容器和轻量级组件。使用顶层容器实现界面的最外层框架,使用轻量级组件实现放置在界面中的各种"小零件"。如图 10-3 和图 10-4 所示。

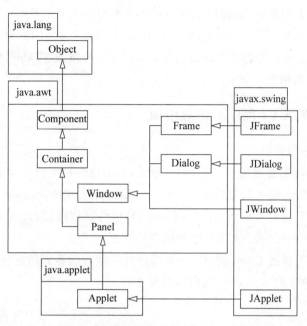

图 10-3 Swing 包中的顶层容器类均间接继承自 AWT 包的容器类

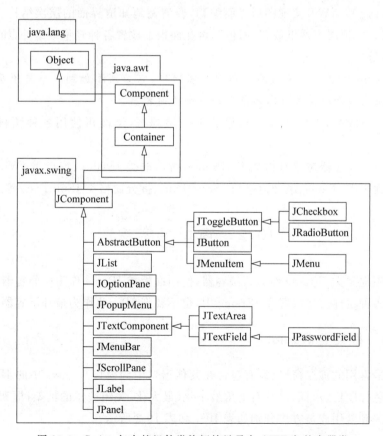

图 10-4 Swing 包中的组件类均间接继承自 AWT 包的容器类

Swing 是 AWT 的扩展,它提供了许多新的图形界面组件。Swing 组件以 J 开头,除了有与 AWT 类似的按钮类 JButton、标签类 JLabel、复选框类 JCheckBox、菜单类 JMenu 等基本组件外,还增加了一个丰富的高层组件集合,如表格类 JTable、树类 JTree。这些都是要学习并使用的内容。

10.1.3　编写 GUI 程序的注意事项

编写 GUI 程序包括:

(1) 使用 Swing 包提供的类(以 J 字母开头)来创建各种可视化界面的内容。

(2) 使用 AWT 包的布局管理类(×××Layout)来实现界面布局。

(3) 使用 AWT 包的事件类(×××Event)和事件处理接口(×××Listener)来响应用户对图形界面程序的操作,实现程序与用户的交互。

(4) 使用 AWT 包的 Color 类、Font 类等进行其他方面界面的设计。

例如,引入 AWT 包和 Swing 包内容的写法:

```
import java.awt.Color;                    //引入 AWT 包的 Color 类
import javax.swing.JButton;               //引入 Swing 包的 JButton 类
```

使用 Swing 和 AWT 实现图形界面编程,要清楚地知道界面的层次结构:先有顶层容器(最外层),在顶层容器里放置"面板",再在面板上放置各种轻量级组件,如按钮、文本框、下拉列表等。

注意:Swing 组件不能直接添加到顶层容器中,它必须添加到一个与顶层容器相关联的内容面板上。面板是顶层容器包含的一个普通容器。

这就像先有画框,然后要在画框里放上一层画纸,继而再使用各种颜料在画纸上画画。

Swing 的顶层容器主要有框架类 JFrame、对话框类 JDialog、窗口类 JWindow,中间容器主要有面板类 JPanel、滚动窗格类 JScrollPane、拆分窗格类 JSplitPane 等。

10.2　窗口的实现

通常使用框架类 JFrame 作为顶层容器,使用面板类 JPanel 作为中间容器。

不要把各种组件直接放置在 JFrame 中,也不要把 JPanel 作为最外层容器。

10.2.1　框架类 JFrame

框架是最常用的顶层窗口(没有包含在其他窗口中的窗口)。Java 中的 JFrame 类代表了具有蓝色标题栏、边框,以及右上角最小化、最大化、关闭按钮的框架,框架类 JFrame 常用构造方法和常用成员方法分别如表 10-1 和表 10-2 所示。

表 10-1 框架类 JFrame 常用构造方法

常用构造方法	说 明
JFrame()	创建无标题默认框架
JFrame(String title)	以 title 为标题的框架

表 10-2 框架类 JFrame 常用成员方法

常用成员方法	说 明
setSize(int width, int height)	设置尺寸,单位像素
setLocation(int x, int y)	设置位置,屏幕左上角为原点(0,0)
setVisible(boolean b)	设置可见性,窗口默认为不可见
setResizable(boolean b)	是否可调整大小,默认可调整
setDefaultCloseOperation(int operation)	设置用户单击框架右上角关闭按钮时执行的操作。参数 operation 必须为以下 JFrame 类的静态常量之一: • DO_NOTHING_ON_CLOSE:不执行任何操作 • HIDE_ON_CLOSE:隐藏该窗体 • DISPOSE_ON_CLOSE:隐藏窗体并释放资源 • EXIT_ON_CLOSE:退出应用程序 该值默认被设置为 HIDE_ON_CLOSE

例 10-2 使用框架类 JFrame 创建图形界面。

```java
import javax.swing.JFrame;

public class FrameDemo1{
    public static void main(String[] args){
        //创建框架对象并初始化标题栏文字为"我的第一个框架~!"
        JFrame frm= new JFrame("我的第一个框架~!");
        frm.setSize(300,300);                              //设置框架尺寸
        frm.setLocation(100,100);                          //设置框架在屏幕上的位置
        frm.setDefaultCloseOperation(JFrame.EXIT_ON_CLOSE);  //右上角关闭
        frm.setVisible(true);                              //设置框架可见
    }
}
```

程序运行结果如图 10-5 所示。

框架类 JFrame 说明:

(1) 默认情况下,框架的尺寸为(0,0),这种框架没有什么实际意义。我们要使用框架类的 setSize()方法设置框架的长和宽。

(2) 调用框架类的 setLocation()方法可以设置框架在屏幕上显示的位置。计算机图形学中屏幕的坐标系是以左上角为原点(0,0),向右(x 轴)正向不断增大,向下(y 轴)正向不断增大。setLocation()方法设置的

图 10-5 框架的实现

是框架左上角在屏幕上的位置。

（3）JFrame已经实现了框架右上角最小化、最大化按钮的功能，但是关闭按钮在默认情况下是将框架隐藏了起来，程序并没有终止。若想实现单击后关闭框架，需要调用框架类的方法 setDefaultCloseOperation（DISPOSE_ON_CLOSE）或 setDefaultCloseOperation（EXIT_ON_CLOSE）进行设置。

（4）默认情况下，创建的框架是不可见的，因此要使用 setVisible（）方法将其显示出来。

实现框架在屏幕上居中显示有两种方法。

方法一：使用工具集类 java.awt.Toolkit，计算出居中情况下框架左上角的坐标位置。

实现语句：

```
Toolkit toolkit=Toolkit.getDefaultToolkit();
int x=(int)(toolkit.getScreenSize().getWidth()-frm.getWidth())/2;
int y=(int)(toolkit.getScreenSize().getHeight()-frm.getHeight())/2;
frm.setLocation(x,y);
```

方法二：利用 setLocationRelativeTo（Component c）方法。

该方法用来设置当前窗口相对于指定组件 c 的位置。如果 c 尚未显示或 c 为 null，则此窗口位于屏幕的中央。

实现语句：

```
frm.setLocationRelativeTo(null);
```

例 10-3　居中显示的框架。

```
import javax.swing.JFrame;
import java.awt.Toolkit;

public class FrameDemo2{
    public static void main(String[] args){
        JFrame frm=new JFrame("我的第一个框架~!");
        frm.setSize(300,300);
        Toolkit toolkit=Toolkit.getDefaultToolkit();
        int x=(int)(toolkit.getScreenSize().getWidth()-frm.getWidth())/2;
        int y=(int)(toolkit.getScreenSize().getHeight()-frm.getHeight())/2;
        frm.setLocation(x,y);
        //或使用 frm.setLocationRelativeTo(null);替换上面 4 条语句
        frm.setDefaultCloseOperation(JFrame.EXIT_ON_CLOSE);
        frm.setVisible(true);
    }

}
```

程序运行后在屏幕正中显示与例 10-2 相同的窗口。

10.2.2 面板类 JPanel

在 Java 中,通常不把所有组件直接放置在框架中,而是在"面板"上绘制信息,并将这个面板加到框架中,面板类 JPanel 常用构造方法和常用成员方法分别如表 10-3 和表 10-4 所示。

表 10-3 面板类 JPanel 常用构造方法

常用构造方法	说　　明
JPanel()	创建默认面板
JPanel(LayoutManager layout)	以 layout 为布局的面板

表 10-4 面板类 JPanel 常用成员方法

常用成员方法	说　　明
add(Component comp)	将指定组件追加到当前容器的尾部
remove(Component comp)	从当前容器中移除指定组件
setLayout(LayoutManager mgr)	设置当前容器的布局

例 10-4 使用面板类 JPanel。

```
import javax.swing.JFrame;

public class PanelDemo{

    public static void main(String[] args){
        JFrame frm=new JFrame("我的第一个框架~!");
        frm.setSize(300,300);
        frm.setLocationRelativeTo(null);

        JPanel myPane=new JPanel();              //创建面板对象
        frm.setContentPane(myPane);              //将面板放置在框架中
        myPane.setBackground(Color.BLUE);        //设置面板为蓝色背景色

        frm.setDefaultCloseOperation(JFrame.EXIT_ON_CLOSE);
        frm.setVisible(true);
    }

}
```

程序运行结果如图 10-6 所示。

框架类 JFrame 中有一层内容窗格(content pane)面板,可以通过框架类的 getContentPane()方法获取这个面板,将所有的组件添加到该内容窗格中:

图 10-6 带有蓝色面板的框架

```
JPanel pane=frm.getContentPane();        //获取框架 frm 的内容面板
pane.add(new JButton());                 //在面板上添加一个按钮
```

更多的时候,要自己创建一个面板放在框架中使用。

(1) 创建框架类对象,创建面板类对象。

(2) 通过框架类的 setContentPane()方法把该面板置为该框架的内容面板。

```
JFrame frm=new JFrame();
JPanel myPane=new JPanel();              //创建面板对象
frm.setContentPane(myPane);              //设置面板对象为与框架关联的内容面板
```

10.3　组件类的使用

由于 Swing 包中的各种组件都是 AWT 包中 Container 的子类、Component 的间接子类,因此它们具备很多共同的属性,并且从父类继承了诸多共同的方法,这些方法能够对组件的属性进行编辑。主要包括设置、获取组件的大小与位置的方法;设置、获取组件的颜色和字体的方法;设置组件的可用性与可见性的方法。

10.3.1　组件的添加与去除

在得到了与当前框架相关联的面板后,就可以在面板里放置各种组件了。组件的使用具备如下步骤:

(1) 创建组件对象。

(2) 设置组件的属性(颜色、位置等)。

(3) 将组件添加到面板上,通过 JPanel 类的 add()方法实现,例如:

```
myPane.add(new JButton("OK"));           //将一个按钮添加到 myPane 面板上
```

还可以通过 JPanel 类的 remove()方法将组件从面板上删除。

10.3.2　设置组件的大小与位置

设置组件的大小与位置相关方法如表 10-5 所示。

表 10-5　组件的位置尺寸相关方法

方　　法	说　　明
setSize(int width, int height)	设置组件尺寸为 width(长),height(宽)
setLocation(int x, int y)	设置组件在(x,y)位置,容器左上角为坐标(0,0)
setBounds(int x, int y, int width, int height)	设置组件在容器坐标系(x,y)位置,尺寸为 width,height
Dimension getSize()	获取组件尺寸
Point getLocation()	获取组件位置
Rectangle getBounds()	获取组件位置尺寸

注意：setSize(int width,int height)、setLocation(int x,int y)、setBounds(int x,int y,int width,int height)方法只有在面板的布局为 null 时才能有效。布局的相关内容在本章后面介绍。

10.3.3　设置组件的颜色和字体

设置组件的颜色和字体相关方法如表 10-6 所示。

表 10-6　组件的颜色字体相关方法

方　　法	说　明	方　　法	说　明
setBackground(Color c)	设置背景色	Color getBackground()	获取背景色
setForeground(Color c)	设置前景色	Color getForeground()	获取前景色
setFont(Font f)	设置字体	Font getFont()	获取字体

颜色类的使用说明：

(1) 使用 Color 类要引入包：import java.awt.Color。

(2) 颜色类提供了代表各种典型颜色的静态常量，如 Color.RED、Color.BLUE 等。

也可以自定义颜色，使用 Color 的构造方法 Color(int r,int g,int b)。三个参数代表 RGB(红绿蓝三原色)颜色的三种成分组合比例，每种成分数值要在 0～255 之间。例如：

```
Color c=new Color(50,100,200);          //创建 RGB(50,100,200)的颜色对象 c
```

字体类的使用说明：

(1) 使用字体 Font 类要引入包 import java.awt.Font。

(2) 使用构造方法 Font(String name,int style,int size)创建字体类对象，该字体对象名称为 name,样式为 style,字体大小为 size 磅。

name 参数应为当前计算机系统提供的字体名称之一。获取当前系统字体名称的方法：

```
GraphicsEnvironment ge=
               GraphicsEnvironment.getLocalGraphicsEnvironment();
String fontName[]=ge.getAvailableFontFamilyNames();
```

Style 参数应从 Font 提供的样式常量中取值，如：

- Font.PLAIN：普通样式。
- Font.BOLD：加粗样式。
- Font.ITALIC：斜体样式。

加粗与斜体可综合出现，使用加号连接即可：Font.BOLD＋Font.ITALIC。

例 10-5　当前计算机所有字体名称及效果演示。

本程序获取当前计算机所支持的所有字体，并将字体名称显示在窗口界面内。每个名称的文字用其表示的字体进行显示。在 JPanel 内放置 JLabel 标签，标签负责显示文字。

JLabel 标签类稍后进行介绍，此处先进行简单的使用。

```java
import javax.swing.*;                        //引入 swing 包
import java.awt.Font;                        //引入 awt 包的字体类
import java.awt.GraphicsEnvironment;         //引入 awt 包的 GraphicsEnvironment 类

public class FontDemo{
    public static void main(String[] args){
        JFrame frm=new JFrame("所有字体名称及效果演示");
        frm.setSize(700,400);
        frm.setLocationRelativeTo(null);
        JPanel contentPane=new JPanel();
        frm.setContentPane(contentPane);
        //获取当前计算机环境的所有字体信息,将字体名称保存在 fontName 数组中
        GraphicsEnvironment ge=
                    GraphicsEnvironment.getLocalGraphicsEnvironment();
        String fontName[]=ge.getAvailableFontFamilyNames();

        int len=fontName.length;
        JLabel lab[]=new JLabel[len];         //创建标签对象数组

        Font font;
        //循环对每个字体数组元素和标签元素进行操作
        for(int i=0;i<len; i++){
            lab[i]=new JLabel(fontName[i]);   //设置标签内容为当前字体名称
            //设置当前字体,加粗倾斜,14 号
            font=new Font(fontName[i],Font.BOLD+Font.ITALIC,14);
            lab[i].setFont(font);             //将字体应用于标签
            contentPane.add(lab[i]);          //将标签放置在面板上显示
        }

        frm.setDefaultCloseOperation(JFrame.EXIT_ON_CLOSE);
        frm.setVisible(true);
    }
}
```

程序运行结果如图 10-7 所示。

本例中获取的所有字体放在了 fontName 数组中,根据该数组的元素个数创建了 JLable 标签数组。for 循环语句中创建了每个标签数组元素对象,并在创建的同时使用字体数组元素初始化了标签的文字内容。然后立即给当前标签设置该文字所代表的字体,将标签放置在面板上。

10.3.4 设置组件的可用性与可见性

设置组件的可用性与可见性方法如表 10-7 所示。

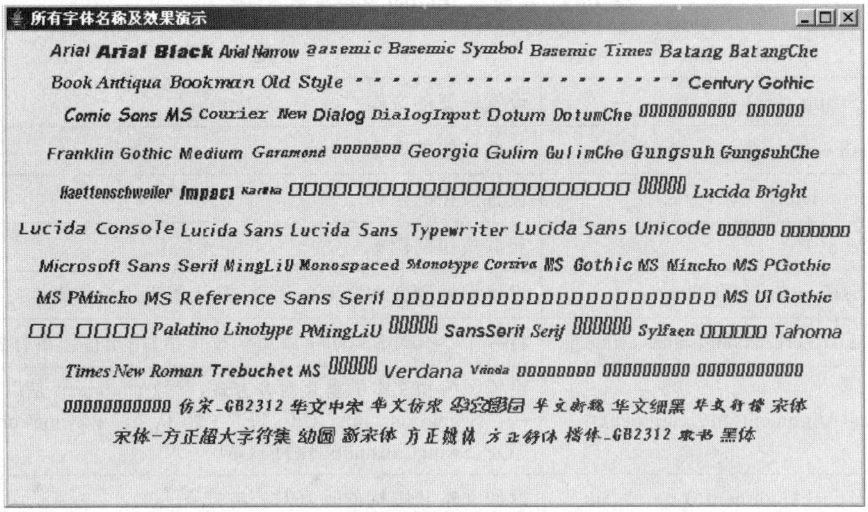

图 10-7 所有字体名称及效果演示

表 10-7 组件的可用性与可见性方法

方 法	说 明
setEnabled(boolean b)	设置组件的可用性,b 为 true 时可用(激活),b 为 false 时不可用(灰色)。组件默认为可用
void setVisible(boolean b)	设置组件的可见性,b 为 true 时可见,b 为 false 时不可见。容器类默认为不可见,其他组件默认为可见

10.4 按钮与标签

按钮与标签在 GUI 编程中使用的频率相当高。这一节先学习它们的使用,然后在实现这些组件的基础上对整体的框架类做一个结构上的改进。

10.4.1 按钮类 JButton

按钮可以显示文字和图标,并具备单击效果,在实现事件处理后可以和用户进行交互。按钮类 JButton 常用构造方法和常用成员方法分别如表 10-8 和表 10-9 所示。

表 10-8 按钮类 JButton 常用构造方法

常用构造方法	说 明
JButton()	创建默认按钮,无文字和图标
JButton(Icon icon)	创建一个带图标的按钮
JButton(String text)	创建一个带文本的按钮
JButton(String text,Icon icon)	创建一个带文本和图标的按钮

表 10-9 按钮类 **JButton** 常用成员方法

常用成员方法	说　　明
setText(String text)	设置按钮的文本
String getText()	获取按钮的文本
setIcon(Icon icon)	设置按钮的图标
Icon getIcon()	获取按钮的图标
setIconTextGap(int iconTextGap)	设置图标和文本之间的间隔,默认值为 4 个像素
addActionListener(ActionListener actionlsn)	将一个 ActionListener 添加到按钮中,用于按钮事件处理
setVerticalAlignment(int alignment)	设置图标和文本的垂直对齐方式,参数 alignment 是以下值之一：SwingConstants. CENTER（默 认 值）、SwingConstants. TOP、SwingConstants. BOTTOM
int getVerticalAlignment()	返回文本和图标的垂直对齐方式
setHorizontalAlignment(int alignment)	设置图标和文本的水平对齐方式,参数 alignment 是以下值之一：SwingConstants. RIGHT（默 认 值）、SwingConstants. LEFT、SwingConstants. CENTER、SwingConstants. LEADING、SwingConstants. TRAILING
int HorizontalAlignment()	返回文本和图标的水平对齐方式

例 10-6 按钮类的使用举例。

```java
import javax.swing.*;

public class ButtonDemo1{
    public static void main(String[] args){

        JFrame frm=new JFrame("按钮的使用演示");
        frm.setSize(200,200);
        frm.setLocationRelativeTo(null);

        JPanel contentPane=new JPanel();
        frm.setContentPane(contentPane);

        JButton btn=new JButton("按钮");          //创建一个按钮,所带文字为"按钮"
        contentPane.add(btn);                     //将按钮放置在面板上显示

        frm.setDefaultCloseOperation(JFrame.EXIT_ON_CLOSE);
        frm.setVisible(true);

    }
}
```

程序运行结果如图 10-8 所示。

图 10-8   按钮的使用

在本例中,语句:

```
JButton btn=new JButton("按钮");
contentPane.add(btn);
```

的功能是创建了一个按钮对象 btn,并在创建的同时初始化其表面文字为"按钮",接着将该按钮放置在了面板 contentPane 上。

前面介绍了组件共同具备的诸多方法,可以使用这些方法设置按钮的各种属性。在本例的基础上将按钮的背景色设置为黄色,前景色(文字颜色)设置为蓝色,按钮文字字体设置为"幼圆"、倾斜、加粗,字号为 20,程序代码及运行结果如下面的例 10-7 所示。

注意:使用 Color 类和 Font 类要进行 import 引入。

例 10-7   设置按钮的属性。

```java
import javax.swing.*;
import java.awt.Color;
import java.awt.Font;

public class ButtonDemo2{
    public static void main(String[] args){
        JFrame frm=new JFrame("按钮的使用演示");
        frm.setSize(200,200);
        frm.setLocationRelativeTo(null);

        JPanel contentPane=new JPanel();
        frm.setContentPane(contentPane);

        JButton btn=new JButton("按钮");                //创建按钮对象
        btn.setBackground(Color.YELLOW);                //设置背景色为黄色
        btn.setForeground(Color.BLUE);                  //设置前景色为蓝色
        Font font=new Font("幼圆",Font.BOLD+Font.ITALIC,20);     //创建字体
        btn.setFont(font);                              //设置按钮的字体

        contentPane.add(btn);                           //将按钮放置在面板上显示

        frm.setDefaultCloseOperation(JFrame.EXIT_ON_CLOSE);
        frm.setVisible(true);
    }
}
```

程序运行结果如图 10-9 所示。

Swing 提供的按钮还可以带有图标,图标要通过 Icon 接口实现。

Icon 是 javax.swing 包中的一个接口,通常使用实现了该接

图 10-9   设置按钮属性

口的 ImageIcon 类来创建图标对象。

使用图标的步骤：

(1) 将图片放在程序的工程文件夹内。

(2) 创建图标对象。如有图片 01.jpg，则：

```
Icon icon=new ImageIcon("01.jpg");
```

使用图标的说明：

(1) 界面上的图标可使用.png、.jpg、.bmp、.gif 等格式的图片，但不能使用.icon 格式的图片。

(2) 创建图标对象默认为在当前工程文件夹下寻找相应名称的图片，即使用的是相对路径。若想引用其他位置的图片，则必须使用绝对路径，从根目录开始写完整。通常将图片保存在工程文件夹内较好。

例 10-8 带图标的按钮。

本例实现在按钮上除文字外还显示图标。两个按钮用两种方式实现图标。第一个按钮在创建时初始化文字和图标，第二个按钮在创建后通过 setIcon()方法设置其图标。

```java
import javax.swing.*;
import java.awt.Color;
import java.awt.Font;

public class ButtonDemo3{
    public static void main(String[] args){

        JFrame frm=new JFrame("按钮的使用演示");
        frm.setSize(200,200);
        frm.setLocationRelativeTo(null);

        JPanel contentPane=new JPanel();
        frm.setContentPane(contentPane);

        Icon icon1=new ImageIcon("bee.jpg");           //创建 Icon 对象引用图片
        JButton btn1=new JButton("采蜜",icon1);         //创建带有文字和图标的按钮

        Icon icon2=new ImageIcon("LogonStudio.gif");   //创建 Icon 对象引用图片
        JButton btn2=new JButton("电脑");               //创建带有文字的按钮
        btn2.setIcon(icon2);                           //设置按钮的图标

        contentPane.add(btn1);
        contentPane.add(btn2);

        frm.setDefaultCloseOperation(JFrame.EXIT_ON_CLOSE);
        frm.setVisible(true);
```

```
        }
    }
```

程序运行结果如图 10-10 所示。

图 10-10　带图标的按钮

10.4.2　标签类 JLabel

标签也可以显示文字或图标,它单纯用于在界面上显示内容,不能够和用户进行交互。标签类 JLabel 常用构造方法和常用成员方法分别如表 10-10 和表 10-11 所示。

表 10-10　标签类 JLabel 常用构造方法

常用构造方法	说　　　明
JLabel()	创建无图像且其标题为空字符串的 JLabel
JLabel(Icon image)	创建具有指定图像的 JLabel 实例
JLabel(Icon image, int horizontalAlignment)	创建具有指定图像和水平对齐方式的 JLabel 实例
JLabel(String text)	创建具有指定文本的 JLabel 实例
JLabel (String text, Icon icon, int horizontalAlignment)	创建具有指定文本、图像和水平对齐方式的 JLabel 实例
JLabel(String text, int horizontalAlignment)	创建具有指定文本和水平对齐方式的 JLabel 实例

表 10-11　标签类 JLabel 常用成员方法

常用成员方法	说　　　明
setText(String text)	设置标签的文本
String getText()	获取标签所显示的文本
setIcon(Icon icon)	设置标签的图标
Icon getIcon()	获取标签显示的图形图像
setVerticalTextPosition (int textPosition)	设置标签的文本相对其图像的垂直位置,默认为居中。alignment 取以下常量值之一：SwingConstants. TOP,SwingConstants. CENTER,SwingConstants. BOTTOM
setHorizontalTextPosition (int textPosition)	设置标签的文本相对其图像的水平位置。textPosition 取值：SwingConstants. LEFT,SwingConstants. CENTER,SwingConstants. RIGHT,SwingConstants. LEADING,SwingConstants. TRAILING

例 10-9　标签类的使用。

```
import javax.swing. * ;

public class LabelDemo{
    public static void main(String[] args){
        JFrame frm=new JFrame("标签的使用演示");
        frm.setSize(300,300);
```

```
    frm.setLocationRelativeTo(null);

    JPanel contentPane=new JPanel();
    frm.setContentPane(contentPane);

    Icon icon1=new ImageIcon("aPencil.png");            //创建 Icon 对象引用图片
    //创建带有文字,图标的标签,图标在前
    JLabel lab1=new JLabel("标签 1",icon1,SwingConstants.LEADING);

    Icon icon2=new ImageIcon("aTalk.png");              //创建 Icon 对象引用图片
    JLabel lab2=new JLabel("标签 2");                    //创建带有文字的标签
    lab2.setIcon(icon2);                                //设置标签的图标
    //设置文字在左侧
    lab2.setHorizontalTextPosition(SwingConstants.LEFT);

    contentPane.add(lab1);
    contentPane.add(lab2);

    frm.setDefaultCloseOperation(JFrame.EXIT_ON_CLOSE);
    frm.setVisible(true);
    }
}
```

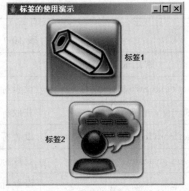

图 10-11   标签的使用

程序运行结果如图 10-11 所示。

本例使用了两个标签,第一个标签在创建时初始化文字、图标、图标相对文字的对齐方式,第二个标签在创建后设置了图标和文字相对图标的对齐方式。显示界面后能够看到效果,但没有单击的功能。

10.4.3   自定义具备组件的框架类

通常要在框架类 JFrame 的基础上设计出所需要的复杂界面。在面向对象编程思想中,应该把界面定义成一个类,专门去管理,而不是在 main()方法中零散地单独使用每个 Swing 类去拼凑搭建出界面。

自定义界面类的设计思路:

(1) 定义一个 JFrame 类的子类,专门用于设计界面。

(2) 将需要使用的各组件定义为该类的成员,为提高安全性,通常设置为私有访问权限。

(3) 在构造方法中创建出各组件并添加到该界面上,对框架的基本属性进行设置。

与界面有关的内容都集中在这个类中,以后要用到的事件处理也会写在这个类中,可以用这个类创建多个窗口。

例 10-10　自定义框架类的使用。

```
import javax.swing.*;
import java.awt.Color;

public class MyFrame extends JFrame {          //自定义框架类 MyFrame 继承自 JFrame

    private JPanel contentPane;
    private JLabel lab;
    private JButton btn;

    public MyFrame(String s){                  //构造方法
        super(s);                              //调用父类构造方法初始化标题栏文字
        setSize(300,300);
        setLocationRelativeTo(null);

        contentPane=new JPanel();
        setContentPane(contentPane);

        lab=new JLabel("取得密匙请点: ");        //创建标签
        lab.setForeground(Color.ORANGE);        //设置标签前景色为橘黄色
        Icon icon=new ImageIcon("key.gif");     //创建 Icon 对象引用图片
        btn=new JButton("钥匙",icon);            //创建带有文字和图标的按钮

        contentPane.add(lab);
        contentPane.add(btn);

        setDefaultCloseOperation(JFrame.EXIT_ON_CLOSE);
        setVisible(true);
    }

    public static void main(String[] args){
        //使用自定义框架类创建对象,即显示自定义窗口
        MyFrame frm=new MyFrame("我的第一个自定义框架~!");
    }

}
```

程序运行结果如图 10-12 所示。

本例的 MyFrame 类继承了框架类 JFrame,因此具备框架的基本特性。在 MyFrame 类的内部声明了私有成员面板、标签和按钮,在其构造方法中创建并添加了这些组件,同时对框架类自身的属性进行了设置。由于是对当前自定义框架类自身进行属性的设置,因此在构造方法中直接调用由 JFrame 继承来的各个方法即可,

图 10-12　自定义框架

不必通过某对象进行引用。

这样的 MyFrame 类不是一个简单的框架类,而是一个"知道自己具体长什么样儿的"完整的界面类。使用 MyFrame 类创建的对象就是按我们的需要设计好的界面了。需要多个这种样式的界面时,只需用 MyFrame 类创建多个对象即可,不必每次重新设计界面。

MyFrame 类还同时具备 main()方法,可以作为程序运行的入口。也可以单独定义一个包含 main()方法的应用程序类,这样程序的结构会更加清晰。

例 10-11 结构更加清晰的自定义框架类。

```java
//MyFrame.java
import javax.swing.*;
import java.awt.Color;

public class MyFrame extends JFrame {

    private JPanel contentPane;
    private JLabel lab;
    private JButton btn;

    public MyFrame(String s){
        super(s);
        setSize(300,300);
        setLocationRelativeTo(null);

        contentPane=new JPanel();
        setContentPane(contentPane);

        lab=new JLabel("取得密匙请点: ");
        lab.setForeground(Color.ORANGE);
        Icon icon=new ImageIcon("key.gif");
        btn=new JButton("钥匙",icon);

        contentPane.add(lab);
        contentPane.add(btn);

        setDefaultCloseOperation(JFrame.EXIT_ON_CLOSE);
        setVisible(true);
    }
}

//MyFrameDemo.java
public class MyFrameDemo{
    public static void main(String[] args){
```

```
MyFrame frm1=new MyFrame("我的第一个自定义框架");
MyFrame frm2=new MyFrame("我的第二个自定义框架");

    }
}
```

程序运行结果如图 10-13 所示。

图 10-13　结构更加清晰的自定义框架类

注意：本例的自定义框架类写在 MyFrame.java 文件中，包含 main()方法的应用程序类写在 Demo.java 文件中，在各自文件中两个类均为公共类。若将所有代码写在一个文件内，则只能有一个类是公共的(public 修饰的通常是应用程序类)，文件名称必须与公共类名称一致。

本书后面的例子均采用将各个类定义在不同文件中的形式。

自定义框架类是面向对象程序设计思想中界面设计的良好实现。有时候设计的界面可能内容很多，比较复杂。这种情况下可以对界面进一步划分，使用自定义面板类是个好帮手，配合布局管理来用，使界面的结构更加清晰，利于实现。本书后面将介绍具体的实现。

10.5　文本输入组件

文本输入组件具有用户输入和编辑文本的功能，最常使用的有文本框、文本区和密码框。

10.5.1　文本框类 JTextField

文本框用于用户进行单行文本的输入，文本框类 JTextField 常用构造方法和常用成员方法分别如表 10-12 和表 10-13 所示。

表 10-12　文本框类 JTextField 常用构造方法

常用构造方法	说　明
JTextField()	构造一个新的 TextField
JTextField(int columns)	构造一个具有指定列数的新的空 TextField
JTextField(String text)	构造一个用指定文本初始化的新 TextField
JTextField(String text,int columns)	构造一个用指定文本和列初始化的新 TextField

表 10-13　文本框类 JTextField 常用成员方法

常用成员方法	说　明
setText(String text)	设置文本框的文本
String getText()	获取文本框的文本
setColumns(int columns)	设置文本框中的列数
int getColumns()	获取文本框中的列数
setHorizontalAlignment(int alignment)	设置文本的水平对齐方式，参数取值：JTextField. LEFT，JTextField. CENTER，JTextField. RIGHT，JTextField. LEADING，JTextField. TRAILING
addActionListener(ActionListener actionlsn)	添加指定的事件监听器，以从此文本字段接收操作事件

10.5.2　文本区类 JTextArea

文本区用于用户进行多行文本的输入，文本区类 JTextArea 常用构造方法和常用成员方法分别如表 10-14 和表 10-15 所示。

表 10-14　文本区类 JTextArea 常用构造方法

常用构造方法	说　明
JTextArea()	构造一个新的 TextArea
JTextArea(int rows, int columns)	构造具有指定行数和列数的新的空 TextArea
JTextArea(String text)	构造显示指定文本的新的 TextArea
JTextArea(String text,int rows,int columns)	构造具有指定文本、行数和列数的新的 TextArea

表 10-15　文本区类 JTextArea 常用成员方法

常用成员方法	说　明
setText(String text)	设置文本区的文本
String getText()	获取文本区的文本
setColumns(int columns)	设置文本区中的列数
int getColumns()	获取文本区中的列数
setRows(int rows)	设置此文本区的行数
int getRows()	获取文本区中的行数
append(String str)	将给定文本追加到文本区结尾

10.5.3 密码框类 JPasswordField

密码框允许编辑一个单行文本,其视图指示输入内容,但不显示原始字符。密码框类 JPasswordField 常用构造方法和常用成员方法分别如表 10-16 和表 10-17 所示。

表 10-16 密码框类 JPasswordField 常用构造方法

常用构造方法	说 明
JPasswordField()	构造一个新 JPasswordField,使其具有默认文档、以 null 开始的文本字符串和为 0 的列宽度
JPasswordField(int columns)	构造一个具有指定列数的新的空 JPasswordField
JPasswordField(String text)	构造一个利用指定文本初始化的新 JPasswordField
JPasswordField(String text, int columns)	构造一个利用指定文本和列初始化的新 JPasswordField

表 10-17 密码框类 JPasswordField 常用成员方法

常用成员方法	说 明
setColumns(int columns)	设置密码框中的列数
setEchoChar(char c)	设置此密码框的回显字符
char getEchoChar()	获取要用于回显的字符
char[] getPassword()	获取返回此密码框中所包含的文本

回显字符:输入时不显示原字符,为安全而指定显示的其他字符。密码框的回显字符通常为星号"＊"。

例 10-12 文本输入组件的使用。

```java
//MyFrame.java
import javax.swing.*;

public class MyFrame extends JFrame {          //自定义框架类 MyFrame

    private JPanel contentPane;
    private JLabel lab1,lab2,lab3;
    private JTextField tf;
    private JPasswordField pwf;
    private JTextArea ta;

    MyFrame(String s){                         //构造方法
        super(s);
        setSize(250,300);
        setLocationRelativeTo(null);

        contentPane=new JPanel();
```

```
        setContentPane(contentPane);

        lab1=new JLabel("账号：");
        JTextField tf=new JTextField(15);
        lab2=new JLabel("密码：");
        pwf=new JPasswordField(15);
        pwf.setEchoChar('*');                        //设置密码框的回显字符为'*'
        lab3=new JLabel("发言：");
        ta=new JTextArea(10,15);

        contentPane.add(lab1);
        contentPane.add(tf);
        contentPane.add(lab2);
        contentPane.add(pwf);
        contentPane.add(lab3);
        contentPane.add(ta);

        setDefaultCloseOperation(JFrame.EXIT_ON_CLOSE);
        setVisible(true);
    }
}

//TextFieldDemo.java
public class TextFieldDemo{
    public static void main(String[] args){
        MyFrame frm=new MyFrame("文本输入组件演示");
    }
}
```

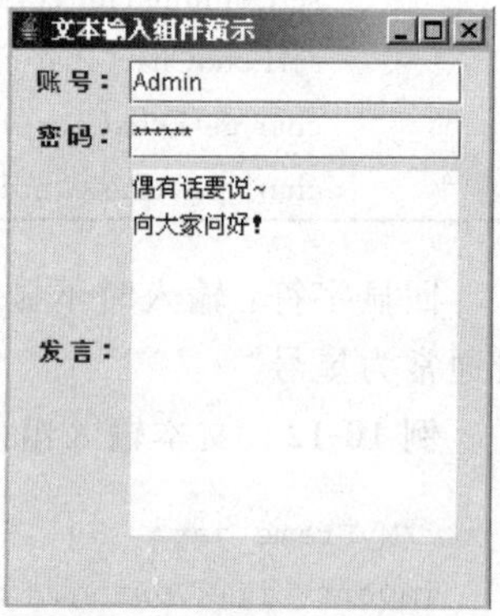

程序运行后在相应组件中输入不同内容,结果如
图 10-14 所示。

图 10-14　文本输入组件演示

10.6　选择性组件

选择性组件给用户提供一组按钮或者一列选项让用户做出选择,而不是让用户输入
数据,这样也免去了检查输入错误的麻烦。常用的选择性组件有复选框、单选按钮和组
合框。

10.6.1　复选框类 JCheckBox

复选框类可以对其进行选中、取消、多选等操作,通过方格内的对勾表示状态。复选
框类 JCheckBox 常用构造方法和常用成员方法分别如表 10-18 和表 10-19 所示。

表 10-18 复选框类 JCheckBox 常用构造方法

常用构造方法	说　明
JCheckBox()	创建一个没有文本、没有图标，并且最初未被选定的复选框
JCheckBox(Icon icon)	创建有一个图标、最初未被选定的复选框
JCheckBox(Icon icon, boolean selected)	创建一个带图标的复选框，并指定其最初是否处于选定状态
JCheckBox(String text)	创建一个带文本的、最初未被选定的复选框
JCheckBox(String text, boolean selected)	创建一个带文本的复选框，并指定其最初是否处于选定状态
JCheckBox(String text, Icon icon)	创建带有指定文本和图标的、最初未选定的复选框
JCheckBox (String text, Icon icon, boolean selected)	创建一个带文本和图标的复选框，并指定其最初是否处于选定状态

表 10-19 复选框类 JCheckBox 常用成员方法

常用成员方法	说　明
setIcon(Icon defaultIcon)	设置复选框的图标
boolean isSelected()	返回复选框的状态。如果被选中，则返回 true，否则返回 false
setSelectedIcon(Icon selectedIcon)	设置选中状态下复选框的图标
setText(String text)	设置复选框的文本
String getText()	获取复选框的文本

注意：若在创建 JCheckBox 对象时使用能够初始化 Icon 图标的构造方法，则创建的复选框不带有能够表示选中状态的小方块。这种情况下，通常要通过 setSelectedIcon()方法设置选中后的图标，通过不同图片的切换体现用户的操作。

例 10-13 复选框类 JCheckBox 示例。

```
//MyFrame.java
import javax.swing.*;

public class MyFrame extends JFrame {                //自定义框架类

    private JCheckBox chkMusic;
    private JCheckBox chkSports;
    private JCheckBox chkRead;
    private JCheckBox chkTravel;
    private JLabel lab;

    MyFrame(String s){                               //构造方法
        super(s);
        setSize(400,200);
        setLocationRelativeTo(null);

        JPanel contentPane=new JPanel();
```

```
        setContentPane(contentPane);

        lab=new JLabel("爱好：");
        chkMusic=new JCheckBox("音乐");
        chkRead=new JCheckBox("阅读");
        chkSports=new JCheckBox("体育");
        chkTravel=new JCheckBox("旅游");

        contentPane.add(lab);
        contentPane.add(chkMusic);
        contentPane.add(chkRead);
        contentPane.add(chkSports);
        contentPane.add(chkTravel);

        setDefaultCloseOperation(JFrame.EXIT_ON_CLOSE);
        setVisible(true);
    }
}

//CheckBoxDemo1.java
public class CheckBoxDemo1{
    public static void main(String[] args){
        MyFrame frm=new MyFrame("复选框组件演示");
    }
}
```

程序运行后对不同复选框进行单击,结果如图 10-15 所示。

图 10-15　例 10-13 运行结果

例 10-14　创建带图标的复选框,并通过不同的图片体现选中状态。

```
//MyFrame.java
import javax.swing.*;

public class MyFrame extends JFrame{
    private JCheckBox chkLamp;
```

```
        private Icon icon;

        MyFrame(String s){
            super(s);
            setSize(200,200);
            setLocationRelativeTo(null);

            JPanel contentPane=new JPanel();
            setContentPane(contentPane);

            icon=new ImageIcon("aLightOff.png");        //创建 Icon 对象引用图片
            chkLamp=new JCheckBox("开灯",icon);          //创建带文字和图片的复选框
            //设置选中状态下复选框的图标
            chkLamp.setSelectedIcon(new ImageIcon("aLightOn.png"));
            contentPane.add(chkLamp);

            setDefaultCloseOperation(JFrame.EXIT_ON_CLOSE);
            setVisible(true);
        }
    }

//CheckBoxDemo2.java
public class CheckBoxDemo2{
    public static void main(String[] args){
        MyFrame frm=new MyFrame("带图标的复选框组件演示");
    }
}
```

图 10-16 带图标的复选框

本例在创建复选框对象时使用图片 aLightOff. png 进行了初始化,又通过 setSelectedIcon()方法设置复选框选中时显示的图片为 aLightOn. png。程序运行后的界面以及单击复选框后的结果如图 10-16所示。

10.6.2 单选按钮类 JRadioButton

JRadioButton 类与 ButtonGroup 对象配合使用可创建一组互斥按钮,通过圆圈内的黑点表示状态,单选按钮类 JRadioButton 常用构造方法如表 10-20 所示。

JRadioButton 类的常用成员方法与复选框类类似,在此不再列举。最常用的方法就是 isSelected(),用来判断用户选中了哪个单选按钮。

要实现一组单选按钮互斥,还要配合使用 ButtonGroup 类,具体步骤如下:

(1) 创建需要使用的若干 JRadioButton 对象。

(2) 创建一个 ButtonGroup 对象。

表 10-20　单选按钮类 **JRadioButton** 常用构造方法

常用构造方法	说　　明
JRadioButton()	创建一个初始化为未选择的单选按钮,其文本未设定
JRadioButton(Icon icon)	创建一个初始化为未选择的单选按钮,其具有指定的图像但无文本
JRadioButton(Icon icon,boolean selected)	创建一个具有指定图像和选择状态的单选按钮,但无文本
JRadioButton(String text)	创建一个具有指定文本、状态为未选择的单选按钮
JRadioButton(String text,boolean selected)	创建一个具有指定文本和选择状态的单选按钮
JRadioButton(String text,Icon icon)	创建一个具有指定的文本和图像,并初始化为未选择的单选按钮
JRadioButton(String text,Icon icon,boolean selected)	创建一个具有指定的文本、图像和选择状态的单选按钮

（3）通过该 ButtonGroup 对象调用 add()方法,把此若干单选按钮在逻辑上归为一组。

（4）将此若干单选按钮一一添加到界面上。

实际上,同组的单选按钮即为互斥按钮。

注意:ButtonGroup 也是 swing 包提供的,但不用大写字母 J 开头;它不用于在界面上显示内容,仅用于给按钮归组,不要试图把 ButtonGroup 对象添加到界面上。

例 10-15　使用单选按钮类 JRadioButton 实现性别选项的互斥。

```java
//MyFrame.java
import javax.swing.*;

public class MyFrame extends JFrame {

    private JRadioButton rbtMale;            //声明单选按钮"男"
    private JRadioButton rbtFemale;          //声明单选按钮"女"
    private ButtonGroup grp;                 //声明按钮组
    private JLabel lab;

    MyFrame(String s){
        super(s);
        setSize(300,200);
        setLocationRelativeTo(null);

        JPanel contentPane=new JPanel();
        setContentPane(contentPane);

        lab=new JLabel("性别: ");
        rbtMale=new JRadioButton("男");       //创建单选按钮"男"
        rbtFemale=new JRadioButton("女");     //创建单选按钮"女"
```

```
        grp=new ButtonGroup();              //创建按钮组
        grp.add(rbtMale);                   //添加单选按钮至按钮组中
        grp.add(rbtFemale);                 //同组单选按钮互斥

        contentPane.add(lab);
        contentPane.add(rbtMale);
        contentPane.add(rbtFemale);

        setDefaultCloseOperation(JFrame.EXIT_ON_CLOSE);
        setVisible(true);
    }
}

//RadioButtonDemo.java
public class RadioButtonDemo{
    public static void main(String[] args){
        MyFrame frm=new MyFrame("单选按钮组件演示");
    }
}
```

程序运行后对性别进行选择,两个选项能够实现互斥。具体结果如图 10-17 所示。

图 10-17 例 10-15 程序运行结果

10.6.3 组合框类 JComboBox

组合框是一种带箭头的下拉列表。组合框类 JComboBox 常用构造方法和常用成员方法分别如表 10-21 和表 10-22 所示。

表 10-21 组合框类 JComboBox 常用构造方法

常用构造方法	说　　明
JComboBox()	创建具有默认数据模型的 JComboBox
JComboBox(Object[]items)	创建包含指定数组中元素的 JComboBox
JComboBox(Vector<?>items)	创建包含指定 Vector 中元素的 JComboBox

表 10-22 组合框类 JComboBox 常用成员方法

常用成员方法	说　　明
addItem(Object anObject)	为列表项添加项
Object getItemAt(int index)	获取指定索引处的列表项
int getItemCount()	获取列表中的项数
objcet getSelectedItem()	获取被选中的列表项
int getSelectedIndex()	获取被选中列表项的索引值
removeItem(Object obj)	从组合框中移除项
removeItemAt(int anIndex)	移除 anIndex 处的项
addItemListener(ItemListener aListener)	添加指定的事件监听器

例 10-16 组合框类 JComboBox 示例。

```java
//MyFrame.java
import javax.swing.*;

public class MyFrame extends JFrame {
    private JComboBox cmbMonth;
    private JLabel lab;

    MyFrame(String s){
        super(s);
        setSize(200,200);
        setLocationRelativeTo(null);
        JPanel contentPane=new JPanel();
        setContentPane(contentPane);

        lab=new JLabel("月份: ");
        String month[]=new String[12];          //创建字符串数组,用来保存月份
        for(int i=1;i<=12;i++)                   //循环给数组元素赋值
            month[i-1]=i+"月";
        cmbMonth=new JComboBox(month);           //用该数组初始化组合框

        contentPane.add(lab);
        contentPane.add(cmbMonth);
        setDefaultCloseOperation(JFrame.EXIT_ON_CLOSE);
        setVisible(true);
    }
}
```

```java
//ComboBoxDemo.java
public class ComboBoxDemo{
    public static void main(String[] args){
        MyFrame frm=new MyFrame("组合框组件演示");
    }
}
```

图 10-18　例 10-16 程序运行结果

程序运行结果如图 10-18 所示。

10.7　菜 单 组 件

图形界面上的菜单由菜单条、菜单、菜单项共同组成,如图 10-19 所示。
菜单的基本结构是:菜单条放到窗体上,菜单放到菜单条中,菜单项放到菜单中。

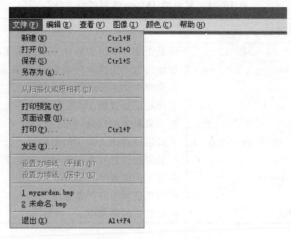

图 10-19　菜单的构成

10.7.1　菜单栏类 JMenuBar

菜单条是灰色的一条,需要设置到框架上,它是把菜单与窗体结合在一起的中间介质。

实现并使用菜单条的基本步骤:

(1) 创建菜单条对象:

```
JMenuBar menuBar=new JMenuBar();
```

(2) 将菜单条加到框架上:

```
frm.setJMenuBar(menuBar);
```

(3) 在菜单条上添加各个菜单:

```
menuBar.add(菜单对象);
```

10.7.2　菜单类 JMenu

菜单是出现在菜单条上的一个个"栏目",菜单类 JMenu 常用构造方法和常用成员方法分别如表 10-23 和表 10-24 所示。

表 10-23　菜单类 JMenu 常用构造方法

常用构造方法	说　　　明
JMenu()	构造没有文本的新 JMenu
JMenu(String s)	构造一个新 JMenu,用提供的字符串作为其文本
JMenu(String s,boolean b)	构造一个新 JMenu,用提供的字符串作为其文本并指定其是否为分离式(tear-off)菜单

表 10-24　菜单类 JMenu 常用成员方法

常用成员方法	说　　明
JMenuItem add(JMenuItem enuItem)	将某个菜单项追加到此菜单的末尾,返回添加的菜单项
JMenuItem add(String s)	创建具有指定文本的菜单项,并将其追加到菜单末尾
addSeparator()	在菜单中加入分隔符
JMenuItem getItem(int pos)	返回指定位置的 JMenuItem
int getItemCount()	返回菜单上的项数,包括分隔符
JMenuItem insert(JMenuItem mi,int pos)	在给定位置插入指定的菜单项
insert(String s,int pos)	在给定的位置插入一个具有指定文本的新菜单项
insertSeparator(int index)	在指定的位置插入分隔符
remove(int pos)	移除指定索引处的菜单项
remove(JMenuItem item)	移除指定的菜单项

10.7.3　菜单项类 JMenuItem

菜单项是菜单展开后的一个个项目,类似于按钮,可以在创建的同时带文字和图标,或在创建后指定图标。菜单项类 JMenuItem 常用构造方法如表 10-25 所示。

表 10-25　菜单项类 JMenuItem 常用构造方法

常用构造方法	说　　明
JMenuItem()	创建不带有设置文本或图标的 JMenuItem
JMenuItem(Icon icon)	创建带有指定图标的 JMenuItem
JMenuItem(String text)	创建带有指定文本的 JMenuItem
JMenuItem(String text,Icon icon)	创建带有指定文本和图标的 JMenuItem
JMenuItem(String text,int mnemonic)	创建带有指定文本和键盘助记符的 JMenuItem

例 10-17　菜单组件的实现。

```
//MenuFrame.java
import javax.swing.*;

public class MenuFrame extends JFrame {
    private JMenuBar menuBar;                        //菜单条
    private JMenu fileMenu;                          //文件菜单
    private JMenuItem newItem,openItem,saveItem,exitItem;    //菜单项

    MenuFrame(String s){
        super(s);
        setSize(200,300);
        this.setLocationRelativeTo(null);

        menuBar=new JMenuBar();                      //创建各菜单组建
        fileMenu=new JMenu("文件");
        newItem=new JMenuItem("新建");
```

```
        openItem=new JMenuItem("打开");
        saveItem=new JMenuItem("保存");
        exitItem=new JMenuItem("退出");

        setJMenuBar(menuBar);                           //设置当前框架的菜单条
        menuBar.add(fileMenu);                          //将文件菜单添加至菜单条中
        fileMenu.add(newItem);                          //将各菜单项添加至文件菜单中
        fileMenu.add(openItem);
        fileMenu.add(saveItem);
        fileMenu.addSeparator();                        //添加分隔线
        fileMenu.add(exitItem);

        this.setDefaultCloseOperation(JFrame.DISPOSE_ON_CLOSE);
        setVisible(true);
    }
}

//MenuDemo1.java
public class MenuDemo1{
    public static void main(String[] args){
        MenuFrame frm=new MenuFrame("带菜单的框架");
    }
}
```

程序运行结果如图 10-20 所示。

菜单项构造方法 JMenuItem(String text,int mnemonic)用来创建带有指定文本和键盘助记符的菜单项。

在菜单打开的情况下,可通过按下助记符键选择相应菜单项。

该构造方法的第二个参数用来指定菜单项的快捷字符,该字符通常取菜单项文本中的一个,以字符形式给出实参,字符会以下划线加强显示。例如:

```
JMenuItem itemNew=new JMenuItem("New",'N');
```

该菜单项放在菜单中可出现如图 10-21 所示的效果。

图 10-20　带菜单的框架

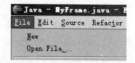

图 10-21　带助记符的菜单项 New

比助记符更常用、更方便的是组合键,组合键是可以在没有打开菜单的情况下选择菜单项的快捷键。

为菜单项设置组合键使用 setAccelerator(KeyStroke keyStroke)方法。

该方法的参数通过 KeyStroke. getkeyStroke(int keyCode,int modifiers)方法得到。其中第一个参数取值为 KeyEvent. VK_A 至 KeyEvent. VK_Z 之间的常量值;第二个参数取值为 InputEvent. ALT_MASK、InputEvent. CTRL_MASK 或 InputEvent. SHIFT_MASK。

例如要把 Ctrl+S 组合键关联到"保存"菜单项,菜单项对象为 saveItem,则具体语句为:

```
JMenuItem saveItem=new JMenuItem("保存");
saveItem.setAccelerator(KeyStroke.getkeyStroke(KeyEvent.VK_S,
                                        InputEvent.CTRL_MASK));
```

Swing 还提供带复选框和单选按钮的菜单项。

带复选框的菜单项类是 JCheckBoxMenuItem,带单选按钮的菜单项类是 JRadioButton-MenuItem。它们的构造方法和常用成员方法与复选框类、单选按钮类类似,可以在创建的时候初始化文字、图标、选中状态,还可以获取选中状态、文字等。

单选按钮菜单项类同样要与 ButtonGroup 合作,才能实现一组单选按钮菜单项的互斥。

例 10-18 带复选框和单选按钮的菜单项示例。

```
//MenuFrame.java
import javax.swing.*;

public class MenuFrame extends JFrame{
    private JMenuBar menuBar;
    private JMenu viewMenu;
    private JCheckBoxMenuItem linewrapItem;              //带复选框的菜单项
    private JRadioButtonMenuItem fullItem,normalItem;    //带单选按钮的菜单项

    MenuFrame(String s){
        super(s);
        setSize(200,200);
        this.setLocationRelativeTo(null);

        menuBar=new JMenuBar();
        setJMenuBar(menuBar);

        viewMenu=new JMenu("视图");
        linewrapItem=new JCheckBoxMenuItem("自动换行");
        fullItem=new JRadioButtonMenuItem("全屏显示");
        normalItem=new JRadioButtonMenuItem("正常显示");
        ButtonGroup grp=new ButtonGroup();
```

```
        grp.add(fullItem);
        grp.add(normalItem);

        viewMenu.add(linewrapItem);
        viewMenu.addSeparator();
        viewMenu.add(fullItem);
        viewMenu.add(normalItem);
        menuBar.add(viewMenu);

        this.setDefaultCloseOperation(JFrame.DISPOSE_ON_CLOSE);
        setVisible(true);
    }
}

//MenuDemo2.java
public class MenuDemo2{
    public static void main(String[] args){
        MenuFrame frm=new MenuFrame("不同菜单项演示");
    }
}
```

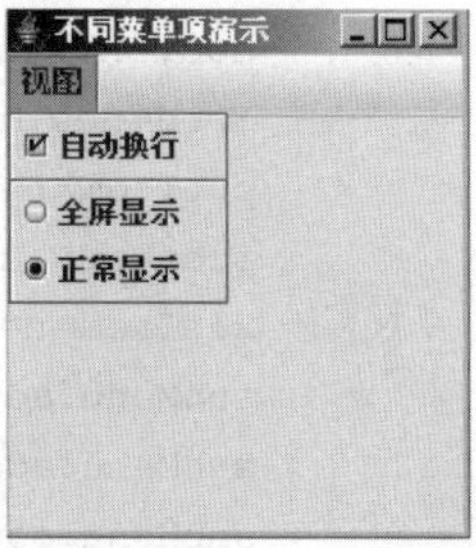

程序运行结果如图 10-22 所示。

图 10-22　带复选框和单选
按钮的菜单项

10.7.4　菜单组件综合应用

在创建了各种菜单组件后,对它们进行综合应用的共同步骤为:

(1) 通过 JFrame 的 setJMenuBar()方法把菜单条 JMenuBar 添加到框架上。

(2) 使用菜单条 JMenuBar 的 add()方法把一个个菜单添加到菜单条上。

(3) 通过菜单 JMenu 的 add()方法把一个个菜单项 JMenuItem 加入到菜单中。

另外,由于菜单是菜单项的子类,因此可以把一个菜单看做是菜单项,利用 add()方法添加到另一个菜单中,这样就构成了子菜单。

例 10-19　带有图标和子菜单的框架。

```
//MenuFrame.java

import javax.swing.*;

public class MenuFrame extends JFrame {
    private JMenuBar menuBar;
    private JMenu fileMenu,subMenu;                        //文件菜单,子菜单
    private JMenuItem newItem,openItem,saveItem,exitItem;
    private JMenuItem docItem,pptItem,xlsItem;

    MenuFrame(String s){
```

```java
        super(s);
        setSize(200,300);
        this.setLocationRelativeTo(null);

        menuBar=new JMenuBar();                      //创建菜单条、文件菜单等组件
        fileMenu=new JMenu("文件");
        newItem=new JMenuItem("新建");
        saveItem=new JMenuItem("保存");
        exitItem=new JMenuItem("退出");

        subMenu=new JMenu("打开");                    //创建子菜单及相关图标、菜单项组件
        Icon icon=new ImageIcon("icon_doc.gif");
        docItem=new JMenuItem("word文档",icon);
        icon=new ImageIcon("icon_ppt.gif");
        pptItem=new JMenuItem("ppt幻灯片",icon);
        icon=new ImageIcon("icon_xls.gif");
        xlsItem=new JMenuItem("xls表格",icon);
        subMenu.add(docItem);                        //组合子菜单
        subMenu.add(pptItem);
        subMenu.add(xlsItem);

        setJMenuBar(menuBar);                        //组合菜单条、文件菜单
        menuBar.add(fileMenu);
        fileMenu.add(newItem);
        fileMenu.add(subMenu);                       //添加子菜单至文件菜单中
        fileMenu.add(saveItem);
        fileMenu.addSeparator();                     //添加分隔线
        fileMenu.add(exitItem);

        JPanel contentPane=new JPanel();
        setContentPane(contentPane);

        this.setDefaultCloseOperation(JFrame.DISPOSE_ON_CLOSE);
        setVisible(true);
    }
}

//MenuDemo3.java
public class MenuDemo3{
    public static void main(String[] args){
        MenuFrame frm=new MenuFrame("子菜单演示");
    }
}
```

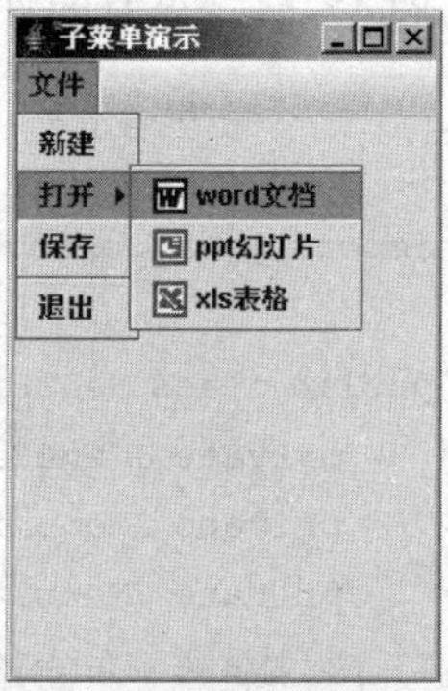

程序运行结果如图 10-23 所示。

图 10-23　带有图标和子菜单
的框架

10.8　Swing 布局管理

java.awt 包中的各布局管理类可以对界面上的组件排放方式进行设定。在布局方式管理下,调整窗体的尺寸,内部的组件会发生相对位置的变化而仍然保持当前布局方式。

下面学习几种常用的布局管理类:java.awt.FlowLayout(流布局)、java.awt. BorderLayout(边界布局)、java.awt.GridLayout(网格布局)、null(空布局)。

设置容器的布局方式要使用 setLayout()方法,如:

```
pan.setLayout(new FlowLayout());
```

10.8.1　FlowLayout 布局

FlowLayout 布局方式是指在窗体内从左至右、从上向下摆放组件,如图 10-24 所示。当调整窗体大小时,由布局管理自动调整组件的位置来填充可用的空间。

FlowLayout 布局是 JPanel 默认的布局方式。在面板上放置若干组件,运行后改变窗体尺寸,组件位置会随之发生变化。

(a) 布局(一)　　　　　　　　　　　　(b) 布局(二)

图 10-24　在 FlowLayout 布局下组件从左至右、从上向下依次填充窗体

使用 FlowLayout 布局,可以设置在水平位置上组件的对齐方式、在水平和垂直方向上组件之间的间隔。

该布局下组件的 setSize()方法失效,若要调整组件尺寸,需调用如下方法设置组件的首选大小:setPreferredSize(Dimension preferredSize)。例如,设置按钮 btn 的尺寸为 100×50 像素,语句为:

```
btn.setPreferredSize(new Dimension(100,50));
```

FlowLayout 常用构造方法和常用成员方法分别如表 10-26 和表 10-27 所示。

表 10-26   FlowLayout 常用构造方法

常用构造方法	说 明
FlowLayout()	构造一个新的 FlowLayout,居中对齐,默认的水平和垂直间隙是 5 个单位
FlowLayout(int align)	构造一个新的 FlowLayout,对齐方式是指定的,默认的水平和垂直间隙是 5 个单位
FlowLayout(int align, int hgap,int vgap)	创建一个新的流布局管理器,具有指定的对齐方式以及指定的水平和垂直间隙

表 10-27   FlowLayout 常用成员方法

常用成员方法	说 明
setAlignment(int align)	设置此布局的对齐方式
setHgap(int hgap)	设置组件之间以及组件与容器的边之间的水平间隙
setVgap(int vgap)	设置组件之间以及组件与容器的边之间的垂直间隙
getAlignment()	获得此布局的对齐方式
getHgap()	获得组件之间以及组件与容器的边之间的水平间隙
getVgap()	获得组件之间以及组件与容器的边之间的垂直间隙

构造方法中的参数 align 应为以下 FlowLayout 类的静态常量值之一:

(1) LEFT:左对齐。

(2) RIGHT:右对齐。

(3) CENTER:居中。

(4) LEADING:每行组件都与容器方向的开始边对齐。

(5) TRAILING:每行组件都与容器方向的结束边对齐。

10.8.2   BorderLayout 布局

BorderLayout 布局方式是指将容器分为东、西、南、北、中 5 个区域,让用户指定每个组件的位置,每个区域最多只能包含一个组件。窗体尺寸改变时边缘组件的厚度不变,而中间区域发生缩放变化。

例如,在 BorderLayout 布局下,给每个区域放置带有描述方向的文字的按钮,结果如图 10-25 所示。

使用时先在边缘区域放入组件,剩余的空间即为中间区域。若仅使用部分边缘区域,如南部区域,则中间区域会扩大"吞并"未使用边缘区域,此时界面看起来被分为两部分:较薄的南部和较厚的中间部分。

将组件添加至该布局的容器中时要使用 BorderLayout 的 5 个静态常量来指定位置:

(1) EAST:东部。

图 10-25   在各区域放置按钮的 BorderLayout 布局演示

（2）WEST：西部。

（3）SOUTH：南部。

（4）NORTH：北部。

（5）CENTER：中间区域。

若添加组件时未指定该参数，则默认为 CENTER。

例如，该布局下在面板对象 pan 的东部添加一个按钮对象 btn，则语句应为：

```
pan.add(btn,BorderLayout.EAST);
```

或

```
pan.add(BorderLayout.EAST,btn);
```

add()方法已重载，两个参数的位置可互换。

BorderLayout 常用构造方法和常用成员方法分别如表 10-28 和表 10-29 所示。

表 10-28　BorderLayout 常用构造方法

常用构造方法	说　　明
BorderLayout()	构造一个组件之间没有间距的边界布局
BorderLayout(int hgap，int vgap)	用指定的组件之间的水平间距构造一个边界布局

表 10-29　BorderLayout 常用成员方法

常用成员方法	说　　明
setHgap(int hgap)	设置组件之间的水平间隙
setVgap(int vgap)	设置组件之间的垂直间隙

例 10-20　BorderLayout 布局演示。

在各方位区域添加按钮，并设置水平、垂直间隔为 20 像素距离。

```
//MyFrame.java
import javax.swing.*;
import java.awt.BorderLayout;

public class MyFrame extends JFrame {
    JButton btnEast,btnWest,btnCenter,btnSouth,btnNorth;

    MyFrame(String s){
        super(s);
        setSize(300,300);
        setLocationRelativeTo(null);

        JPanel contentPane=new JPanel();
        setContentPane(contentPane);
        BorderLayout bLayout=new BorderLayout(20,20); //创建边界布局管理
        contentPane.setLayout(bLayout);               //将布局管理应用于内容面板
```

```
        btnEast=new JButton("东");
        btnWest=new JButton("西");
        btnSouth=new JButton("南");
        btnNorth=new JButton("北");
        btnCenter=new JButton("中");

        contentPane.add(btnEast,BorderLayout.EAST); //将按钮添加到面板指定方位
        contentPane.add(btnWest,BorderLayout.WEST);
        contentPane.add(btnSouth,BorderLayout.SOUTH);
        contentPane.add(btnNorth,BorderLayout.NORTH);
        contentPane.add(btnCenter,BorderLayout.CENTER);

        setDefaultCloseOperation(JFrame.EXIT_ON_CLOSE);
        setVisible(true);
    }
}
//BorderLayoutDemo.java
public class BorderLayoutDemo {
    public static void main(String[] args){
        MyFrame frm=new MyFrame("BorderLayout 演示");
    }
}
```

程序运行结果如图 10-26 所示。

10.8.3　GridLayout 布局

GridLayout 布局方式是指按照指定的行、
列数将容器划分为若干个网格。缩放窗体时网
格尺寸也会随之成比例变化。

在 GridLayout 布局下，所有网格尺寸相同、
平均分配。网格内的组件被强制其尺寸与网格
相同。

图 10-26　带间隔的 BorderLayout 布局演示

GridLayout 常用构造方法和常用成员方法分别如表 10-30 和表 10-31 所示。

表 10-30　GridLayout 常用构造方法

常用构造方法	说　　明
GridLayout()	创建具有默认值的网格布局，即每个组件占据一行一列
GridLayout(int rows, int cols)	创建具有指定行数和列数的网格布局
GridLayout(int rows, int cols, int hgap, int vgap)	创建具有指定行数和列数的网格布局

表 10-31　GridLayout 常用成员方法

常用成员方法	说　明
setColumns(int cols)	将此布局中的列数设置为指定值
setRows(int rows)	将此布局中的行数设置为指定值
setHgap(int hgap)	设置组件之间的水平间隙
setVgap(int vgap)	设置组件之间的垂直间隙
getColumns()	获取此布局中的列数
getRows()	获取此布局中的行数
getHgap()	获取组件之间的水平间距
getVgap()	获取组件之间的垂直间距

例 10-21　GridLayout 布局演示。

```
//MyFrame.java
import javax.swing.*;
import java.awt.GridLayout;

public class MyFrame extends JFrame {
    GridLayout gridLayout;                        //声明网格布局
    JButton btn[];                                //声明按钮数组

    MyFrame(String s){
        super(s);
        setSize(500,300);
        setLocationRelativeTo(null);

        JPanel contentPane=new JPanel();
        setContentPane(contentPane);
        gridLayout=new GridLayout(3,5);           //创建 3 行 5 列的网格布局
        contentPane.setLayout(gridLayout);        //将网格布局应用于内容面板

        btn=new JButton[15];                      //创建包含 15 个元素的按钮数组
        //循环创建带数字的按钮并添加至面板
        for(int i=0;i<15;i++){
            btn[i]=new JButton((i+1)+"");
            contentPane.add(btn[i]);
        }

        setDefaultCloseOperation(JFrame.EXIT_ON_CLOSE);
        setVisible(true);
    }
}

//GridLayoutDemo.java
```

```java
public class GridLayoutDemo{
    public static void main(String[] args){
        MyFrame frm=new MyFrame("GirdLayout 演示");
    }
}
```

程序运行结果如图 10-27 所示。

图 10-27　GridLayout 布局演示

10.8.4　null 布局及其他布局

在设置容器的布局管理时,若 setLayout()方法的参数为 null(空),则表示当前容器不使用任何布局管理。如有面板对象 pan,设置其为 null 布局(空布局),语句为:

```java
pan.setLayout(null);
```

在空布局下,仅靠 add()方法不能够设计出界面,还必须通过 setBounds(int x,int y, int width,int height)方法精确指定组件的位置和尺寸。

这样的界面,其组件的位置和尺寸不会根据窗体的大小变化而变化。

例 10-22 空布局演示。

```java
//MyFrame.java
import javax.swing.*;

public class MyFrame extends JFrame {
    JButton btn1,btn2,btn3;

    MyFrame(String s){
        super(s);
        setSize(500,300);
        setLocationRelativeTo(null);

        JPanel contentPane=new JPanel();
```

```
        setContentPane(contentPane);

        contentPane.setLayout(null);                      //设置面板使用空布局
        btn1=new JButton("左上角小按钮");
        btn2=new JButton("中间大按钮");
        btn3=new JButton("右下小按钮");
        btn1.setBounds(0,0,120,30);                        //指定各按钮的位置和尺寸
        btn2.setBounds(175,125,150,50);
        btn3.setBounds(370,230,120,30);
        contentPane.add(btn1);                             //将按钮添加至面板中
        contentPane.add(btn2);
        contentPane.add(btn3);

        setDefaultCloseOperation(JFrame.EXIT_ON_CLOSE);
        setVisible(true);
    }
}


//NullLayoutDemo1.java
public class NullLayoutDemo1{
    public static void main(String[] args){
        MyFrame frm=new MyFrame("空布局演示");
    }
}
```

程序运行结果如图 10-28 所示。

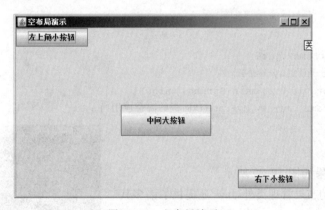

图 10-28 空布局演示

在空布局下,对面板进行混合使用也有明显的效果。由于容器类是组件类的子类,因此可以把一个面板放置在另一个面板内。

例 10-23 空布局下面板的混合使用。

```
//MyFrame.java
import javax.swing.*;
```

```java
import java.awt.Color;

public class MyFrame extends JFrame {
    JPanel pan1,pan2;                              //声明两个面板

    MyFrame(String s){
        super(s);
        setSize(300,300);
        setLocationRelativeTo(null);

        JPanel contentPane=new JPanel();           //创建内容面板
        setContentPane(contentPane);               //设置内容面板与框架关联
        contentPane.setLayout(null);               //设置内容面板使用空布局

        pan1=new JPanel();                         //创建两个面板,一个蓝色,一个黄色
        pan2=new JPanel();
        pan1.setBackground(Color.BLUE);
        pan2.setBackground(Color.YELLOW);

        contentPane.add(pan1);                     //将两个新面板添加至内容面板
        contentPane.add(pan2);
        pan1.setBounds(0,0,200,200);               //设置这两个新面板的位置和尺寸
        pan2.setBounds(200,200,100,100);

        setDefaultCloseOperation(JFrame.EXIT_ON_CLOSE);
        setVisible(true);
    }
}


//NullLayoutDemo2.java
public class NullLayoutDemo2{
    public static void main(String[] args){
        MyFrame frm=new MyFrame("面板的混合应用");
    }
}
```

程序运行结果如图 10-29 所示。

除上述介绍的布局管理类外,Java 还提供了诸多其他布局方式,如 CardLayout、BoxLayout、SpringLayout等,可查阅资料进一步学习。

10.8.5   布局方式的配合使用

在实际应用中,一种布局往往满足不了界面设计的要求,可以把不同布局方式"配合"在一起来使用。

图 10-29   空布局下面板的混合应用

　　利用"容器是组件"的关系,可以把多个面板放置在一个面板中。不同的面板使用不同的布局,可以构成复杂结构的界面。这个容纳其他面板的外层面板通常设置为BorderLayout、GridLayout 或空布局。

　　多种布局配合使用时,要提前设计好界面,采取最佳的布局管理类配合多个面板来实现。

例 10-24 布局管理的配合混合使用。

　　图 10-30 中的界面看起来十分简单,也是应用程序中常见的信息窗口结构,但没有一种布局能直接将其实现(不考虑空布局)。在这里,把与框架相关联的内容面板设置为 BorderLayout,在它的南部放置另一个面板。这个南部的面板采用默认的布局,给它添加两个按钮。

图 10-30　布局的配合使用

```java
//MyFrame.java
import javax.swing.*;
import java.awt.BorderLayout;

public class MyFrame extends JFrame {
    JButton btnOK,btnCancel;                    //声明按钮
    JPanel panBtn;                              //声明放置按钮的面板

    MyFrame(String s){
        super(s);
        setSize(200,200);
        setLocationRelativeTo(null);

        JPanel contentPane=new JPanel();        //创建内容面板
        setContentPane(contentPane);           //设置内容面板与当前框架关联
        contentPane.setLayout(new BorderLayout());   //内容面板采用边界布局

        panBtn=new JPanel();                   //创建组件,将按钮放置在 panBtn 上
        btnOK=new JButton("OK");
        btnCancel=new JButton("Cencel");
        panBtn.add(btnOK);
        panBtn.add(btnCancel);

        //将按钮面板置于内容面板南部
        contentPane.add(panBtn,BorderLayout.SOUTH);

        setDefaultCloseOperation(JFrame.EXIT_ON_CLOSE);
        setVisible(true);
    }
}
```

```
//LayoutDemo.java
public class LayoutDemo{
    public static void main(String[] args){
        MyFrame frm=new MyFrame("布局的配合使用");
    }
}
```

布局管理的相关说明:

(1) 如果没有哪一种布局方式满足你的需求,可以将窗口分割成多个独立的面板,对每一个面板使用不同的布局管理,对整个界面进行组织。

(2) 可以调用框架的 pack()方法让所有组件以最佳宽度和高度显示。

(3) 使用空布局,利用 setBounds()方法对组件进行位置和尺寸的精确设置后,改变窗体的大小,组件不会发生相对变化。也就是说,这种方法下,组件已经被"固定"了。

10.9 其他 Swing 高级组件

Swing 包还提供了很多高级组件,在这里简要学习典型的表格类 JTable、树类 JTree、滚动窗格类 JScrollPane 和拆分窗格类 JSplitPane。

10.9.1 表格类 JTable

基于 Swing 的 GUI 编程,其表格通过表格类 JTable 来实现,如表 10-32 所示。

表 10-32 表格类 JTable 常用构造方法

常用构造方法	说　　明
JTable()	构造默认的表格类 JTable,使用默认的数据模型、默认的列模型和默认的选择模型对其进行初始化
JTable(int numRows,int numColumns)	构造具有空单元格的 numRows 行和 numColumns 列的表格类 JTable
JTable(Object[][] rowData, Object[] columnNames)	构造表格类 JTable,用来显示二维数组 rowData 中的值,其列名称为 columnNames
JTable(Vector rowData,Vector columnNames)	构造表格类 JTable,用来显示 Vectors 的 Vector(rowData)中的值,其列名称为 columnNames

通常使用第三个构造方法来创建表格,它的第一个参数是一个二维数组,用来初始化表格里的数据;第二个参数是一维数组,用来初始化每列的标题。

使用表格类 JTable 的相关说明:

(1) 表格类 JTable 不用来存储数据,仅用来显示数据,结构非常清晰。

(2) 如果要在单独的视图中(在 JScrollPane 外)使用表格类 JTable 并显示表标题,要使用 getTableHeader()获取标题并单独显示它。将获取的标题、表格数据内容均通过 add()方法显示在界面上。

(3) 可以给获取的表格标题(JTableHeader 对象)设置背景色,给表格(表格类

JTable 对象)设置背景色、单元格颜色、被选中单元格颜色等。

(4) 在空布局下,可以精确指定表格标题和表格内容的位置及尺寸。

例 10-25 表格类 JTable 的简单应用。

```
import javax.swing. * ;

public class TableFrame extends JFrame {
    private JPanel pan;
    private JTable table;

    TableFrame(String s){
        super(s);
        setSize(500,200);
        this.setLocationRelativeTo(null);
        pan=new JPanel();
        setContentPane(pan);

        //表格列标题
        final String[] columnNames={"货品编号","货品名称",
                                        "价格(单位:元)","数量"};
        //表格中各行的内容
        final Object[][] data={
                {"1001", "面包","3.5", new Integer(100)},
                {"1002", "巧克力", "2", new Integer(80)},
                {"1003", "矿泉水","1", new Integer(200)},
                {"1004", "羽毛球","1.5", new Integer(50)},
                {"1005", "签字笔","3.5", new Integer(30)}
                };
        table=new JTable(data,columnNames);       //创建表格,初始化标题和内容
        //用表格初始化滚动窗格,即成为带有滚动条的表格
        JScrollPane scroll=new JScrollPane(table);
        pan.add(scroll);                           //将带滚动条的表格放置在面板上
        //若不使用滚动窗格,则上面的两条语句可替换为如下语句
        //pan.add(table.getTableHeader());
        //pan.add(table);

        this.setDefaultCloseOperation(JFrame.DISPOSE_ON_CLOSE);
        setVisible(true);
    }
}

//TableDemo.java
public class TableDemo{
    public static void main(String[] args){
```

```
        TableFrame frm=new TableFrame("表格演示");
    }
}
```

程序运行结果如图 10-31 所示。

10.9.2　树类 JTree

树形结构十分常见,例如 Windows 操作系统资源管理器中文件夹的显示和 Java API 文档目录的显示等,如图 10-32 所示。

图 10-31　"表格演示"对话框

(a) 资源管理器中的文件夹　　　(b) Java API文档目录

图 10-32　常见树形结构

树形结构的特点有:

(1) 树有且只有一个根节点。

(2) 根节点下有若干枝节点。

(3) 不再产生分支的节点叫叶节点。

Java 中树用 JTree 类表示,节点都用 DefaultMutableTreeNode 类表示,节点带着数据(文字或图标等)。

创建树节点对象时通常使用字符串对节点进行初始化。通过 add()方法给树节点添加子节点。DefaultMutableTreeNode 还提供多种对节点进行遍历的方法,可查阅 API 学习它们的使用。

把各个节点创建出来，安排好它们的层次关系，再用根节点去初始化 JTree 对象，树就创建出来了。

常用的 JTree 构造方法有两个：

```
JTree();                        //返回带有示例模型的 JTree
JTree(TreeNode root);           //返回一个 JTree,TreeNode 作为其根节点
```

第二个构造方法的参数 TreeNode 是接口，这里使用实现了该接口的 DefaultMutable-TreeNode 类，但要注意其所在的包是 javax. swing. tree. DefaultMutableTreeNode。

例 10-26　树类 JTree 的演示。

要实现图 10-33 中的树形结构，则要分析出该树有一个根节点"活动"；根节点下两个枝节点"电影"和"话剧"；"电影"节点下有 3 部电影子节点。因此要有 6 个 DefaultMutableTreeNode 类对象，依上面的关系通过 add()方法搭建好结构，最后使用"活动"根节点去初始化创建 JTree 对象。

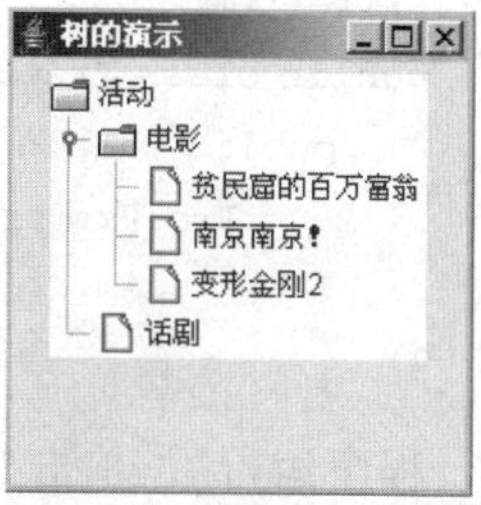

图 10-33　"树的演示"
　　　　　　对话框

```java
//TreeFrm.java
import javax.swing.JFrame;
import javax.swing.JPanel;
import javax.swing.JTree;
import javax.swing.tree.DefaultMutableTreeNode;

public class TreeFrm extends JFrame {
    TreeFrm(String s){
        super(s);
        setSize(200,200);
        this.setLocationRelativeTo(null);
        JPanel pan=new JPanel();
        setContentPane(pan);

        JTree tree=null;                  //声明一棵树,目前为空
        //创建"活动"根节点
DefaultMutableTreeNode root=new DefaultMutableTreeNode("活动");
        //创建"电影"树节点,并利用数组创建其叶子节点
DefaultMutableTreeNode movie=new DefaultMutableTreeNode("电影");
DefaultMutableTreeNode movieNode[]=new DefaultMutableTreeNode[3];
String strFamily[]={"贫民窟的百万富翁","南京南京!","变形金刚 2"};
for(int i=0;i<3;i++){
            movieNode[i]=new DefaultMutableTreeNode(strFamily[i]);
            movie.add(movieNode[i]);
}
        //创建"话剧"树节点
DefaultMutableTreeNode play=new DefaultMutableTreeNode("话剧");
```

```
        root.add(movie);                //将树节点"电影"放置在根节点"活动"之下
        root.add(play);                 //将树节点"话剧"放置在根节点"活动"之下
        tree=new JTree(root);           //利用根节点创建树

        pan.add(tree);                  //将树放置在面板上

        this.setDefaultCloseOperation(JFrame.DISPOSE_ON_CLOSE);
        setVisible(true);
    }
}

//TreeDemo.java
public class TreeDemo{
    public static void main(String[] args){
        TreeFrm frm=new TreeFrm("树的演示");
    }
}
```

程序运行后,单击"电影"节点,展开的树形结构就是前面图示效果。

10.9.3　滚动窗格类 JScrollPane

滚动窗格只能放置一个组件,根据组件的内容,JScrollPane 类会自动提供滚动条。例如把树形结构、文本区放置在滚动窗格对象中,内容展开或文本很多时,会出现滚动条。

注意:使用滚动窗格不要用 add()方法,要在创建滚动窗格时,使用内部放置的组件对其进行初始化。如:

```
JScrollPane scroll= new JScrollPane(new JTextArea());
```

如果把表格放置在滚动窗格中,则不必获取列标题,能够自动显示出来。如例 10-25 中的表格:

```
table=new JTable(data,columnNames);
JScrollPane scroll=new JScrollPane(table);
```

程序运行结果如图 10-34 所示。

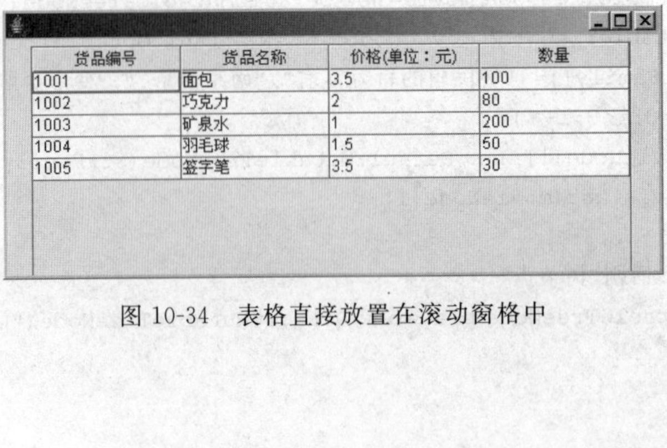

货品编号	货品名称	价格(单位:元)	数量
1001	面包	3.5	100
1002	巧克力	2	80
1003	矿泉水	1	200
1004	羽毛球	1.5	50
1005	签字笔	3.5	30

图 10-34　表格直接放置在滚动窗格中

例 10-27 滚动窗格类 JScrollPane 的应用。

将树放在一个滚动窗格中,将文本区放置在另一个滚动窗格中,然后将它们分别放置在界面内容面板的西方和中方,实现如图 10-35 所示的结果。

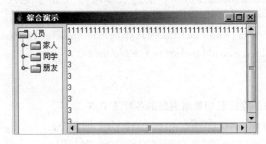

图 10-35 使用滚动窗格

```java
//MyFrame.java
import javax.swing.*;
import java.awt.*;
import javax.swing.tree.*;

public class MyFrame extends JFrame {

    JScrollPane scrollTree, scrollTxt;          //用于树和文本区的滚动窗格
    JTree tree=null;                            //内容为空的树
    //一系列树节点
    DefaultMutableTreeNode root,family,familyNode[],
                    schoolmates,schoolmatesNode[],friends,friendsNode[];

    MyFrame(String s){
        super(s);
        setSize(400,300);
        this.setLocationRelativeTo(null);
        JPanel pan=new JPanel();
        setContentPane(pan);

        int i=0;
        root=new DefaultMutableTreeNode("人员");  //根节点

        //"家人"树节点及利用数组创建的各叶子节点
        family=new DefaultMutableTreeNode("家人");
        familyNode=new DefaultMutableTreeNode[3];
        String strFamily[]={"妈妈","爸爸","姐姐"};
        for(i=0;i<3;i++){
            familyNode[i]=new DefaultMutableTreeNode(strFamily[i]);
            family.add(familyNode[i]);
        }
```

```
            //"同学"树节点及利用数组创建的各叶子节点
            schoolmates=new DefaultMutableTreeNode("同学");
            schoolmatesNode=new DefaultMutableTreeNode[4];
            String strschoolmates[]={"张三","李四","王五","赵六"};
            for(i=0;i<4;i++){
        schoolmatesNode[i]=new DefaultMutableTreeNode(strschoolmates[i]);
                schoolmates.add(schoolmatesNode[i]);
            }

            //"朋友"树节点及利用数组创建的各叶子节点
            friends=new DefaultMutableTreeNode("朋友");
            friendsNode=new DefaultMutableTreeNode[10];
            String strfriends[]={"大明","小明","Tom","Mike","Mary",
                    "西瓜太郎","变形金刚","喜羊羊","灰太狼","哈利波特"};
            for(i=0;i<10;i++){
                friendsNode[i]=new DefaultMutableTreeNode(strfriends[i]);
                friends.add(friendsNode[i]);
            }

            root.add(family);                        //将树节点置于根节点下
            root.add(schoolmates);
            root.add(friends);

            tree=new JTree(root);                    //利用根节点创建树
            scrollTree=new JScrollPane(tree);        //用树初始化滚动窗格,即带滚动条的树

            JTextArea txa=new JTextArea();
            scrollTxt=new JScrollPane(txa);          //带滚动条的文本区
            pan.setLayout(new BorderLayout());
            pan.add(scrollTree,BorderLayout.WEST);
            pan.add(scrollTxt,BorderLayout.CENTER);

            this.setDefaultCloseOperation(JFrame.DISPOSE_ON_CLOSE);
            setVisible(true);
        }
    }

//ScrollPaneDemo.java
public class ScrollPaneDemo{
    public static void main(String[] args){
        MyFrame frm=new MyFrame("综合演示");
    }
}
```

程序运行后展开树形结构,滚动条会自动出现。

10.9.4　拆分窗格类 JSplitPane

拆分窗格类 JSplitPane 常用构造方法如表 10-33 所示。

表 10-33　拆分窗格类 **JSplitPane** 常用构造方法

常用构造方法	说　　明
JSplitPane()	创建一个配置为将其子组件水平排列、无连续布局、为组件使用两个按钮的新 JSplitPane
JSplitPane(int newOrientation)	创建一个配置为指定方向且无连续布局的新 JSplitPane
JSplitPane(int newOrientation, boolean newContinuousLayout)	创建一个具有指定方向和重绘方式的新 JSplitPane
JSplitPane(int newOrientation, boolean newContinuousLayout, Component newLeftComponent, Component newRightComponent)	创建一个具有指定方向、重绘方式和指定组件的新 JSplitPane
JSplitPane(int newOrientation, Component newLeftComponent, Component newRightComponent)	创建一个具有指定方向和不连续重绘的指定组件的新 JSplitPane

表 10-33 中的参数说明：

（1）int newOrientation：指明拆分方式，应取值 JSplitPane. HORIZONTAL_SPLIT 或 JSplitPane. VERTICAL_SPLIT 之一。

（2）boolean newContinuousLayout：移动拆分线时，窗格内的组件是否连续变化。

（3）Component newLeftComponent，Component newRightComponent：放在拆分窗格中的组件。

可以通过 add()方法给拆分窗格添加组件，需要给出两个参数，第一个为组件对象，第二个为添加位置 JSplitPane. LEFT 或 JSplitPane. RIGHT。

例 10-28　改写例 10-27，实现拆分窗格。

```java
//MyFrame.java
import javax.swing. * ;
import java.awt. * ;
import javax.swing.tree. * ;

public class MyFrame extends JFrame {
    JScrollPane scrollTree,scrollTxt;
    JTree tree=null;
    DefaultMutableTreeNode root,family,familyNode[],schoolmates,
                            schoolmatesNode[],friends,friendsNode[];
    JSplitPane split;                              //拆分窗格

    MyFrame(String s){
        super(s);
```

```
setSize(400,300);
this.setLocationRelativeTo(null);
//创建拆分窗格,并将其设置为与当前框架相关联的面板
split=new JSplitPane(JSplitPane.HORIZONTAL_SPLIT);
setContentPane(split);

int i=0;
root=new DefaultMutableTreeNode("人员");          //根节点

//"家人"分支节点
family=new DefaultMutableTreeNode("家人");
familyNode=new DefaultMutableTreeNode[3];
String strFamily[]={"妈妈","爸爸","姐姐"};
for(i=0;i<3;i++){
    familyNode[i]=new DefaultMutableTreeNode(strFamily[i]);
    family.add(familyNode[i]);
}

//"同学"分支节点
schoolmates=new DefaultMutableTreeNode("同学");
schoolmatesNode=new DefaultMutableTreeNode[4];
String strschoolmates[]={"张三","李四","王五","赵六"};
for(i=0;i<4;i++){
schoolmatesNode[i]=new DefaultMutableTreeNode(strschoolmates[i]);
    schoolmates.add(schoolmatesNode[i]);
}

//"朋友"分支节点
friends=new DefaultMutableTreeNode("朋友");
friendsNode=new DefaultMutableTreeNode[10];
String strfriends[]={"大明","小明","Tom","Mike","Mary",
            "西瓜太郎","变形金刚","喜羊羊","灰太狼","哈利波特"};
for(i=0;i<10;i++){
    friendsNode[i]=new DefaultMutableTreeNode(strfriends[i]);
    friends.add(friendsNode[i]);
}

root.add(family);                              //组合节点,创建带滚动条的树
root.add(schoolmates);
root.add(friends);
tree=new JTree(root);
scrollTree=new JScrollPane(tree);

JTextArea txa=new JTextArea();                  //创建带滚动条的文本区
scrollTxt=new JScrollPane(txa);
```

```
//将树和文本区置于拆分窗格中
split.add(scrollTree,JSplitPane.LEFT);
split.add(scrollTxt,JSplitPane.RIGHT);

this.setDefaultCloseOperation(JFrame.DISPOSE_ON_CLOSE);
setVisible(true);
    }
}

//SplitPaneDemo.java
public class SplitPaneDemo {
    public static void main(String[] args){
        MyFrame frm=new MyFrame("综合演示");
    }
}
```

程序运行结果如图 10-36 所示。

图 10-36　拆分窗格演示

除滚动窗格类 JScrollPane 和拆分窗格类 JSplitPane 外，Swing 包还提供了一些其他容器类，如分层窗格类 JLayeredPane、内部窗体类 JInternalFrame。可查阅相关资料进一步学习。

这些容器类都可以作为中间容器直接添加到框架上。

实 验 与 训 练

1. 编写程序，实现如图 10-37 所示的程序运行结果。
2. 编写程序，用标签实现如图 10-38 所示的程序运行结果。
3. 编写程序，完成如图 10-39 所示的界面的设计。
4. 编写程序，完成如图 10-40 所示的界面设计。
5. 编写程序，把面板和布局管理配合在一起使用，实现显示如图 10-41 所示的界面。

程序运行后试着调整窗体的尺寸,观察窗体内组件的变化。

图 10-37　第 1 题程序运行结果

图 10-38　第 2 题程序运行结果

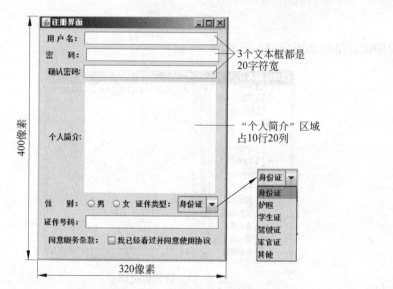

图 10-39　第 3 题程序运行结果

图 10-40　第 4 题程序运行结果

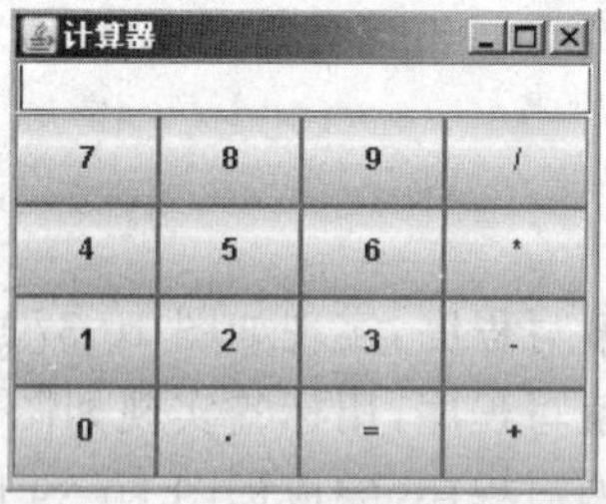

图 10-41　第 5 题程序运行结果

第 11 章　可视化程序的事件处理

学习目标：

- 理解 Java 图形界面程序中的事件处理机制；
- 掌握按钮的单击事件处理；
- 掌握其他常用组件的事件处理；
- 掌握窗口事件、鼠标事件、键盘事件的处理；
- 掌握常用对话框的使用。

GUI 编程除了给用户提供漂亮直观的图形界面外，还能够处理用户对界面进行的各种操作，实现程序和用户的交互。达到这样的效果，必须使用 Java 的事件处理机制。

例 11-1　事件处理机制的应用：按钮功能的实现。

程序运行后，单击"提交"按钮，将提取用户输入的信息显示在不可编辑文本框中；单击"清空"按钮，所有文本框内容将被清除；单击"退出"按钮，程序运行结束。

```java
//MyFrame.java
import javax.swing.*;
import java.awt.event.*;

public class MyFrame extends JFrame implements ActionListener{
    JLabel labName,labAge,labShow;
    JTextField txtName,txtAge,txtShow;
    JButton btnSubmit,btnReset,btnExit;
    JPanel pan=new JPanel();

    MyFrame(String s){
        super(s);
        setSize(300,150);
        this.setLocationRelativeTo(null);
        setContentPane(pan);

        labName=new JLabel("姓　名：");
        labAge=new JLabel("年　龄：");
        labShow=new JLabel("您输入的是：");
        txtName=new JTextField(10);
```

```java
        txtAge=new JTextField(5);
        txtShow=new JTextField(17);
        txtShow.setEditable(false);
        btnSubmit=new JButton("提交");
        btnReset=new JButton("清空");
        btnExit=new JButton("退出");
        btnSubmit.addActionListener(this);
        btnReset.addActionListener(this);
        btnExit.addActionListener(this);

        pan.add(labName);
        pan.add(txtName);
        pan.add(labAge);
        pan.add(txtAge);
        pan.add(labShow);
        pan.add(txtShow);
        pan.add(btnSubmit);
        pan.add(btnReset);
        pan.add(btnExit);

        this.setDefaultCloseOperation(JFrame.DISPOSE_ON_CLOSE);
        setVisible(true);
    }

    public void actionPerformed(ActionEvent e){
        if(e.getSource()==btnSubmit){
            String str=txtName.getText()+txtAge.getText();
            txtShow.setText(str);
        }
        if(e.getSource()==btnReset){
            txtName.setText("");
            txtAge.setText("");
            txtShow.setText("");
        }
        if(e.getSource()==btnExit)
            System.exit(1);
    }
}

//EventDemo.java
public class EventDemo {
    public static void main(String[] args){
        MyFrame frm=new MyFrame("事件处理演示");
    }
}
```

程序运行结果如图 11-1 所示。

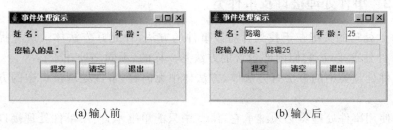

(a) 输入前　　　　　　　　　　(b) 输入后

图 11-1　例 11-1 程序运行结果

11.1　事件处理机制

在了解了"事件"、"事件源"、"事件处理"、"事件监听"的含义后,遵循一套固定的模式把事件处理机制应用起来。

11.1.1　Java 事件处理机制

Java 把用户在图形界面上进行的各种操作称为"事件",如按下按钮、选中下拉列表的某一项、单击某个菜单项等。实现图形界面程序与用户的交互,就是要处理这些事件。

Java 定义了各种事件类,每当一个动作发生时,就会自动产生相应事件类的对象。该对象集合了当前动作的各种信息,能够代表这个动作。只要能够及时获取这个对象,对它进行分析处理,图形界面程序就变得"活"了起来。这就必须依赖 Java 的事件处理机制。

Java 事件处理机制的三个相关概念:

(1) 事件源:发生动作时用户操作的对象。如单击的某个按钮、按下的某个键盘键等。

(2) 事件处理类、接口:Java 给每种事件都定义了专门处理它的类和接口,其内部的不同方法针对着事件的不同发生情况。所有事件处理的类和接口都在 java.awt.event 包中。

(3) 事件监听:通过"事件源.addXXXListener(new 事件处理类());"语句把事件处理和事件源联系在一起,使得事件发生时能够自动调用相应的方法进行处理。

实际上,Java 已经把所有可能发生的事情都分析好了,事件处理机制已经提供:

(1) 事件发生时自动创建事件对象来代表它。

(2) 针对每种事件定义了专门处理它的类和接口。

(3) 类和接口内不同的方法针对着不同的事件具体情况。

这就像医院负责治病救人,警察局负责除暴安良,他们内部的不同部门和人员又有不同的岗位职责。机制已经建立,要做的是应用这种机制。

11.1.2　事件处理接口及事件类

实现事件处理的关键在于找到针对该事件的方法，补充好方法体。Java 提供了事件处理类和事件处理接口，它们内部包含的方法是一样的，不同之处在于：

（1）事件处理类中的方法有方法体，方法体中无内容；事件处理接口中的方法都是抽象方法。

（2）要使用事件处理类必须继承它，Java 中只能单继承；使用事件处理接口必须实现它，Java 中可以实现多个接口，但必须把所有抽象方法都补充好方法体（即使不用也要补充一对大括号作为完整的方法体）。

掌握事件处理接口的使用也是大部分 GUI 编程所提倡的。表 11-1 列出了常用的事件处理接口，并说明了它们对应的事件类型。

表 11-1　常用的事件处理接口及说明

事件处理接口	对应事件
ActionListener	单击按钮、菜单，双击列表
ComponentListener	控件状态改变
ContainerListener	控件加入或删除
ItemListener	复选框、列表、复选菜单事件
KeyListener	键盘输入
MouseListener	鼠标输入
MouseMotionListener	鼠标拖曳
TextListener	文本区文本改变
WindowListener	Window 状态改变

每个事件处理接口内都有若干方法，不同的方法针对着具体不同的事件。使用这些接口时要找对方法、补充方法体。事件发生时产生的事件对象会依照增加的监听传递到相应方法中，事件对象包含着事件的具体信息，在处理时也往往要使用到。

表 11-2 详细列出了不同事件的事件类、接口及接口内的方法，在完善 GUI 程序的功能时可参照此表进行代码的编写。

表 11-2　AWT 事件及监听接口

事件类别	接　口	方法及参数
ActionEvent	ActionListener	actionPerformed(ActionEvent)
ItemEvent	ItemListener	itemStateChanged(ItemEvent)
AdjustmentEvent	AdjustmentListener	adjustmentValueChanged(adjustmentEvent)
ComponentEvent	ComponentListener	componentHidden(ComponentEvent)
		componentMoved(ComponentEvent)
		componentResized(ComponentEvent)
		componentShown(ComponentEvent)

事件类别	接　口	方法及参数
MouseEvent	MouseListener	mouseClicked(MouseEvent)
		mouseEntered(MouseEvent)
		mouseExited(MouseEvent)
		mouseReleased(MouseEvent)
		mousePressed(MouseEvent)
MouseEvent	MouseMotionListener	mouseDragged(MouseEvent)
		mouseMoved(MouseEvent)
WindowEvent	WindowListener	windowActivated(WindowEvent)
		windowDeactivated(WindowEvent)
		windowOpened(WindowEvent)
		windowClosed(WindowEvent)
		windowClosing(WindowEvent)
		windowIconfied(WindowEvent)
		windowDeIconfied(WindowEvent)
KeyEvent	KeyListener	keyPressed(KeyEvent)
		keyReleased(KeyEvent)
		keyTyped(KeyEvent)
ContainerEvent	ContainerListener	componentAdded(containerEvent)
		componentRemoved(containerEvent)
TextEvent	TextListener	textValueChanged(TextEvent)
FocusEvent	FocusListener	focusGained(FocusEvent)
		focusLost(FocusEvent)

11.1.3　使用事件处理机制

使用 Java 的事件处理机制主要有三步：

（1）弄清事件源：谁出事儿了？

想让程序对用户的哪些操作做出反应？必须首先明确事件源。比如 OK 按钮、"退出"菜单项等。

（2）找对事件处理接口：谁负责？给他派任务。

看看 Java 规定这种事件由哪个接口负责处理，自定义一个类实现该接口。在专门处理该动作的方法中把事件该如何处理写清楚。

（3）给事件源增加事件监听：安排对这个有能力处理的人盯梢，随时行动。

用这个自定义类创建对象，给事件源增加事件监听。这样，事件源一旦有相应事件发生，能够立即通过该对象调用对应方法来处理。

使用事件处理机制三部曲：明确事件源、实现事件处理接口、增加事件监听。

图 11-2 中的 XXXListener 代表事件处理接口。Java 的不同事件处理接口名称都符合这个规律：XXX 根据具体内容而定，后面都是 Listener。添加事件监听的方法名称也类似，都是 addXXXListener()，XXX 处不同。

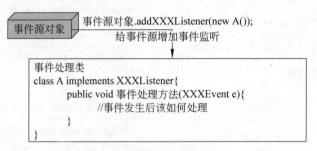

图 11-2　事件处理示意图

图 11-2 中 A 类实现了事件处理接口，给接口中的方法补充了方法体。事件源对象通过 addXXXListener(new A()) 方法增加了事件监听，这样当用户对事件源对象进行操作时，能够通过 A 类的对象立即找到事件处理方法，事件对象也会自动传入到该方法的参数表中。

使用 Java 事件处理机制的相关说明：

（1）一个事件源可以增加多个事件监听。

在增加多个事件监听时，每个监听对象使用实现了不同接口的类来创建。这样可以处理该事件源上有可能发生的不同类型事件。如：

```
obj.addActionListener(new A());
obj.addMouseListener(new B());
```

此处 A 类应该实现 ActionListener 接口，B 类实现 MouseListener 接口。在对象 obj 上发生的单击事件和鼠标事件都可以被处理。

（2）监听对象的不同写法。

若自定义事件处理类来实现接口，则增加事件监听时，监听对象应使用该类创建的对象；若当前类自己实现了接口，则给当前类的成员增加事件监听时，监听对象要写成 this。具体代码参见后续例子。

11.2　常用组件的事件处理

不同事件的处理接口、内部方法、事件类提供的内容都有所不同，下面学习常用组件的事件处理具体如何来实现。

11.2.1 按钮的单击事件处理

按钮的单击事件发生时会产生 ActionEvent 事件类对象,处理该事件的接口是 ActionListener,该接口仅包含一个 actionPerformed(ActionEvent e)方法。

实现按钮单击处理的步骤:

(1) 明确按钮对象。

(2) 自定义类实现 ActionListener 接口。

(3) 使用 addActionListener()方法给按钮对象添加事件监听。

在 GUI 编程中,同一个界面往往有多个按钮,每个按钮都可以响应单击事件,这种情况下需要对事件做进一步分析。ActionEvent 类代表按钮单击事件,该类的两个常用方法能够帮助我们得到事件的具体信息:

(1) getSource()方法得到发生单击事件的按钮对象。例如:

```
if(e.getSource==btnOK)                        //若被单击的是 btnOK 按钮对象
    //…
```

(2) getActionCommand()方法得到被单击按钮的文字。例如:

```
if(e.getActionCommand().equals("确定"))       //若被单击按钮文字为"确定"
    //…
```

例 11-2 单击不同按钮,改变窗体的背景色。

```
//MyFrame.java
import javax.swing.*;
import java.awt.event.*;
import java.awt.*;

public class MyFrame extends JFrame implements ActionListener{
    JButton btnYellow,btnGreen,btnWhite;
    JPanel pan=new JPanel();

    MyFrame(String s){
        super(s);
        setSize(200,200);
        this.setLocationRelativeTo(null);
        setContentPane(pan);

        btnYellow=new JButton("黄色");
        btnYellow.addActionListener(this);          //给按钮增加事件监听
        btnGreen=new JButton("绿色");
        btnGreen.addActionListener(this);           //增加事件监听
        btnWhite=new JButton("白色");
        btnWhite.addActionListener(this);           //增加事件监听
```

```
        pan.add(btnYellow);
        pan.add(btnGreen);
        pan.add(btnWhite);

        this.setDefaultCloseOperation(JFrame.DISPOSE_ON_CLOSE);
        setVisible(true);
    }

    //实现 ActionListener 接口中的 actionPerformed 方法
    public void actionPerformed(ActionEvent e){
        if(e.getSource()==btnYellow)                        //判断事件源
            pan.setBackground(Color.YELLOW);                //设置背景色
        if(e.getSource()==btnGreen)
            pan.setBackground(Color.GREEN);
        if(e.getSource()==btnWhite)
            pan.setBackground(Color.WHITE);
    }
}


//BtnEventDemo.java
public class BtnEventDemo {
    public static void main(String[] args){
        MyFrame frm=new MyFrame("按钮事件演示");
    }
}
```

程序运行结果如图 11-3 所示。

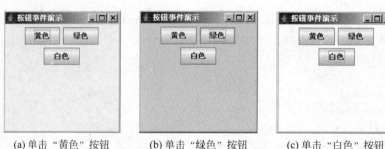

(a) 单击"黄色"按钮　　(b) 单击"绿色"按钮　　(c) 单击"白色"按钮

图 11-3　单击按钮改变窗体背景色

在本例中,字的自定义框架类实现了 ActionListener 接口,因此在其构造方法中创建按钮后,给按钮增加事件监听时使用的监听对象是"this":addActionListener(this)。

11.2.2　其他组件的事件处理

菜单项的单击事件和按钮相同,也是产生 ActionEvent 事件类对象,使用 ActionListener

接口中的 actionPerformed()方法进行处理。

例 11-3 使用菜单项实现对窗体背景色进行设置。

```java
//MenuFrame.java
import java.awt.event.*;
import javax.swing.*;
import java.awt.*;

public class MenuFrame extends JFrame implements ActionListener {

    JPanel pan=new JPanel();
    JMenuBar menubar=new JMenuBar();
    JMenu colorMenu;
    JMenuItem yellowItem,greenItem,whiteItem,exitItem;

    MenuFrame(String s){
        super(s);
        setSize(200,200);
        this.setLocationRelativeTo(null);
        setContentPane(pan);

        colorMenu=new JMenu("背景色");              //背景色菜单及菜单项创建
        yellowItem=new JMenuItem("黄色");
        greenItem=new JMenuItem("绿色");
        whiteItem=new JMenuItem("白色");
        exitItem=new JMenuItem("退出");

        setJMenuBar(menubar);                       //菜单条、菜单、菜单项的组合
        menubar.add(colorMenu);
        colorMenu.add(yellowItem);
        colorMenu.add(greenItem);
        colorMenu.add(whiteItem);
        colorMenu.add(exitItem);

        yellowItem.addActionListener(this);         //给菜单项添加事件监听
        greenItem.addActionListener(this);
        whiteItem.addActionListener(this);
        exitItem.addActionListener(this);

        this.setDefaultCloseOperation(JFrame.DISPOSE_ON_CLOSE);
        setVisible(true);
    }

    //实现 ActionListener 接口中的 actionPerformed 方法
```

```
public void actionPerformed(ActionEvent e){
    if(e.getSource()==yellowItem)              //判断事件源
        pan.setBackground(Color.YELLOW);       //设置背景色
    if(e.getSource()==greenItem)
        pan.setBackground(Color.GREEN);
    if(e.getSource()==whiteItem)
        pan.setBackground(Color.WHITE);
    if(e.getSource()==exitItem)
        System.exit(0);
    }
}


//MenuItemEventDemo.java
public class MenuItemEventDemo {
    public static void main(String[] args){
        MenuFrame frm=new MenuFrame("菜单项事件演示");
    }
}
```

程序运行结果如图 11-4 所示。

选择性组件(单选按钮、复选框、下拉列表)触发 ItemEvent 类事件,使用 ItemListener 接口,需实现该接口中的 itemStateChanged(ItemEvent e)方法。

例 11-4　选择下拉列表中的表情选项,在窗体中显示相应的表情小图标。

图 11-4　使用菜单项设置背景色

```
//MyFrame.java
import javax.swing.*;
import java.awt.event.*;

public class MyFrame extends JFrame implements ItemListener{

    JPanel pan;
    JComboBox cmb;
    JLabel labTips,labImage;                    //用于显示文字、小图标的标签
    Icon icon;                                  //引用图片的 Icon 对象
    //使用 String 数组存放表情小图标名称
    String images[]=
    {"China.png","Canada.png","Germany.png","France.png","Japan.png"};

    public MyFrame(String s){
        super(s);
        this.setSize(300,200);
        this.setLocationRelativeTo(null);
        pan=new JPanel();
```

```
        this.setContentPane(pan);

        cmb=new JComboBox();                    //创建组合框
        String country[]={"好开心","不高兴","充满爱","睡着了","微微笑"};
        for(int i=0;i<country.length;i++)   //循环将表情名称添加至组合框
            cmb.addItem(country[i]);
        cmb.addItemListener(this);           //给组合框增加事件监听

        labTips=new JLabel("请选择表情: ");    //文字标签
        icon=new ImageIcon(images[0]);          //引用表情小图标
        labImage=new JLabel(icon);              //带小图标的标签

        pan.add(labTips);
        pan.add(cmb);
        pan.add(labImage);

        this.setDefaultCloseOperation(JFrame.EXIT_ON_CLOSE);
        this.setVisible(true);
    }

    //实现 ItemListener 接口中的 itemStateChanged 方法
    public void itemStateChanged(ItemEvent e){
        int i=cmb.getSelectedIndex();
        icon=new ImageIcon(images[i]);
        labImage.setIcon(icon);
    }
}

//CMBEventDemo.java
public class CMBEventDemo {
    public static void main(String[] args){
        MyFrame frm=new MyFrame("下拉列表框事件演示");
    }
}
```

程序运行结果如图 11-5 所示。

(a) 选择"好开心"选项　　　　　　(b) 选择"睡着了"选项

图 11-5　选择下拉列表框中的表情选项显示相应的表情图片

不同组件的事件处理,其实现过程都是类似的。可以举一反三,参考前面的事件类别及处理接口列表进行程序编写。

11.3 窗口事件处理

打开、关闭、最小化一个窗口时会引发窗口事件 WindowEvent,处理窗口事件是通过在程序中实现 WindowListener 接口中的方法来完成的,如表 11-3 所示。

表 11-3　WindowListener 接口中的方法

WindowListener 接口中的方法	说　明
windowOpened(WindowEvent e)	打开窗口时
windowClosed(WindowEvent e)	关闭窗口时
windowClosing(WindowEvent e)	通过系统菜单关闭窗口
windowActivated(WindowEvent e)	激活窗口
windowDeactivated(WindowEvent e)	窗口不再活动
windowIconified(WindowEvent e)	从正常变到最小化
windowDeiconified(WindowEvent e)	从最小化变到正常

例 11-5　给框架添加窗口事件处理,每次重新激活窗口时改变背景色。

```
//EventFram.java
import javax.swing.*;
import java.awt.Color;
import java.awt.event.*;

public class EventFrame extends JFrame implements WindowListener {

    JPanel pan=new JPanel();
    Color c;
    int r=0,g=0,b=0;                        //构成不同颜色的三个参数

    EventFrame(String s){
        super(s);
        setSize(200,200);
        setLocationRelativeTo(null);
        setContentPane(pan);
        c=new Color(r,g,b);
        pan.setBackground(c);
        addWindowListener(this);            //给框架加上窗口事件监听
        setDefaultCloseOperation(JFrame.DISPOSE_ON_CLOSE);
        setVisible(true);
    }
```

```
//WindowListener 接口中的若干方法
public void windowOpened(WindowEvent arg0){   }
public void windowClosing(WindowEvent arg0){}
public void windowClosed(WindowEvent arg0){}
public void windowIconified(WindowEvent arg0){}
public void windowDeiconified(WindowEvent arg0){}
public void windowDeactivated(WindowEvent arg0){}


//WindowListener 接口中重新激活窗口时响应的方法
public void windowActivated(WindowEvent arg0){
    //构成颜色的三个参数在取值范围内各自以一定幅度循环变化
    r=(r+10)%256;
    g=(g+20)%256;
    b=(b+30)%256;
    c=new Color(r,g,b);                 //构成新的颜色
    pan.setBackground(c);               //设置新背景色
    }
}


//WinEventDemo.java
public class WinEventDemo {
    public static void main(String[] args){
        EventFrame frm=new EventFrame("窗口事件演示");


    }
}
```

程序运行结果如图 11-6 所示。

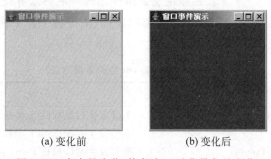

(a) 变化前   (b) 变化后

图 11-6 多次最小化、恢复窗口后背景色的变化

　　程序运行后,对产生的窗口反复进行最小化、恢复的操作,可以观察到每次重新恢复
窗口时其背景色都在发生变化。

　　在本例中,背景色的变化是通过调节 RGB 颜色三种成分的数值实现的。如红色成分
通过"r=(r+10)%256;"实现在 0～255 范围内循环每次增加 10。

11.4 鼠标事件处理

用户经常使用鼠标对窗口、各种组件进行操作,这些鼠标动作也可以被识别出来并加以处理。比如鼠标划过某个组件,在窗口中按住鼠标键进行拖曳等。

11.4.1 鼠标事件处理的实现

鼠标事件用 MouseEvent 类来描述,处理鼠标事件的接口有 MouseListener 和 MouseMotionListener,如表 11-4 和表 11-5 所示。

表 11-4 MouseListener 的 5 个方法

MouseListener 接口中的方法	说　明
Void mousePressed(MouseEvent e);	按下鼠标键时执行的方法
void mouseReleased(MouseEvent e);	释放鼠标键时执行的方法
void mouseClicked(MouseEvent e);	单击鼠标键时执行的方法
void mouseEntered(MouseEvent e);	鼠标进入当前窗口时执行的方法
void mouseExited(MouseEvent e);	鼠标退出当前窗口时执行的方法

表 11-5 MouseMotionListener 的两个方法

MouseMotionListener 接口中的方法	说　明
void mouseDragged(MouseEvent e);	按下鼠标键进行拖曳
void mouseMoved(MouseEvent e);	不按下鼠标键移动鼠标

注意:

(1) mouseMoved()方法仅当鼠标在组件内部移动时有效。

(2) mouseDragged()方法在鼠标拖曳出组件范围时也仍然有效。

鼠标事件发生时会产生 MouseEvent 类对象,该类提供了若干种方法,能够对事件做进一步详细分析,如表 11-6 所示。

表 11-6 MouseEvent 类的常用方法

MouseEvent 类常用方法	说　明
public int getX()	事件发生时鼠标的 X 坐标
public int getY()	事件发生时鼠标的 Y 坐标
public Point getPoint()	事件发生时以鼠标 Point 表示的坐标
public int getClickCount()	鼠标点击的次数,单击时返回1,双击时返回2

例 11-6 鼠标事件处理示例。

当鼠标移动进入窗体、移动出窗体、在窗体上单击鼠标键时,均能在窗体内显示相应动作的文字描述。

```
//MouseFrame.java
import java.awt.event.MouseEvent;
```

```java
import java.awt.event.MouseListener;
import javax.swing.*;

public class MouseFrame extends JFrame implements MouseListener {
    JPanel pan=new JPanel();
    JLabel lab;

    MouseFrame(String s){
        super(s);
        setSize(200,200);
        setLocationRelativeTo(null);
        setContentPane(pan);
        lab=new JLabel(" ",SwingConstants.CENTER);
        pan.add(lab);
        addMouseListener(this);                      //给当前窗口增加鼠标事件监听
        setDefaultCloseOperation(JFrame.DISPOSE_ON_CLOSE);
        setVisible(true);
    }

    //实现 MouseListener 接口中的若干种方法
    public void mouseClicked(MouseEvent e){          //鼠标单击
        int x=e.getX();                              //得到鼠标单击事件发生的 X 轴坐标位置
        int y=e.getY();                              //得到鼠标单击事件发生的 Y 轴坐标位置
        lab.setText("在 ("+x+","+y+")位置单击鼠标"); //设置标签文字
    }

    public void mousePressed(MouseEvent e){ }
    public void mouseReleased(MouseEvent e){ }

    public void mouseEntered(MouseEvent e){          //鼠标移入
        lab.setText("鼠标进入窗体");                 //设置标签文字
    }

    public void mouseExited(MouseEvent e){           //鼠标移出
        lab.setText("鼠标移出窗体");                 //设置标签文字
    }
}


//MouseEventDemo1.java
public class MouseEventDemo1{
    public static void main(String[] args){
        MouseFrame frm=new MouseFrame("鼠标事件演示");
    }
}
```

本例实现了三种不同的鼠标动作的响应,窗体内的标签会根据所发生的鼠标事件显示不同文字。程序运行结果如图 11-7 所示。

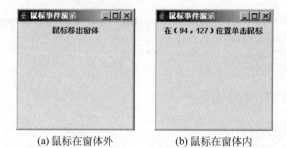

(a) 鼠标在窗体外　　　　　　　(b) 鼠标在窗体内

图 11-7　鼠标事件演示效果

11.4.2　鼠标指针的设置

在 GUI 编程中,还可以对鼠标指针进行设置。

设置鼠标指针的方法:

```
public void setCursor(Cursor cursor);
```

该方法是所有组件都具备的。

所设置的指针样式由参数 cursor 决定。该参数可通过如下两个方法获得:

```
Cursor.getDefaultCursor();              //获得默认的光标类型
Cursor.getPredefinedCursor(int type);   //获得由 type 指定的光标类型
```

第二个方法中的 type 参数表示指针样式,要使用 Cursor 类的静态常量。API 文档中有详细全面的指针样式常量表,其中较常用的如下:

(1) CROSSHAIR_CURSOR:十字光标。

(2) DEFAULT_CURSOR:默认光标(如没有定义光标,则获得该设置)。

(3) HAND_CURSOR:手状光标。

(4) MOVE_CURSOR:移动光标。

(5) TEXT_CURSOR:文字光标。

例如,要设置鼠标指针为默认指针,应写语句:

```
setCursor(Cursor.getDefaultCursor());
```

要设置双击鼠标时指针变为小手样式,单击鼠标时恢复默认样式,应在 MouseListener 接口的鼠标单击事件处理方法中进行代码编写:

```
public void mouseClicked(MouseEvent e){
    if(e.getClickCount()==2){
        setCursor(Cursor.getPredefinedCursor(Cursor.HAND_CURSOR));
    }
    else{
```

```
        setCursor(Cursor.getDefaultCursor());
    }
}
```

例 11-7 给例 11-6 增加功能。

鼠标移动到窗口内部时改变鼠标指针为十字光标,移出窗口时恢复默认光标。

```java
//MouseFrame.java
import java.awt.Cursor;
import java.awt.event.MouseEvent;
import java.awt.event.MouseMotionListener;
import java.awt.event.MouseListener;
import javax.swing.*;

public class MouseFrame extends JFrame implements MouseListener {

    JPanel pan=new JPanel();
    JLabel lab;

    MouseFrame(String s){
        super(s);
        setSize(200,200);
        setLocationRelativeTo(null);
        setContentPane(pan);
        lab=new JLabel(" ",SwingConstants.CENTER);
        pan.add(lab);
        addMouseListener(this);
        setDefaultCloseOperation(JFrame.DISPOSE_ON_CLOSE);
        setVisible(true);
    }

    public void mouseClicked(MouseEvent e){
        int x=e.getX();
        int y=e.getY();
        lab.setText("在("+x+","+y+")位置单击鼠标");
    }

    public void mousePressed(MouseEvent e){}
    public void mouseReleased(MouseEvent e){}

    public void mouseEntered(MouseEvent e){
        lab.setText("鼠标进入窗体");
        //设置鼠标指针为十字光标样式
        setCursor(Cursor.getPredefinedCursor(Cursor.CROSSHAIR_CURSOR));
    }
```

```
public void mouseExited(MouseEvent e){
    lab.setText("鼠标移出窗体");
    setCursor(Cursor.getDefaultCursor());          //设置为默认光标样式
    }

}

//MouseEventDemo2.java
public class MouseEventDemo2{
    public static void main(String[] args){
        MouseFrame frm=new MouseFrame("鼠标事件演示");
    }
}
```

11.5 键盘事件处理

按下、释放或敲击键盘上的键会产生键盘事件，GUI 编程可以对键盘事件进行处理。

11.5.1 键盘事件处理的实现

按下、释放或敲击键盘上的键会产生键盘事件 KeyEvent。JPanel 在获得焦点后就会响应键盘事件。处理键盘事件的接口是 KeyListener。

KeyListener 接口包含对应键盘事件的三个抽象方法，如表 11-7 所示。

表 11-7   KeyListener 接口的三个方法

KeyListener 接口的三个方法	说　明
void keyPressed(KeyEvent e)；	按下键时执行
void keyReleased(KeyEvent e)；	释放键时执行
void keyTyped(KeyEvent e)；	敲击键时执行

键盘事件发生时会产生 KeyEvent 类的对象，该类提供的方法能够对所发生的事件做进一步分析。如表 11-8 所示。

表 11-8   KeyEvent 类常用方法

KeyEvent 类常用方法	说　明
public int getKeyCode()	按下和释放键盘时
public char getKeyChar()	按下、释放和敲击时
public static String getKeyText(int keyCode)	返回 keyCode 对应的键的名称字符串

Java 明确区分按键的字符和虚拟键码。虚拟键码与键盘上的键一一对应，使用前缀 VK_表示，虚拟键码中没有单独的小写键。如表 11-9 所示。

表 11-9 按键的虚拟键码表

虚 拟 键 码	键盘上的键
VK_LBUTTON	鼠标左键
VK_RBUTTON	鼠标右键
VK_CANCEL	Ctrl＋Break(通常不需要处理)
VK_MBUTTON	鼠标中键
VK_BACK	Backspace
VK_TAB	Tab
VK_CLEAR	Num Lock 关闭时的数字键盘 5
VK_RETURN	Enter(或另一个)
VK_SHIFT	Shift(或另一个)
VK_CONTROL	Ctrl(或另一个)
VK_MENU	Alt(或另一个)
VK_PAUSE	Pause
VK_CAPITAL	CapsLock
VK_ESCAPE	Esc
VK_SPACE	Spacebar
VK_PRIOR	PageUp
VK_NEXT	PageDown
VK_END	End
VK_HOME	Home
VK_LEFT	左箭头
VK_UP	上箭头
VK_RIGHT	右箭头
VK_DOWN	下箭头
VK_SELECT	可选
VK_PRINT	可选
VK_EXECUTE	可选
VK_INSERT	Insert
VK_DELETE	Delete
VK_HELP	可选
VK_SNAPSHOT	PrintScreen
无	主键盘上的 0～9
无	A～Z
VK_NUMPAD0～VK_NUMPAD9	Num Lock 打开时数字键盘上的 0～9
VK_NULTIPLY	数字键盘上的"＊"
VK_ADD	数字键盘上的"＋"
VK_SEPARATOR	可选
VK_SUBTRACT	数字键盘上的"－"
VK_DECIMAL	数字键盘上的"．"
VK_DIVIDE	数字键盘上的"/"
VK_F1～VK_F24	功能键 F1～F24
VK_NUMLOCK	Num Lock
VK_SCROLL	Scroll Lock

在按键事件中,keyTyped()报告输入的字符,而 keyPressed()和 keyReleased()方法报告用户按下的实际键(虚拟键码)。

例如,以 Shift+a 的方式实现输入大写字母 A,则产生的按键事件:

(1) 按下 Shift 键——为 VK_SHIFT 调用 keyPressed()。

(2) 按下 a 键——为 VK_A 调用 keyPressed()。

(3) 输入 A——为'A'调用 keyTyped()。

(4) 释放 a 键——为 VK_A 调用 keyReleased()。

(5) 释放 Shift 键——为 VK_SHIFT 调用 keyReleased()。

例 11-8 给框架添加键盘事件监听,在控制台输出按键信息。

```java
//KeyEventFrame.java
import java.awt.event.KeyEvent;
import java.awt.event.KeyListener;
import javax.swing.*;

public class KeyEventFrame extends JFrame implements KeyListener {
    KeyEventFrame(String s){
        super(s);
        setSize(500,300);
        setLocationRelativeTo(null);
        addKeyListener(this);                    //给当前窗口增加键盘事件监听
        setDefaultCloseOperation(JFrame.DISPOSE_ON_CLOSE);
        setVisible(true);
    }

    //实现 KeyListener 接口的若干方法
    public void keyTyped(KeyEvent e){            //敲击按键
        System.out.println("keyTyped: "+e.getKeyChar());
    }

    public void keyPressed(KeyEvent e){          //按下按键
        System.out.println("keyPressed: "+e.getKeyText(e.getKeyCode()));
    }

    public void keyReleased(KeyEvent e){         //释放按键
        System.out.println("keyReleased:"+e.getKeyText(e.getKeyCode()));
    }
}

//KeyEventDemo1.java
public class KeyEventDemo1{
    public static void main(String[] args){
        KeyEventFrame frm=new KeyEventFrame("按键事件演示");
    }
}
```

本例程序运行结果：当窗体获得焦点，用户按下键盘时，控制台会输出相应的按键信息。可以以此观察按键事件响应的过程。

11.5.2　组合键事件的处理

复合键（快捷键）是使用键盘时常用的一种方式。GUI 编程提供两种处理复合键的方式。

（1）利用 getModifiers()方法的返回值处理复合键。

键盘事件 KeyEvent 类的 getModifiers()方法的返回值是 InputEvent 类的三个静态常量之一：ALT_MASK、CTRL_MASK 和 SHIFT_MASK。这三个值分别用来描述 Alt、Control、Shift 键是否被按下。

例如，判断按下 Ctrl＋C 组合键时逻辑表达式为：

```
if(e.getModifiers()==InputEvent.CTRL_MASK && e.getKeyCode()==KeyEvent.VK_C)
    //处理 Ctrl+C 组合键
```

（2）使用 isShiftDown()、isControlDown()、isAltDown()、isMetaDown()方法判断相关组合键是否被按下。

例如，判断按下 Ctrl＋C 组合键可表示为：

```
int keyCode=e.getKeyCode();
if(keyCode==KeyEvent.VK_C && e.isControlDown())
    //处理 Ctrl+C 组合键
```

例 11-9　组合键事件演示。

按住键盘上的 Ctrl 和向上箭头键，能够使按钮尺寸增大；按住键盘上的 Ctrl 和向下箭头键，能够使按钮尺寸减小。

```
//KeyEventFrame.java
import java.awt.event.KeyEvent;
import java.awt.event.KeyListener;
import javax.swing.*;;

public class KeyEventFrame extends JFrame implements KeyListener {
    JButton btn;

    KeyEventFrame(String s){
        super(s);
        setSize(500,300);
        setLocationRelativeTo(null);

        JPanel pane=(JPanel)this.getContentPane();
        pane.setLayout(null);                        //面板使用空布局
        btn=new JButton("OK");
        pane.add(btn);
```

```
        btn.setBounds(0,0,100,50);                    //设置按钮的位置和尺寸
        btn.addKeyListener(this);

        setDefaultCloseOperation(JFrame.DISPOSE_ON_CLOSE);
        setVisible(true);
    }

    public void keyPressed(KeyEvent e){
        int width=btn.getWidth();                      //得到按钮的宽
        int height=btn.getHeight();                    //得到按钮的高
        int keyCode=e.getKeyCode();                    //得到按键虚拟码
        if(keyCode==KeyEvent.VK_UP && e.isControlDown())     //Ctrl+UP 键
            btn.setSize(width+2,height+1);             //按钮尺寸宽度+2,高度+1
        if(keyCode==KeyEvent.VK_DOWN && e.isControlDown())   //Ctrl+Down 键
            btn.setSize(width-1,height-1);             //按钮尺寸宽度-1,高度-1
    }

    public void keyTyped(KeyEvent e){  }
    public void keyReleased(KeyEvent e){  }
}


//KeyEventDemo2.java
public class KeyEventDemo2 {
    public static void main(String[] args){
        KeyEventFrame frm=new KeyEventFrame("组合键演示");
    }
}
```

程序运行结果如图 11-8 所示。

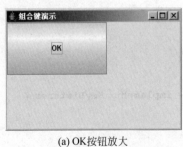 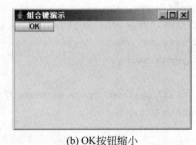

(a) OK按钮放大   (b) OK按钮缩小

图 11-8　Ctrl 键与上、下箭头键组合放大、缩小按钮

11.6　对话框的应用

对话框是 GUI 程序运行中经常使用的一种窗口界面,Java 提供了很多不同类型的对话框方便用户使用。

11.6.1　常用对话框类 JDialog

JDialog 代表最常用的对话框,它是一个容器,默认 BorderLayout 布局方式。

作为窗口容器,JDialog 与框架类有很多区别:

(1) 对话框必须依赖于某个窗口,不能作为独立程序运行。

(2) 对话框是放在屏幕上显示的,不允许将一个对话框添加到另一个容器中。

可以使用表 11-10 所示的构造方法来创建常用对话框。

表 11-10　JDialog 常用构造方法

常用构造方法	说　　明
JDialog()	创建一个没有标题并且没有指定 Frame 所有者的无模式对话框
JDialog(Dialog owner)	创建一个没有标题但将指定的 Dialog 作为其所有者的无模式对话框
JDialog(Dialog owner,String title)	创建一个具有指定标题和指定所有者对话框的无模式对话框
JDialog(Dialog owner, String title, boolean modal)	创建一个具有指定标题和指定所有者对话框的有模式或无模式对话框
JDialog(Frame owner)	创建一个没有标题但将指定的 Frame 作为其所有者的无模式对话框
JDialog(Frame owner,String title)	创建一个具有指定标题和指定所有者窗体的无模式对话框

JDialog 的常用成员方法有:

(1) getTitle():获取标题。

(2) setTitle(String title):设置标题。

(3) setJMenuBar(JMenuBar menu):添加菜单栏。

(4) setModal(Boolean modal):设置对话框的模式。

参数 modal 为 true 时,表示对话框运行时阻塞其他任务,在关闭对话框前不能激活其他窗口;参数为 false 时,表示对话框运行中可以在任意窗口间进行切换。

例 11-10　模式对话框演示。

```java
import javax.swing.*;
import java.awt.Color;

public class DialogDemo {
    public static void main(String[] args){
        JFrame frm=new JFrame();
        JDialog dlg1=new JDialog(frm,"Dialog 1",true);      //创建模式对话框 dlg1
        dlg1.setSize(300,300);
        dlg1.setLocation(0,0);
        dlg1.setVisible(true);

        JDialog dlg2=new JDialog(frm,"Dialog 2",true);      //创建模式对话框 dlg2
        dlg2.setSize(300,300);
```

```
            dlg2.setLocationRelativeTo(null);
            dlg2.setVisible(true);
        }
    }
```

本例先后创建了两个对话框,尺寸均为 300×300。创建时第三个参数为 true 表明它们是模式对话框,即运行对话框自身时阻塞其他任务的执行。程序运行后,首先显示第一个对话框,将其关闭后才能够看到第二个对话框也被创建了出来。

可以在 JDialog 对话框内放置一些组件,设计出所需要的不同功能对话框。

11.6.2　文件对话框类 JFileChooser

JFileChooser(文件对话框)为用户选择文件提供了一种简单的机制。文件对话框能够自动对应当前计算机的磁盘目录,得到打开或保存的文件的名称或所在的文件夹位置。要注意,JFileChooser 并非直接支持文件的打开或保存,相应功能要依赖输入输出流才能实现。

JFileChooser 对象的创建十分简单,使用无参或初始化标题栏文字的构造方法即可。文件对话框的使用关键在于显示对话框方法的使用。

显示文件对话框的方法:

(1) int showOpenDialog(Component parent):弹出一个"打开"文件选择器对话框。

(2) int showSaveDialog(Component parent):弹出一个"保存"文件选择器对话框。

(3) int showDialog(Component parent,String approveButtonText):弹出具有自定义按钮的自定义文件选择器对话框。

调用上述方法可以显示不同的文件对话框,它们的返回值代表着对话框关闭时用户的操作,返回值取值为下列常量:

(1) JFileChooser. CANCEL_OPTION:单击"取消"按钮。

(2) JFileChooser. APPROVE_OPTION:单击"确定"按钮。

(3) JFileCHooser. ERROR_OPTION:如果发生错误或者该对话框已被解除。

JFileChooser 的其他常用方法:

(1) setMultiSelectionEnabled(boolean b):设置文件选择器,以允许选择多个文件。

(2) File getSelectedFile():返回选中的文件。

(3) File[] getSelectedFiles():如果将文件选择器设置为允许选择多个文件,则返回选中文件的列表。

(4) setCurrentDirectory(File dir):设置当前目录。

JFileChooser 的使用,往往还要涉及文件类 java. io. File。File 类可以对应当前系统中的文件和目录。如 new File("D://")对应 D 盘根目录,new File(". ") 对应当前工程目录。

例 11-11　文件对话框使用演示。

编写程序,在框架上添加菜单,对其中的"打开"和"保存"菜单项增加事件处理,使用文件对话框得到选中的多个文件,在窗口中显示这些文件名称,如图 11-9 所示。

```
//MyFrame.java
import javax.swing.*;
```

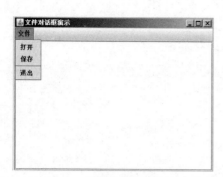

(a) 文件菜单

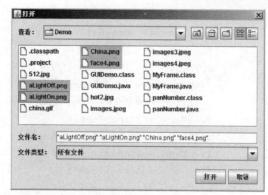

(b) 选中4个文件

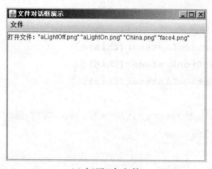

(c) 打开4个文件

图 11-9　使用文件对话框选中多个文件

```java
import java.awt.event.*;
import java.io.File;

public class MyFrame extends JFrame implements ActionListener{
    JScrollPane scroll;
    JTextArea txa;
    JMenuBar menubar;
    JMenu fileMenu;
    JMenuItem openItem,saveItem,exitItem;

    public MyFrame(String s){
        super(s);
        this.setSize(400,300);
        this.setLocationRelativeTo(null);

        //带滚动条的不可编辑文本区,放在窗体中
        txa=new JTextArea();
        txa.setEditable(false);
        scroll=new JScrollPane(txa);
        this.setContentPane(scroll);
```

```java
//菜单的组建和放置
menubar=new JMenuBar();
fileMenu=new JMenu("文件");
openItem=new JMenuItem("打开");
saveItem=new JMenuItem("保存");
exitItem=new JMenuItem("退出");
fileMenu.add(openItem);
fileMenu.add(saveItem);
fileMenu.addSeparator();
fileMenu.add(exitItem);
menubar.add(fileMenu);
this.setJMenuBar(menubar);

//菜单项添加事件监听
openItem.addActionListener(this);
saveItem.addActionListener(this);
exitItem.addActionListener(this);

this.setDefaultCloseOperation(JFrame.EXIT_ON_CLOSE);
this.setVisible(true);
}

//实现 ActionListener 接口的 actionPerformed 方法
public void actionPerformed(ActionEvent e){
    if(e.getSource()==exitItem)
        System.exit(0);
    if(e.getSource()==openItem){
        JFileChooser chooser=new JFileChooser();          //创建文件对话框
        chooser.setCurrentDirectory(new File("."));       //路径为当前工程目录
        chooser.setMultiSelectionEnabled(true);           //设置为多选
        //显示"打开"文件对话框,返回用户操作
        int result=chooser.showOpenDialog(null);
        if(result==JFileChooser.APPROVE_OPTION){          //若用户单击"打开"按钮
            txa.append("打开文件: ");
            File files[]=chooser.getSelectedFiles();      //得到所选文件名称
            for(int i=0;i<files.length;i++)               //在文本区中显示文件名
                txa.append("\""+files[i].getName()+"\" ");
            txa.append("\n");
        }
    }
    if(e.getSource()==saveItem){
        JFileChooser chooser=new JFileChooser();          //创建文件对话框
        chooser.setCurrentDirectory(new File("."));       //路径为当前工程目录
        //显示"保存"文件对话框,返回用户操作
        int result=chooser.showSaveDialog(null);
        if(result==JFileChooser.APPROVE_OPTION){          //若用户单击"保存"按钮
```

```
            String str=chooser.getSelectedFile().getName();
            txa.append("保存文件：\""+str+"\"");
        }
    }
}
```

```
//FileDialogDemo.java
public class FileDialogDemo {
    public static void main(String[] args){
        MyFrame frm=new MyFrame("文件对话框演示");
    }
}
```

11.6.3　颜色对话框类 JColorChooser

颜色对话框类 JColorChooser 提供一个用于允许用户操作和选择颜色的控制器窗格。使用该类的静态方法 showDialog()可以创建一个模式颜色对话框,在对话框消失前,它阻塞其他任务的执行。方法原型为:

```
Public static Color showDialog(Component component,
                               String title,
                               Color initialColor);
```

参数说明:

(1) component:对话框的父 Component。

(2) title:包含对话框标题的 String。

(3) initialColor:显示颜色选取器时的初始 Color 设置。

该方法返回所选颜色。如果用户退出,则返回 null。

例 11-12　颜色对话框类示例,选择颜色,更改窗体背景色。

```
//MyFrame.java
import javax.swing.*;
import java.awt.event.*;
import java.awt.Color;

public class MyFrame extends JFrame implements ActionListener{
    JButton btnColor;
    JPanel pan=new JPanel();

    MyFrame(String s){
        super(s);
        setSize(250,300);
        this.setLocationRelativeTo(null);
```

```
            setContentPane(pan);

            btnColor=new JButton("背景色");
            btnColor.addActionListener(this);
            pan.add(btnColor);

            this.setDefaultCloseOperation(JFrame.DISPOSE_ON_CLOSE);
            setVisible(true);
        }

        public void actionPerformed(ActionEvent e){
            JColorChooser chooser=new JColorChooser();            //创建颜色对话框
            //显示颜色对话框,默认选中白色,得到用户所选颜色
            Color color=chooser.showDialog(null,"调色板",Color.WHITE);
            if(color !=null)                                       //若返回颜色不为空
                pan.setBackground(color);                          //设置面板背景色
        }
    }

//ColorDialogDemo.java
public class ColorDialogDemo {
    public static void main(String[] args){
        MyFrame frm=new MyFrame("颜色对话框演示");
    }
}
```

程序运行后,单击窗体上的按钮,弹出颜色对话框。在其上选中的颜色会设置为窗体的背景色。程序运行结果如图 11-10 所示。

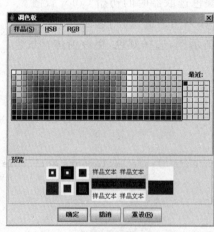

(a) 背景色设置前   (b) 颜色对话框   (c) 背景色设置后

图 11-10   更改窗体背景色

实验与训练

1. 编写程序,能够在窗体内显示被单击按钮的信息。程序运行结果如图 11-11 所示。

(a) 单击OK按钮前　　　　　　(b) 单击OK按钮后

图 11-11　第 1 题程序运行结果

2. 编写程序,实现如图 11-12 所示界面,当用户在文本框中输入内容后,单击不同的按钮,能够把文本框中的内容粘贴到文本区中。"重置"按钮实现将文本框和文本区中的内容清空。界面上的文本区只能显示内容,不能让用户输入文本。

提示:得到文本框中的文本、得到选中的文本、设置文本区中的文本、附加文本等,设置文本区不可用等,JTextField 和 JTextArea 类均有相应方法实现。

3. 模仿例 11-6,实现在窗体内移动鼠标时,能够实时显示鼠标指针的坐标位置,如图 11-13 所示。

图 11-12　第 2 题程序运行结果　　　　　图 11-13　第 3 题程序运行结果

4. 参考例 11-8,编写程序,给界面上的文本框增加键盘事件处理,当在文本框中输入内容时,界面上不可编辑的文本区显示相应的按键信息。如图 11-14 所示。

实现原理:在键盘事件接口的三个方法中均得到按键码,再根据按键码转换为按键信息,增加到文本区中显示。

```
e.getKeyText(e.getKeyCode())
```

提示：最好使用带滚动窗格的文本区。输出按键信息的同时还输出方法名称，以方便观察按键事件处理的先后顺序。

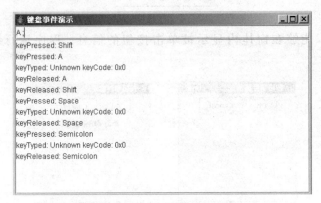

图 11-14　第 4 题程序运行结果

5. 编写程序，实现使用键盘上的上下左右箭头控制界面上图片的移动。移动到边界时从界面另一侧出现。移动过程中显示另一个图片，停止时恢复原来的图片，如图 11-15 所示。

　　　　(a)图片停止移动　　　　　　　　　　　(b)图片移动过程中

图 11-15　第 5 题程序运行结果

6. 编写程序，在界面上放置若干按钮，面板使用网格布局，要求有 15 像素的水平垂直间隔。使用弹出式菜单，单击菜单项时弹出颜色对话框，对相应的控件进行背景色设置，如图 11-16 所示。

提示：

(1) 需要给框架、按钮响应鼠标按下事件处理；

(2) 需要给菜单项响应单击事件处理；

(3) 弹出式菜单 JPopupMenu 在创建时通常不给参数，大多由单击鼠标右键触发。

(4) 使用 add()方法给弹出式菜单添加菜单项。

(5) 在 mouseReleased()方法中通过 e.isPopupTrigger()方法判断是否右键按下触发弹出式菜单。使用 public void show(Component c,int x,int y)方法显示菜单。如：

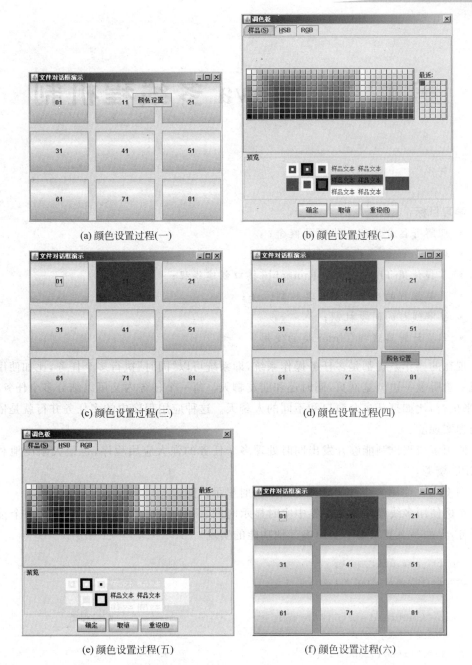

(a) 颜色设置过程(一) (b) 颜色设置过程(二)

(c) 颜色设置过程(三) (d) 颜色设置过程(四)

(e) 颜色设置过程(五) (f) 颜色设置过程(六)

图 11-16 第 6 题程序运行结果

```
public void mouseReleased(MouseEvent e){
    int x=e.getX();
    int y=e.getY();
    if(e.isPopupTrigger())
        popup.show(this,x,y);
    }
```

第 12 章　Java 多线程机制

学习目标：

- 理解并区分进程和线程的概念；
- 理解 Java 的多线程机制；
- 掌握使用 Thread 类和 Runnable 接口创建线程；
- 了解线程的生命周期及其控制方法；
- 了解线程的同步机制；
- 掌握计时器线程 Timer 类的使用。

现在的操作系统都是多任务操作系统，即系统可以"同时"执行多个任务，比如使用计算机一边听歌一边浏览网页，同时还和朋友聊天。每一个任务内又可以细分多个任务"同时"来执行，比如打开多个窗口和不同的人聊天。这种应用程序内的多任务并行就是依靠多线程实现的。

使用多线程机制能够开发出同时处理多个任务的强大应用程序，也最大限度地利用了 CPU 资源。

例 12-1　使用多线程实现在标签中实时显示时间。

本例使用多线程实现在标签中实时显示时间，每秒更新。该时间的显示是一个独立的任务，界面多么复杂都不会影响其他功能的实现。

```java
import java.util.Date;
import javax.swing.*;

class TimeThread extends Thread{                          //线程类
    JLabel lab;
    TimeThread(JLabel l){
        lab=l;
    }
    public void run(){
        Date date;
        String str;
        try{
            while(true){
                date=new Date();                         //获取时间
```

```
            str=date.toString().substring(11,19);      //得到时间字符串
            sleep(1000);                                //休眠 1000ms
            lab.setText(str);                           //给标签设置文本内容
        }
    }
    catch(Exception e){
        System.out.println(e.toString());
    }
    }
}

public class Demo{
    public static void main(String[] args){
        JFrame frm=new JFrame("显示时间框架");
        frm.setSize(300,100);
        frm.setLocationRelativeTo(null);

        JLabel lab=new JLabel();
        TimeThread time=new TimeThread(lab);
        time.start();

        frm.getContentPane().add(lab);
        frm.setDefaultCloseOperation(JFrame.DISPOSE_ON_CLOSE);
        frm.setVisible(true);
    }
}
```

程序运行结果如图 12-1 所示。

图 12-1　例 12-1 程序运行结果

12.1　多线程机制

要了解 Java 多线程机制,首先要明白进程、线程的概念及系统资源的分配。

12.1.1　进程与线程

一般来说,运行一个应用程序的时候就启动了一个进程。进程是应用程序的一次动态执行,可以简单地理解为它是操作系统当前运行的执行程序。

每一个进程既包括所要执行的指令,也包括执行指令所需的任何系统资源,如 CPU、内存空间、I/O 端口等。启动进程的时候,操作系统会为进程分配资源,其中最主要的资

源是内存空间。不同进程所占用的系统资源相对独立。

线程是在进程下能够独立运行的更小的单位,每个线程代表一个工作任务,同样由顺序、选择、循环3种控制语句来实现相应的功能。线程隶属于某个进程,它自身没有入口和出口,也不能自动运行,要由进程启动执行,进行控制。

在系统资源的使用上,属于同一进程的所有线程共享该进程的系统资源。

12.1.2 多线程机制

操作系统支持多个进程并发执行,比如使用计算机一边听歌一边浏览网页,同时还和朋友聊天。程序的多线程实现了进程内多任务的并发执行,比如使用聊天工具同时打开多个窗口和不同的人聊天。多线程其实就是一个进程在执行过程中产生了多个线程,每个独立线程代表一个独立操作。

不同的进程因为处于不同的内存块,因此进程之间的通信相对困难。对于一个进程中的多个线程来说,多个线程共享这个进程的系统资源。因此,线程间的通信很容易,速度也很快。

一般常见的 Java 应用程序都是单线程的。程序启动时由入口点 main()方法开始执行,这样就产生了一个线程,这个线程称为主线程。当 main 方法结束后,主线程运行完成。如果在 main()方法中又创建了其他线程就构成了多线程,多线程并发执行,即使 main()方法执行完毕主线程结束,程序也不一定结束,要等到所有线程都结束后应用程序才结束。

多线程并发执行是依靠系统快速地在线程之间轮换分配 CPU 资源实现的。Java 程序的运行平台分时间片段轮流获得 CPU 资源,在分配到的时间片段内根据线程的优先级别来分配 CPU 的使用权。也就是说,在每一个瞬时,CPU 实际上还是只能执行一个任务,但是线程之间切换的速度非常快,每个线程执行的时间片段通常是毫秒级别的,基本上感觉不到它们是在轮流执行。这就像要求你左手画圆,右手画方,要想真的同时画出来是不可能的,因为一心不能二用。但如果左手画一点圆,右手再画一点方,每次画的不多但控制双手快速地切换,这样的快动作看起来就真的实现了左右"同时"画图。因此,多线程其实是操作系统给人的一种宏观感受,从微观角度看,程序的运行是异步执行的。

12.2 线程的创建

Java 中的多线程是建立在 Thread 类,Runnable 接口的基础上的。通常有两种办法创建一个新的线程:

(1) 创建一个 Thread 类,或者一个 Thread 子类的对象。

(2) 创建一个实现 Runnable 接口的类的对象。

12.2.1 使用 Thread 类

java.lang 包提供的 Thread 类是专门的线程类,该类提供了诸多线程相关的处理方法,其中的 public void run()方法称为线程体,是整个线程的核心,线程所要完成的任务就定义在其中,实际上不同功能的线程之间的区别就在于它们线程体的不同。

通常使用 Thread 类的子类来创建线程,在子类中要重写 run()方法以明确线程的工作任务。线程的启动通过 start()方法来完成。

例 12-2 使用 Thread 的子类创建线程。

定义两个 Thread 子类,一个用来每次输出数字,一个用来每次输出字母。创建线程,并启动运行。

```java
//RunTest.java
public class RunTest {
    public static void main(String[] args){
        NumThread thread1=new NumThread();               //创建数字线程
        LetterThread thread2=new LetterThread();         //创建字母线程
        thread1.start();                                 //启动线程
        thread2.start();                                 //启动线程
    }
}


class NumThread extends Thread{
    public void run(){                          //重写 Thread 的 run 方法定义线程任务
        for(int i=1;i<=5;i++){                            //循环输出数字 1~5
        System.out.println("NumThread: "+i);
        try{
            sleep(50);                                   //每次输出后休眠 50ms
        }
        catch(InterruptedException e){
            System.out.println(e.getMessage());
        }
        }
    }
}


class LetterThread extends Thread{
    public void run(){                          //重写 Thread 的 run 方法定义线程任务
        for(char ch='a';ch<='e';ch++){                   //循环输出字母 a~e
        System.out.println("LetterThread: "+ch);
        try{
            sleep(50);                                   //每次输出后休眠 50ms
        }
        catch(InterruptedException e){
            System.out.println(e.getMessage());
        }
        }
    }
}
```

程序运行结果如下：

```
NumThread: 1
LetterThread: a
NumThread: 2
LetterThread: b
NumThread: 3
LetterThread: c
NumThread: 4
LetterThread: d
NumThread: 5
LetterThread: e
```

在本例中，NumThread 类和 LetterThread 类都是 Thread 的子类，分别重写了 run()方法，一个循环输出数字 1~26，一个循环输出字母'a'~'z'。在循环结构中，输出语句的后面有 sleep(50)这样一个方法调用，表示休眠 50ms。

sleep()方法也是 Thread 类所提供的，能够控制线程暂时放弃 CPU 资源，以参数毫秒级别时间进行休眠。在休眠期间 CPU 资源将被其他线程抢占使用。该方法抛出 InterruptedException 异常，因此必须使用异常处理结构。

程序执行时两个线程对象均被创建，通过 start()方法各自启动，执行 run()方法。循环语句中，休眠使得自己的任务暂停，CPU 资源让出，因此两个线程在交替进行。

注意：线程在每次循环时要重新抢占 CPU 资源，因此每次运行该程序的结果可能不同。

12.2.2　使用 Runnable 接口

定义一个实现了 Runnable 接口的类，可以进而利用 Thread 类的 Thread(Runnable target)构造方法来创建线程对象。

java.lang 包提供的 Runnable 接口只有一个 run()方法，也就是线程体，该方法在运行时被系统识别并调用。一个实现了 Runnable 接口的类相当于定义了线程的工作任务，使用该类的实例去创建 Thread 对象即创建了独立的线程对象。

由于 Java 不能支持多重继承，因此通常都用实现 Runnable 接口的方式生成新线程，它比扩展 Thread 类的方法更方便。

例 12-3　使用 Runnable 接口，实现例 12-2 同样的功能。

```java
//RunTest2.java
public class RunTest2 {
    public static void main(String[] args){
        //用实现了 Runnable 接口的自定义类对象初始化线程
        Thread thread1=new Thread(new NumThread());
        Thread thread2=new Thread(new LetterThread());
        //启动线程
        thread1.start();
```

```
        thread2.start();
    }
}

class NumThread implements Runnable {
    public void run(){                          //实现 Runnable 接口的 run 方法
        for(int i=1;i<=5;i++){
            System.out.println("NumThread: "+i);
            try{
                Thread.sleep(50);
            }
            catch(InterruptedException e){
                System.out.println(e.getMessage());
            }
        }
    }
}

class LetterThread implements Runnable{
    public void run(){                          //实现 Runnable 接口的 run 方法
        for(char ch='a';ch<='e';ch++){
            System.out.println("LetterThread: "+ch);
            try{
                Thread.sleep(50);
            }
            catch(InterruptedException e){
                System.out.println(e.getMessage());
            }
        }
    }
}
```

程序的功能和运行结果与例 12-2 相同。

在本例中,自定义的两个类实现了 Runnable 接口,定义了线程体。由于不再继承 Thread 类,因此 sleep()方法不能直接调用,要通过类的名称来引用。使用 Thread 类创建线程,其参数是自定义类对象。这样的线程启动后会自动找到自定义类中的 run()方法来执行。

12.3 线程的生命周期及控制

每一个线程都具备自己的生命周期,在生命周期中可能出现不同的状态,使用 Thread 类提供不同的方法可以对线程的执行和状态进行控制。

12.3.1 线程的生命周期和状态

线程从创建到消亡,一个完整的生命周期内要经历4种不同的状态:

(1) 新建状态(New):新创建了一个线程对象。

(2) 运行状态(Runnable):创建线程对象并调用其 start()方法后,该线程位于可运行线程池中,变得可运行,等待获取 CPU 的使用权。就绪状态的线程获取了 CPU,就会调用 run()方法执行程序代码。

(3) 阻塞状态(Blocked):阻塞状态是线程因为某种原因放弃 CPU 使用权,暂时停止运行。直到线程进入就绪状态,才有机会转到运行状态。阻塞的情况分为等待阻塞、同步阻塞和其他阻塞。

(4) 终止状态(Dead):线程执行结束或者因异常退出了 run()方法,该线程结束生命周期,进入终止状态。

线程终止后不能重新启动。若希望再次执行其线程体,需要重新创建该线程并启动。

12.3.2 多线程的基本控制及方法

除系统根据线程的优先级别和资源情况对线程进行处理外,也可以调用相应的方法对线程进行控制,使其从一种状态转入另一种状态,如图 12-2 所示。

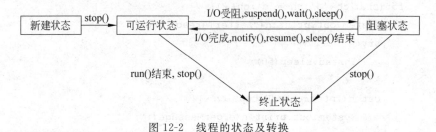

图 12-2　线程的状态及转换

Thread 的主要方法有 34 个,其中 5 个已不再使用了。和状态相关的几个常用方法介绍如下:

(1) 线程睡眠:Thread. sleep(long millis)方法,使线程转到阻塞状态。millis 参数设定睡眠的时间,以毫秒为单位。当睡眠结束后,就转为就绪(Runnable)状态。sleep()方法平台移植性好。

(2) 线程等待:Object 类中的 wait()方法,会导致当前的线程等待,直到其他线程调用此对象的 notify()方法或 notifyAll()方法唤醒。

(3) 线程让步:Thread. yield()方法,暂停当前正在执行的线程对象,把执行机会让给相同或者更高优先级的线程。

(4) 线程加入:join()方法,等待其他线程终止。在当前线程中调用另一个线程的 join()方法,则当前线程转入阻塞状态,直到另一个进程运行结束,当前线程再由阻塞转为就绪状态。

(5) 线程唤醒:Object 类中的 notify()方法,唤醒在此对象监视器上等待的单个线程。线程通过调用其中一个 wait 方法,在对象的监视器上等待。类似的方法还有一个 notifyAll(),唤醒在此对象监视器上等待的所有线程。

注意:Thread 中 suspend()和 resume()两个方法在 JDK 1.5 中已经废除,不再介绍。

其他与线程属性相关的方法主要有:

(1) static Thread currentThread():返回对当前正在执行的线程对象的引用。

(2) String getName():返回该线程的名称。

(3) int getPriority():返回线程的优先级。

(4) Thread. State getState():返回该线程的状态。

(5) void interrupt():中断线程。

(6) boolean isAlive():测试线程是否处于活动状态。

(7) boolean isInterrupted():测试线程是否已经中断。

(8) void run():如果该线程是使用独立的 Runnable 运行对象构造的,则调用该 Runnable 对象的 run 方法;否则,该方法不执行任何操作并返回。

(9) void setName(String name):改变线程名称,使之与参数 name 相同。

(10) void setPriority(int newPriority):更改线程的优先级。

(11) static void sleep(long millis):在指定的毫秒数内让当前正在执行的线程休眠(暂停执行)。

(12) static void sleep(long millis,int nanos):在指定的毫秒数加指定的纳秒数内让当前正在执行的线程休眠(暂停执行)。

(13) void start():使该线程开始执行,Java 虚拟机调用该线程的 run 方法。

12.4　线程的同步机制

线程同步问题是指几个线程需要共享一些资源对象,各个线程之间经常轮流交替使用这些资源,如果不协调这些操作就不能保证运行结果的正确。

线程同步机制就是要确保共享的资源只有在一个线程使用结束后才能交给另一个线程使用。通过关键字 synchronized 修饰使用资源的方法可以实现这一点。

当一个线程 A 使用一个 synchronized 修饰的方法时,其他线程想使用这个方法时就必须等待,直到线程 A 使用完该方法(除非线程 A 使用 wait 主动让出 CUP 资源)。

一个线程在使用的同步方法中,会根据问题的需要使用 wait()方法使线程等待,使用 notify()方法将线程唤醒。

12.5　计时器 Timer 类

javax. swing 包提供了一个 Timer 类,可以方便地控制某些操作周期性地执行。

计时器的使用,关键在于通过 Timer 类的构造方法 Timer(int a,Object b)创建一个计时器对象。其中参数 a 的单位是毫秒,确定计时器每隔 a 毫秒"震铃"一次,参数 b 是计时器的监视器。计时器发生震铃事件是 ActionEvent 事件,参数 b 应该是一个实现了 ActionListener 接口的类的对象。

计时器对象并不震动并发出铃声,这里所说的"震铃"是指发生了事件,要进行事件处理。创建的计时器相当于规定每隔 a 毫秒调用一次 b 的 actionPerformed()方法。

还可以通过 Timer 类的其他成员方法对计时器进行设置:

(1) setReapeats(boolean b)方法:设置事件是否只触发一次。

(2) setInitialDelay(int delay)方法:设置首次触发的延时。

(3) start()方法:启动计时器,即启动线程。

(4) stop()方法:停止计时器,即挂起线程。

(5) restart()方法:重新启动计时器,即恢复线程。

例 12-4　Timer 的使用。

单击窗口上的按钮,实现显示时间、暂停显示、继续显示时间的功能。

```
//TimeFrame.java
import java.awt.event.*;
import java.awt.*;
import java.util.Date;
import javax.swing.*;


public class TimeFrame extends JFrame implements ActionListener
{
    JPanel pan;
    JTextField text;
    JButton bStart,bStop,bContinue;
    Timer time;                                    //声明计时器对象
    TimeFrame(String s){
        super(s);
        this.setSize(300,100);
        this.setLocationRelativeTo(null);

        pan=new JPanel();
        text=new JTextField(10);
        bStart=new JButton("开始显示");
        bStop=new JButton("暂停时间");
        bContinue=new JButton("继续显示");
        pan.add(bStart);
        pan.add(bStop);
        pan.add(bContinue);
        pan.add(text);
        this.setContentPane(pan);
```

```
        bStart.addActionListener(this);
        bStop.addActionListener(this);
        bContinue.addActionListener(this);

        time=new Timer(1000,this);          //每隔 1s 调用 1 次 actionPerformed()方法

        setVisible(true);
        setDefaultCloseOperation(JFrame.EXIT_ON_CLOSE);
    }

    public void actionPerformed(ActionEvent e){
        if(e.getSource()==time){                        //若是计时器事件
            Date date=new Date();                       //获取系统当前新时间
            String str=date.toString().substring(11,19); //截取时间字符串
            text.setText("时间: "+str);                  //将时间显示在文本框中
        }
        else if(e.getSource()==bStart){                 //若是开始按钮单击事件
            time.start();                               //计时器开始
        }
        else if(e.getSource()==bStop){                  //若是暂停按钮单击事件
            time.stop();                                //计时器停止
        }
        else if(e.getSource()==bContinue){              //若是继续按钮单击事件
            time.restart();                             //计时器重新开始
        }
    }
}


//TimerTest.java
public class TimerTest {
    public static void main(String[] args){
        new TimeFrame("计时器");
    }
}
```

图 12-3 Timer 类的使用

程序运行结果如图 12-3 所示。

在本例中，Timer 对象设置了每隔一秒获取系统时间并显示在文本框中的功能。由于计时器和界面上的按钮使用同一个监听器，都是由自定义框架类实现的actionPerformed()方法处理事件，因此该方法中对事件源进行了判断，以区分不同的执行内容。

程序运行后，单击"开始显示"按钮，文本框中会出现系统时间，并每秒更新；单击"暂停时间"按钮，文本框中事件暂停；单击"继续显示"按钮，文本框中重新获取事件并显示、更新。

实 验 与 训 练

1. 使用 Thread 类的子类实现线程,其功能为循环输出数字 0~9,每次随机休眠不到 10ms 的时间。在 main()方法中创建两个这样的线程,启动运行。所有线程开始、结束都要有相应的文字描述。

2. 使用 Runnable 接口实现线程,完成与第 1 题同样的功能。

第13章 综合实例
——计算器的设计

学习目标：
- 理解计算器的功能需求；
- 掌握计算器的概要设计；
- 分析计算器的详细设计；
- 掌握各功能类的结构和定义；
- 完成计算器的程序编写。

13.1 项目描述

这里的计算器能够对实数进行基本的算术运算（＋、－、＊、／），运算可连续进行，每步得出阶段性计算结果。计算器提供清空、退格、关闭的功能。

所有操作通过用户对界面上按钮的单击来实现。

最终程序运行结果如图 13-1 所示。

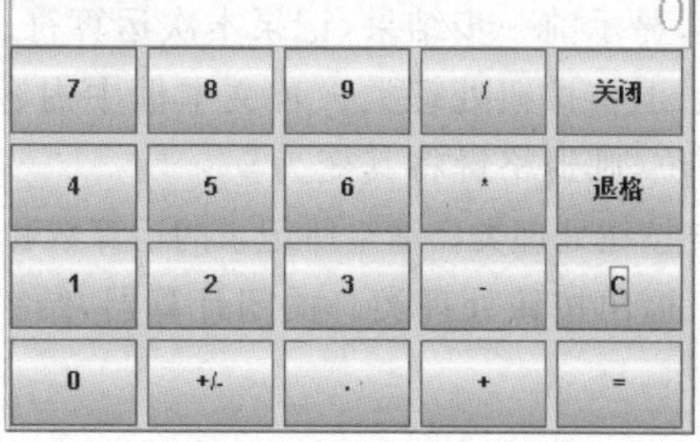

图 13-1 设计的计算器

13.2 需求分析

本计算器是 Java 语言编写的一个图形界面应用程序，其主要功能需求有：

（1）单击 0～9 数字按钮，在文本框中出现相应数字。

（2）单击小数点按钮"．"，可以设置文本框中数字的小数点，进而可以继续设置小数位数字。

（3）单击正负号按钮"＋／－"，可以设置文本框中数字的正负。

（4）单击运算按钮（＋、－、＊、／），可以选择要进行的运算，支持复杂表达式的连续运算（如 $1＋2＊3－4$）。

（5）单击等号按钮"＝"，得到计算结果并显示在文本框中。

（6）单击清空按钮"C"，能够清空计算，文本框中数值为 0。

（7）单击"退格"按钮，可以删除文本框中数字的最后一位。

（8）单击"关闭"按钮，可以退出程序。

13.3　概　要　设　计

本计算器包含 9 个源文件，分别是按照不同功能模块定义的类：

（1）MainFrame.java：主框架界面类。负责计算器界面的实现、事件监听结构的搭建，包含 main()方法，是程序运行的入口。

（2）HandleNumber.java：数字按钮处理类。单击数字显示在文本框中，判断用户的操作，控制文本框重新显示新数字或继续完成数字的输入。避免数字用 0 开头。

（3）HandlePoint.java：小数点按钮处理类。若当前状态为准备输入新数字，首先按了小数点键，认为是"0."；若数字中已有小数点，则重复单击无效；正常情况下，在文本框数字末尾增加小数点。

（4）HandleSign.java：正负号按钮处理类。若文本框中数字为正，将其变负；若数字为负，将其变正。

（5）HandleEql.java：等号按钮处理类。按前面用户单击的运算进行处理，得到结果显示在文本框中。

（6）HandleOP.java：运算按钮处理类。记录运算。若已有前面单击过的运算数和运算符，则处理前面的运算，显示前一步结果，记录本次运算符。

（7）HandleBack.java：退格按钮处理类。若文本框中内容尚可删除末位，则实现将其删除功能；若数值仅剩 1 位，则退格键将其变为 0。

（8）HandleC.java：清空按钮处理类。清空所记录的运算数和运算符，文本框中显示"0"。

（9）HandleExit.java：退出按钮处理类。关闭计算器，结束程序。

类的关系如图 13-2 所示。

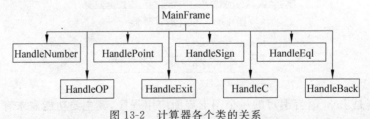

图 13-2　计算器各个类的关系

13.4 详 细 设 计

除计算器界面的实现外,还要根据单击的按钮和用户的操作实现计算器相应的功能。在每种功能处理中要考虑各种典型情况。

实现计算功能的关键在于:始终保持对两个运算数和一个运算符的记录。

用户可能会进行连续的运算操作或误单击、省略单击某些按钮,如:

(1) 进行"11＋2－3＊4＝"这样的表达式计算,每个运算要及时处理掉,始终保持两个运算数和一个运算符。

(2) 用户单击"1＋－＊3＝"这样的运算,应该按照"1＊3＝"进行处理。

(3) 用户单击"3＊＝"这样的运算,应该按照"3＊3＝"进行处理。

考虑到这些典型情况,就要在程序中提供用来保存运算数、运算符、最后一次单击内容的数据空间,并且这些记录是大部分类都要共同维护处理的。

在各不同按钮的功能实现中要注意和其他类的"沟通"。

13.4.1 主框架的设计和实现

主框架类 MainFrame 不仅用来设计、显示界面,还负责将其他功能类综合应用于界面,同时包含 main()方法作为程序的入口。

计算器界面主框架如图 13-3 所示。

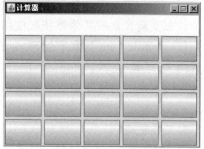

主框架继承自 javax. swing. JFrame 类,实现 ActionListener 接口。界面上使用了 swing 包提供的 JPanel 类、Jbutton 类和 JTextField 类。

界面使用两个面板将不同布局进行综合应用:与框架相关的面板采用 BorderLayout 布局,使用其 North(北部)放置文本框,使用其 Center (中部)放置按钮面板;按钮面板采用 GridLayout

图 13-3 计算器界面主框架

布局,划分 4 行 5 列,5 个像素的网格间隙,用来放置计算器的 20 个按钮。

除了界面设计外,MainFrame 还要负责记录用户操作过程中的两个运算数和一个运算符、保存用户最近一次单击的按钮、给各按钮增加事件监听、提供判断最近单击是否为运算符的方法、包含 main()方法。

MainFrame 类的类图如图 13-4 所示。

成员变量说明:

(1) contentPane 是与框架相关联的内容面板,采用 BorderLayout 布局。

(2) keyPane 是防止所有按钮的局部面板,采用 GridLayout(4,5,5,5)布局。

(3) txtShow 是现实数字的文本框,内容右对齐。

(4) btnNumber[]是按钮数组,数组元素分别代表了数字按钮 0~9。

(5) btnAdd 是加号按钮"＋"、btnSub 是减号按钮"－"、btnMul 是乘号按钮"＊"、

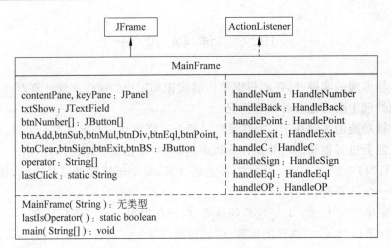

图 13-4　MainFrame 类的类图

btnDiv 是除号按钮"/"、btnEql 是等号按钮"="、btnPoint 是小数点按钮"."、btnClear 是清除按钮"C"、btnSign 是正负号按钮"＋/－"、btnExit 是"关闭"按钮、btnBS 是"退格"按钮。

（6）operator 是 String 数组，初始化赋值为{"0","",""}，各数组元素分别用来保存运算数 1、运算符、运算数 2。

（7）LastClick 是主框架类的静态字符串成员，用来实时保存用户最新单击的按钮。这个静态变量经常被其他类获取使用，以控制各不同情况下计算功能的实现。

（8）handleNum 是数字处理监听器、handleBack 是退格处理监听器、handlePoint 是小数点处理监听器、handleExit 是关闭处理监听器、handleC 是清除处理监听器、handleSign 是正负号处理监听器、handleEql 是等号处理监听器、handleOP 是计算处理监听器。

成员方法说明：

（1）MainFrame(String)是主框架类的构造方法，用来创建容器和组件、实现界面设计，并给按钮增加事件监听，显示界面。

（2）lastIsOperator()是用来对最近一次用户单击的按钮进行判断，若单击的是运算（＋、－、*、/），则返回 true，否则返回 false。

（3）main(String[])是应用程序运行的入口方法。

13.4.2　数字按钮

HandleNumber 类用来处理数字按钮 0～9 单击事件，该类实现了 ActionListener 接口，在 MainFrame 中被使用。其类图如图 13-5 所示。

成员变量说明：

txtShow 是一个 JTextField 对象，该成员变量仅被声明，不被创建。在构造方法中接收参数传递过来的文本框对象。其作用是引用计算器界面上的文本框，数字的处理直接反映到界面上。

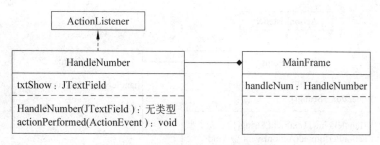

图 13-5 HandleNumber 类的类图

成员方法说明：

（1）HandleNumber(JTextField txt)是构造方法，MainFrame 中使用 HandleNumber 创建对象时将界面上的文本框对象传递给 HandleNumber 的成员变量文本框。

（2）actionPerformed(ActionEvent)是 ActionListener 接口中的方法。界面上的数字按钮增加本类事件监听器后，凡单击数字按钮就会调用此 actionPerformed()方法。该方法处理数字的显示，并记录当前单击的按钮内容。

对数字键的处理要遵循以下规则：若刚刚单击过运算符，则表示当前重新输入新数字，文本框中原有内容被覆盖；否则为首次运行或刚刚清空的状态。此时，若文本框中是"0"，则单击的数字覆盖文本框中的 0；否则单击的数字附加到文本框已有数字的末尾。

actionPerformed()关键代码：

```
if(MainFrame.lastIsOperator()){          //若刚刚单击过运算符
    txtShow.setText(num);                //文本框中重新显示单击数字
}
else{                                    //否则，即正在输入数字或清空、退格
    if(s.equals("0")){                   //若文本框中是 0
        txtShow.setText(num);            //则用单击数字覆盖文本框内容
    else
        txtShow.setText(s+num);          //否则在文本框内容后面附加单击数字
}
MainFrame.lastClick=e.getActionCommand();   //记录本次单击内容
```

13.4.3 小数点按钮

HandlePoint 类用来处理小数点按钮单击事件，该类实现了 ActionListener 接口，在 MainFrame 中被使用。其类图如图 13-6 所示。

成员变量说明：

（1）txtShow 是一个 JTextField 对象，该成员变量仅被声明，不被创建。在构造方法中接收参数传递过来的文本框对象。其作用是引用计算器界面上的文本框，小数点的处理直接反映到界面上。

（2）operator 是一个 String 数组，该数组被声明，不被创建。在构造方法中接收参数传递过来的 String 数组。其作用是引用 MainFrame 中保存的运算数和运算符，并根据用

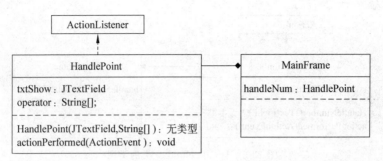

图 13-6   HandlePoint 类的类图

户的操作更新运算数。

成员方法说明：

（1）HandlePoint（JTextField txt，String［］ op）是构造方法，MainFrame 中使用 HandlePoint 创建对象时将界面上的文本框对象和主框架内部用于保存运算数和运算符的数组传递给 HandlePoint 的成员变量文本框和 String 数组 operator。

（2）actionPerformed（ActionEvent ）是 ActionListener 接口中的方法。界面上的小数点按钮增加本类事件监听器后，凡单击小数点按钮就会调用此 actionPerformed（）方法。该方法处理小数点的附加，并记录当前单击的按钮内容。

小数点按钮事件处理要遵循以下规则：若在输入新数字的情况下直接单击小数点按钮，则文本框显示"0."；若正在输入数字中，且文本框中现有数字无小数点，则在当前数字末尾添加小数点。

actionPerformed（）关键代码：

```
String s=txtShow.getText();
//若上一次单击为运算符或等号,则表示输入新数字,显示"0."
    if(MainFrame.lastIsOperator()){
            operator[0]=txtShow.getText();
            txtShow.setText("0.");
    }
    else  //若不是输入新数字。则如果当前数字无小数点就加上小数点
        if(s.indexOf(".")==-1){
        s=s+".";
        txtShow.setText(s);
        }
    MainFrame.lastClick=e.getActionCommand();          //记录本次单击内容
```

13.4.4   正负号按钮

HandleSign 类用来处理正负号按钮单击事件，该类实现了 ActionListener 接口，在 MainFrame 中被使用。其类图如图 13-7 所示。

成员变量说明：

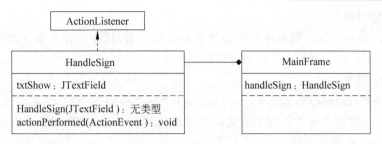

图 13-7　HandleSign 类的类图

txtShow 同其他监听器类中的成员变量,用来引用主框架界面上的文本框。

成员方法说明:

(1) HandleSign(JTextField txt)是构造方法,MainFrame 中使用 HandleSign 创建对象时将界面上的文本框对象传递给 HandleSign 的成员变量文本框。

(2) actionPerformed(ActionEvent)是 ActionListener 接口中的方法。界面上的正负号按钮增加本类事件监听器后,凡单击正负号按钮就会调用此 actionPerformed()方法。该方法处理文本框中数值的正负表示,并记录当前单击的按钮内容。

正负号按钮事件处理要遵循以下规则:若文本框中数值为正,在最左侧添加负号"—";若数值为负,去掉最左侧负号。

actionPerformed()关键代码:

```
String s=txtShow.getText();
if(s.charAt(0)=='-')                    //最左侧已有负号
        s=s.substring(1,s.length());    //去掉负号,取剩下的字符字串
else
        s="-"+s;                        //最左侧添加负号
txtShow.setText(s);
MainFrame.lastClick=e.getActionCommand();
```

13.4.5　等号按钮

HandleEql 类用来处理等号按钮单击事件,该类实现了 ActionListener 接口,在 MainFrame 中被使用。其类图如图 13-8 所示。

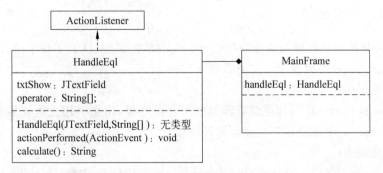

图 13-8　HandleEql 类的类图

成员变量说明：

txtShow 和 operator 同其他监听器类中的成员变量，用来引用主框架界面上的文本框及 MainFrame 类中记录运算数和运算符的数组。

成员方法说明：

（1）HandlePoint（JTextField txt，String［］op）是构造方法，MainFrame 中使用 HandlePoint 创建对象时将界面上的文本框对象和 MainFrame 类中的 operator 数组传递给 HandlePoint 的成员变量。

（2）calculate（）方法根据所保存的运算数和运算符进行计算，得到结果。

（3）actionPerformed（ActionEvent）是 ActionListener 接口中的方法。界面上的等号按钮增加本类事件监听器后，凡单击等号按钮就会调用此 actionPerformed（）方法。该方法处理等号的结果计算，并记录当前单击的按钮内容。

等号按钮事件处理要遵循以下规则：

若所记录的运算符为空，则单击等号无意义，不做任何处理；否则根据所记录的运算符进行计算，将结果显示在文本框中。

计算时要考虑各种情况。若是在单击运算符之后直接单击等号，则当前文本框中内容作为运算数 2，如"3＋＝"，应做"3＋3＝"的计算处理。

actionPerformed（）关键代码：

```
String s=txtShow.getText();
//运算符不为空的情况下处理等号
if(!operator[1].equals("")){
//若上一次单击为运算符,则将文本框中内容作为操作数 1 和操作数 2 进行计算
   if(MainFrame.lastIsOperator()&& !MainFrame.lastClick.equals("="))
       operator[0]=operator[2]=s;
   else                        //否则将文本框内容作为操作数 2 进行计算
       operator[2]=s;
   String res=calculate();
   txtShow.setText(res);
   operator[1]="";             //运算符记录为空,标记即将开始新的运算
}
MainFrame.lastClick=e.getActionCommand();
```

13.4.6 运算按钮

HandleOP 类用来处理运算按钮（＋、－、＊、/）单击事件，该类实现了 ActionListener 接口，在 MainFrame 中被使用。其类图如图 13-9 所示。

成员变量说明：

txtShow 和 operator 同其他监听器类中的成员变量，用来引用主框架界面上的文本框及 MainFrame 类中记录运算数和运算符的数组。

成员方法说明：

（1）HandleOP（JTextField txt，String［］op）是构造方法，MainFrame 中使用

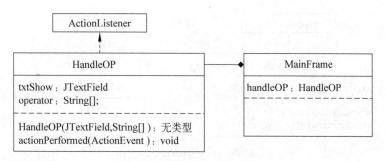

图 13-9　HandleOP 类的类图

HandleOP 创建对象时将界面上的文本框对象和 MainFrame 类中的 operator 数组传递给 HandleOP 的成员变量。

（2）calculate()方法根据所保存的运算数和运算符进行计算,得到结果。

（3）actionPerformed（ActionEvent）是 ActionListener 接口中的方法。界面上的 4 个运算按钮增加本类事件监听器后,凡单击运算按钮就会调用此 actionPerformed()方法。该方法处理运算符功能,并记录当前单击的按钮内容。

运算按钮事件处理要遵循以下规则:单击运算符意味着要提取文本框数据为运算数 2,处理上一次运算,结果更新到运算数 1 和文本框,记录本次单击的运算符。

考虑一种特殊情况:若首次输入运算符,如"10 ＋";或连续单击运算符,如"10/ ＊ ＋",应该提取文本框数据为运算数 1,记录最新单击运算符。

actionPerformed()关键代码:

```
//若运算符为空(即首次输入运算符),或刚刚单击过运算符
if(operator[1].equals("")||MainFrame.lastIsOperator()){
    operator[0]=txtShow.getText();         //则提取文本框内容为操作数 1
    operator[1]=e.getActionCommand();      //记录本次单击运算符
}
else{                                      //进行计算
    operator[2]=txtShow.getText();         //提取文本框内容为操作数 2
    String res=calculate();                //进行计算
    txtShow.setText(res);                  //在文本框中显示结果
    operator[0]=res;                       //将结果更新为操作数 1
    operator[1]=e.getActionCommand();      //记录运算符
}
MainFrame.lastClick=e.getActionCommand(); //记录刚刚单击的内容
```

13.4.7　退格按钮

HandleBack 类用来处理退格按钮单击事件,该类实现了 ActionListener 接口,在 MainFrame 中被使用。其类图如图 13-10 所示。

成员变量说明:

txtShow 同其他监听器类中的成员变量,用来引用主框架界面上的文本框。

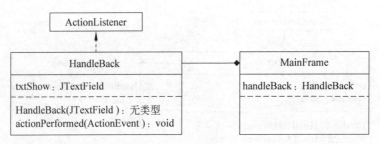

图 13-10　HandleBack 类的类图

成员方法说明：

（1）HandleBack(JTextField txt)是构造方法，MainFrame 中使用 HandleBack 创建对象时将界面上的文本框对象传递给 HandleBack 的成员变量文本框。

（2）actionPerformed(ActionEvent)是 ActionListener 接口中的方法。界面上的退格按钮增加本类事件监听器后，凡单击退格按钮就会调用此 actionPerformed()方法。该方法处理文本框中数值的末位删除，并记录当前单击的按钮内容。

退格按钮事件处理要遵循以下规则：正常情况下删除掉文本框中数字的末位。

考虑一种特殊情况：若文本框中的数字为个数（位数仅为 1），则退格键将其内容变为"0"。

actionPerformed()关键代码：

```
String s=txtShow.getText();
//若-3或1这样位数的情况,再退格显示 0
if((s.length()==2 && s.charAt(0)=='-')||s.length()==1){
        s="0";
        txtShow.setText(s);
}
else if(s.length()>1){                    //否则若长度为 1 的数字文本,则去掉最后一个字符
        s=s.substring(0,s.length()-1);
        txtShow.setText(s);
}
MainFrame.lastClick=e.getActionCommand();          //记录本次单击
```

13.4.8　清空按钮

HandleC 类用来处理清空按钮"C"单击事件，该类实现了 ActionListener 接口，在 MainFrame 中被使用。其类图如图 13-11 所示。

成员变量说明：

txtShow 和 operator 同其他监听器类中的成员变量，用来引用主框架界面上的文本框及 MainFrame 类中记录运算数和运算符的数组。

成员方法说明：

（1）HandleC(JTextField txt，String[] op)是构造方法，MainFrame 中使用 HandleC

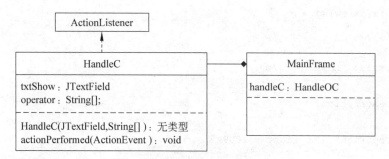

图 13-11　HandleC 类的类图

创建对象时将界面上的文本框对象和主框架内部用于保存运算数和运算符的数组传递给 HandleC 的成员变量文本框和 String 数组 operator。

（2）actionPerformed(ActionEvent)是 ActionListener 接口中的方法。界面上的清空按钮增加本类事件监听器后，凡单击清空按钮"C"就会调用此 actionPerformed()方法。该方法将所记录的运算数 1 恢复为初值"0"，将运算数 2 和运算符全部清空，文本框中显示"0"，并记录当前单击的按钮内容。

13.4.9　退出按钮

HandleExit 类用来处理"关闭"按钮单击事件，该类实现了 ActionListener 接口，在 MainFrame 中被使用。其类图如图 13-12 所示。

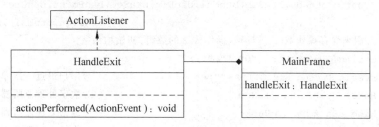

图 13-12　HandleExit 类的类图

成员方法说明：

actionPerformed(ActionEvent)是 ActionListener 接口中的方法。界面上的关闭按钮增加本类事件监听器后，凡单击关闭清空按钮就会调用此 actionPerformed()方法。该方法通过 System.exit(0)使程序结束，并记录当前单击的按钮内容。

13.5　完整源代码

```
//MainFrame.java
import java.awt.event.ActionEvent;
import java.awt.event.ActionListener;
import java.awt.*;
```

```java
import javax.swing.*;

/**
 * <p>Title: Calculator</p>
 *
 * <p>Description: </p>
 *
 * <p>Copyright: Copyright(c)2009</p>
 *
 * <p>Company: PFC</p>
 *
 * @author DongDong
 * @version 1.0
 */

public class MainFrame extends JFrame {

        JPanel contentPane=new JPanel();                //框架内容面板
        JTextField txtShow=new JTextField();            //显示文本框
        JPanel keyPane;                                 //按钮键面板
        JButton btnNumber[]=new JButton[10];            //数字按钮
        //加,减,乘,除,等号,小数点,清0,正负号,退出,退格按钮
        JButton btnAdd,btnSub,btnMul,btnDiv,btnEql,btnPoint,btnClear,
                                    btnSign,btnExit,btnBS;
        //用来保存操作数1、运算符、操作数2的数组,初始均为空
        String[] operator={"0","",""};
        static String lastClick="";                     //用户最近一次单击的按钮
        HandleNumber handleNum;                         //数字处理监听器
        HandleBack handleBack;                          //退格处理监听器
        HandlePoint handlePoint;                        //小数点处理监听器
        HandleExit handleExit;                          //退出处理监听器
        HandleC handleC;                                //清除处理监听器
        HandleSign handleSign;                          //正负号处理监听器
        HandleEql handleEql;                            //等号处理监听器
        HandleOP handleOP;                              //运算符处理监听器

        MainFrame(String s){
                super(s);
                setSize(350,250);
                setLocationRelativeTo(null);
                setResizable(false);                    //设置为不可调整大小

                setContentPane(contentPane);
                contentPane.setLayout(new BorderLayout());
```

```
//文本框的创建及设置
//字体设置
txtShow.setFont(new Font("Times New Roman",Font.PLAIN,28));
txtShow.setBackground(Color.WHITE);    //白色背景
txtShow.setForeground(Color.BLUE);     //蓝色文字
//水平靠右
txtShow.setHorizontalAlignment(JTextField.RIGHT);
txtShow.setEnabled(false);             //不可用
txtShow.setText("0");                  //初始内容为 0

handleNum=new HandleNumber(txtShow);  //数字按钮处理
for(int i=0;i<=9;i++){
        btnNumber[i]=new JButton(""+i);
        btnNumber[i].addActionListener(handleNum);
}
//各按钮的创建
btnAdd=new JButton("+");
btnSub=new JButton("-");
btnMul=new JButton("*");
btnDiv=new JButton("/");
btnEql=new JButton("=");
btnPoint=new JButton(".");
btnClear=new JButton("C");
btnSign=new JButton("+/-");
btnExit=new JButton("关闭");
btnBS=new JButton("退格");

//按钮键面板设计
keyPane=new JPanel(new GridLayout(4,5,5,5));
keyPane.add(btnNumber[7]);
keyPane.add(btnNumber[8]);
keyPane.add(btnNumber[9]);
keyPane.add(btnDiv);
keyPane.add(btnExit);
keyPane.add(btnNumber[4]);
keyPane.add(btnNumber[5]);
keyPane.add(btnNumber[6]);
keyPane.add(btnMul);
keyPane.add(btnBS);
keyPane.add(btnNumber[1]);
keyPane.add(btnNumber[2]);
keyPane.add(btnNumber[3]);
keyPane.add(btnSub);
```

```
                        keyPane.add(btnClear);
                        keyPane.add(btnNumber[0]);
                        keyPane.add(btnSign);
                        keyPane.add(btnPoint);
                        keyPane.add(btnAdd);
                        keyPane.add(btnEql);

                        handleBack=new HandleBack(txtShow);         //退格按钮处理
                        btnBS.addActionListener(handleBack);

                        //小数点按钮处理
                        handlePoint=new HandlePoint(txtShow,operator);
                        btnPoint.addActionListener(handlePoint);

                        handleExit=new HandleExit();                //关闭按钮处理
                        btnExit.addActionListener(handleExit);

                        handleC=new HandleC(txtShow,operator);     //清空按钮处理
                        btnClear.addActionListener(handleC);

                        handleSign=new HandleSign(txtShow);        //正负号处理
                        btnSign.addActionListener(handleSign);

                        handleEql=new HandleEql(txtShow,operator);
                        btnEql.addActionListener(handleEql);

                        contentPane.add(txtShow,BorderLayout.NORTH);   //放置文本框
                contentPane.add(keyPane,BorderLayout.CENTER);     //放置按钮键面板

                        handleOP=new HandleOP(txtShow,operator);
                        btnAdd.addActionListener(handleOP);
                        btnSub.addActionListener(handleOP);
                        btnMul.addActionListener(handleOP);
                        btnDiv.addActionListener(handleOP);

                        setDefaultCloseOperation(JFrame.EXIT_ON_CLOSE);
                        setVisible(true);
                }

                static boolean lastIsOperator(){
                    String s=lastClick;
                    if(s.equals("+")||s.equals("-")||s.equals("*")||
                                    s.equals("/")||s.equals("="))
                        return true;
```

```
                else
                    return false;
        }

        public static void main(String args[]){
                new MainFrame("计算器");
        }
}
```

//HandleNumber.java

```
import java.awt.event.ActionEvent;
import java.awt.event.ActionListener;
import javax.swing.*;

public class HandleNumber implements ActionListener {

    JTextField txtShow;

    HandleNumber(JTextField txt){
        txtShow=txt;
    }

    public void actionPerformed(ActionEvent e){
        String num=e.getActionCommand();
        String s=txtShow.getText();
        if(MainFrame.lastIsOperator()){           //若刚刚单击过运算符
            txtShow.setText(num);                 //文本框中重新显示单击数字
        }
        else{                                     //否则,即正在输入数字或清空、退格
            if(s.equals("0"))                     //若文本框中是 0
                txtShow.setText(num);             //则用单击数字覆盖文本框内容
            else
                txtShow.setText(s+num);           //否则在文本框内容后面附加单击数字
        }
        MainFrame.lastClick=e.getActionCommand();     //记录本次单击按钮
    }
}
```

//HandlePoint.java

```
import java.awt.event.ActionListener;
import java.awt.event.ActionEvent;
import javax.swing.JTextField;

public class HandlePoint implements ActionListener {
```

```
        JTextField txtShow;
        String[] operator;

        public HandlePoint(JTextField txt,String[] op){
            txtShow=txt;
            operator=op;
        }

        public void actionPerformed(ActionEvent e){
            String s=txtShow.getText();
            //若上一次单击为运算符或等号,则表示输入新数字,显示"0."
            if(MainFrame.lastIsOperator()){
                operator[0]=txtShow.getText();
                txtShow.setText("0.");
            }
            else                    //若不是输入新数字,则如果当前数字无小数点就加上小数点
                if(s.indexOf(".")==-1){
                    s=s+".";
                    txtShow.setText(s);
                }
            MainFrame.lastClick=e.getActionCommand();      //记录本次单击内容
        }
    }


//HandleSign.java
import javax.swing.JTextField;
import java.awt.event.ActionListener;
import java.awt.event.ActionEvent;

public class HandleSign implements ActionListener {
    JTextField txtShow;

    public HandleSign(JTextField txt){
        txtShow=txt;
    }

    public void actionPerformed(ActionEvent e){
        String s=txtShow.getText();
        if(s.charAt(0)=='-')                    //最左侧已有负号
            s=s.substring(1,s.length());        //去掉负号,取剩下的字符字串
        else
            s="-"+s;                            //最左侧添加负号
        txtShow.setText(s);
```

```
        MainFrame.lastClick=e.getActionCommand();
    }
}


//HandleEql.java
import java.awt.event.ActionEvent;
import java.awt.event.ActionListener;
import javax.swing.JTextField;

public class HandleEql implements ActionListener {

    JTextField txtShow;
    String operator[];

    public HandleEql(JTextField txt,String[] op){
        txtShow=txt;
        operator=op;
    }

    public void actionPerformed(ActionEvent e){
        String s=txtShow.getText();
        if(!operator[1].equals("")){        //运算符不为空的情况下处理等号
            //若上一次单击为运算符
            //则将文本框中内容作为操作数1和操作数2进行计算
            if(MainFrame.lastIsOperator()&&
                        !MainFrame.lastClick.equals("="))
                operator[0]=operator[2]=s;
            else                            //否则将文本框内容作为操作数2进行计算
                operator[2]=s;

            String res=calculate();
            txtShow.setText(res);
            operator[1]="";                 //运算符记录为空,标记即将开始新的运算
        }
        MainFrame.lastClick=e.getActionCommand();
    }

    String calculate(){
        double x1,x2;
        String result=null;
        char op=operator[1].charAt(0);
        x1=Double.parseDouble(operator[0]);
        x2=Double.parseDouble(operator[2]);
        switch(op){
```

```
        case '+':
            result=x1+x2+"";break;
        case '-':
            result=x1-x2+"";break;
        case '*':
            result=x1*x2+"";break;
        case '/':
            if(x2!=0)
                result=x1/x2+"";
            else
                result="除数不能为零";
        }
        return result;
    }
}


//HandleOP.java
import javax.swing.JTextField;
import java.awt.event.ActionListener;
import java.awt.event.ActionEvent;

public class HandleOP implements ActionListener {

    JTextField txtShow;
    String operator[];

    public HandleOP(JTextField txt,String[] op){
        txtShow=txt;
        operator=op;
    }

    public void actionPerformed(ActionEvent e){
        //若运算符为空(即首次输入运算符),或刚刚单击过运算符
        if(operator[1].equals("")||MainFrame.lastIsOperator()){
            operator[0]=txtShow.getText();           //则提取文本框内容为操作数1
            operator[1]=e.getActionCommand();        //记录本次单击运算符
        }
        else{                                        //进行计算
            operator[2]=txtShow.getText();           //提取文本框内容为操作数2
            String res=calculate();                  //进行计算
            txtShow.setText(res);                    //在文本框中显示结果
            operator[0]=res;                         //将结果更新为操作数1
            operator[1]=e.getActionCommand();        //记录运算符
        }
```

```
        MainFrame.lastClick=e.getActionCommand();  //记录刚刚单击的内容
    }

    String calculate(){
        double x1,x2;
        String result=null;
        char op=operator[1].charAt(0);
        x1=Double.parseDouble(operator[0]);
        x2=Double.parseDouble(operator[2]);
        switch(op){
        case '+':
            result=x1+x2+"";break;
        case '-':
            result=x1-x2+"";break;
        case '*':
            result=x1*x2+"";break;
        case '/':
            if(x2!=0)
                result=x1/x2+"";
            else
                result="除数不能为零";
        }
        return result;
    }
}


//HandleBack.java
import java.awt.event.ActionListener;
import java.awt.event.ActionEvent;
import javax.swing.JTextField;

public class HandleBack implements ActionListener {

    JTextField txtShow;
    public HandleBack(JTextField txt){
        txtShow=txt;
    }

    public void actionPerformed(ActionEvent e){
        String s=txtShow.getText();
        //若-3或1这样位数的情况,再退格显示 0
        if((s.length()==2 && s.charAt(0)=='-')||s.length()==1){
            s="0";
            txtShow.setText(s);
```

```
        }
        else if(s.length()>1){              //否则若长度为 1 的数字,则去掉最后一个字符
            s=s.substring(0,s.length()-1);
            txtShow.setText(s);
        }
        MainFrame.lastClick=e.getActionCommand(); //记录本次单击
    }
}
```

//HandleC.java

```
import java.awt.event.ActionListener;
import java.awt.event.ActionEvent;
import javax.swing.JTextField;

public class HandleC implements ActionListener {
    JTextField txtShow;
    String operator[];
    public HandleC(JTextField txt,String[] op){
        txtShow=txt;
        operator=op;
    }

    public void actionPerformed(ActionEvent e){
        txtShow.setText("0");
        operator[0]="0";                            //操作数 1 为 0
        operator[1]="";                             //运算符记录清空
        operator[2]="";                             //操作数 2 清空
        MainFrame.lastClick=e.getActionCommand();
    }
}
```

//HandleExit.java

```
import java.awt.event.ActionListener;
import java.awt.event.ActionEvent;

public class HandleExit implements ActionListener {

    public void actionPerformed(ActionEvent e){
        System.exit(0);
        MainFrame.lastClick=e.getActionCommand();
    }

}
```

附录 A Java 开发环境的准备

1. 安装 JDK

JDK 安装工具可以方便地从网上下载，如下载页面 http://www.oracle.com/technetwork/java/downloads/index.jsp。单击页面中 JDK SE 6 Update 25 的 Download 按钮即可下载 JDK 1.6 安装文件。

双击安装文件，按照提示窗口安装 JDK，各步骤的图示如图 A-1～图 A-4 所示。

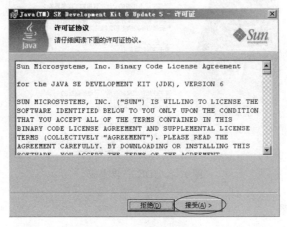

图 A-1 接受安装许可

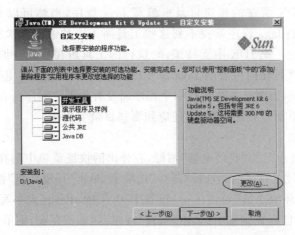

图 A-2 指定安装位置

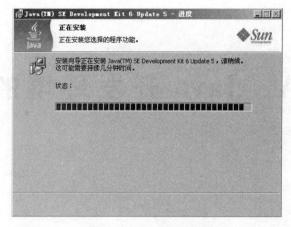

图 A-3　JDK 自动安装

图 A-4　JDK 安装完成

2. 配置环境变量

接下来需要配置环境变量 Path 和 ClassPath。JDK 一定是安装在用户计算机的某个目录下的,那么在 JDK 所在的相应目录里编写 Java 程序,当然可以对它进行开发和应用。但在其他位置的 Java 程序就找不到这些工具而无法被编译并执行了。注册环境变量可以解决这个问题。把 JDK 中支持编译、执行的工具所在位置注册到环境变量中,它们就能支持整个计算机任何位置的 Java 源代码的使用了。配置环境变量的作用可以简单理解为:通知系统,当要求系统运行一个程序而没有告诉它程序所在的完整路径时,系统除了在当前目录下面寻找此程序外,还应到哪些目录下去找。

具体操作步骤如下:

(1) 右键单击桌面上的"我的电脑"图标,在弹出的快捷菜单中选择"属性"命令,出现图 A-5 所示"系统属性"对话框。选择"高级"选项卡,单击"环境变量"按钮。

(2) 在弹出的"环境变量"对话框中,设置 Path,ClassPath(大小写无所谓)。先拖动滚动条找找看,如果已存在则选中,单击"编辑"按钮;如果不存在,则单击"新建"按钮。如图 A-6 所示。

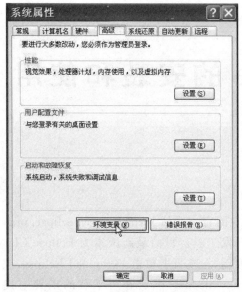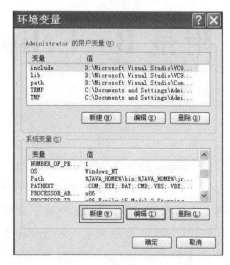

图 A-5　单击"环境变量"按钮　　　　　　　图 A-6　设置环境变量

（3）为 Path 和 ClassPath 指明路径。找到 JDK 的安装目录，注意 Path 和 ClassPath 的路径是不同的。Path 要找到 bin 这个文件夹层次，ClassPath 要找到 lib 这个文件夹层次。例如，将 JDK 1.6 安装在 D:\Java 目录下，则 Path 环境变量应设置为"D:\Java\bin;"，ClassPath 环境变量应设置为".;D:\Java\lib;"。

若当前计算机已有 Path 或 ClassPath 设置，则在分号后面继续写入 Java 环境变量设置内容即可，如图 A-7 和图 A-8 所示（反显部分为所写内容）。

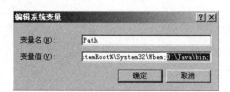

图 A-7　设置 Path 环境变量　　　　　　图 A-8　设置 ClassPath 环境变量

（4）检查配置是否成功。在 Windows 中选择"开始"→"运行"命令，在打开的"运行"对话框中的"打开"下拉列表框中输入 cmd，出现 MS-DOS 窗口。输入 java -version 并按 Enter 键，如果出现英文提示显示版本信息，则说明环境变量设置成功，如图 A-9 所示。

图 A-9　环境变量设置成功

附录 B　Eclipse 的安装和使用

1. Eclipse 的下载及安装

首先，要获取 Eclipse 的安装文件。登录它的官方网站 http://www.eclipse.org，或在网上直接搜索，都可以很方便地下载到该开发工具。目前最新版本为 Eclipse Classic 3.4.1(151 MB)。以登录它的官方网站下载为例，在主页上单击 Download Eclipse，或直接登录下载页面 http://www.eclipse.org/downloads。然后在可下载的工具中找到 Eclipse Classic 3.4.1。单击链接，下载到用户计算机的指定位置中。

接下来安装 Eclipse，用户会惊喜地发现，这一步是可以省略的，因为 Eclipse 是提供给用户直接使用的工具，无需安装，只需要把下载的文件解压缩就可以了，非常方便。在解压缩后的文件夹里找到 eclipse.exe 文件，双击打开 Eclipse 环境，就可以使用了。

可以把 eclipse.exe 发送一个快捷方式到桌面以方便使用。

2. Eclipse 的使用

要使用 Eclipse 编写程序，还需要安装 JDK 工具才行。之前已经安装过 JDK 并使用了很久，所以现在可以直接使用 Eclipse。

具体操作步骤如下(这里为 Eclipse 3.1，其他版本类似)：

(1) 打开 Eclipse 环境。

直接单击 eclipse.exe 运行，出现如图 B-1 所示的启动画面。

图 B-1　Eclipse 启动画面

随后出现如图 B-2 所示的界面,提示用户确定 Java 工程所在的文件目录位置,选择好指定位置后单击 OK 按钮。

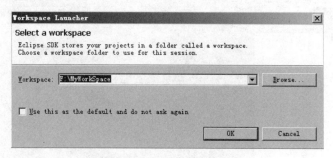

图 B-2　确定工程的存放位置

接下来 Eclipse 环境将被打开。初次打开时会有欢迎界面,可以直接关闭 Welcome 欢迎界面,如图 B-3 所示。

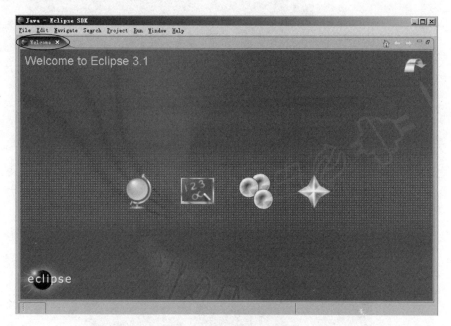

图 B-3　Eclipse 欢迎界面

Eclipse 的界面如图 B-4 所示。

(2) 建立工程。

选择 File→New→Project 命令,将出现图 B-5 所示对话框。

选择 Java Project,单击 Next 按钮,为工程命名。例如建立一个 MyFirstJava 工程,如图 B-6 所示。单击 Finish 按钮完成工程命名。

(3) 新建一个类。

选择 File→New→Class 命令,或在界面左边窗口里的工程名称上右击,从弹出的快捷菜单中选择 New→Class 命令,将出现如图 B-7 所示对话框。

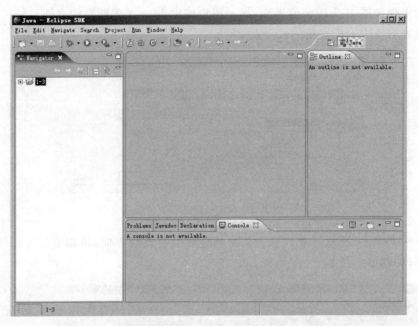

图 B-4   Eclipse 的界面

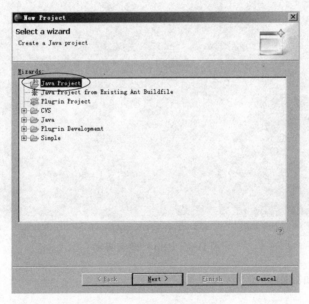

图 B-5   新建工程对话框

在对话框中输入类的名称为 MyFirstApp，并且输入 Package 包为 test，选中 public static void main(String[] args)复选框，令该类包含有 main()方法，单击 Finish 按钮，Eclipse 将自动生成代码框架，如图 B-8 所示。

（4）编写程序代码。

现在只需在程序框架的基础上填写其他代码。例如要输出"使用 Eclipse 的第一个

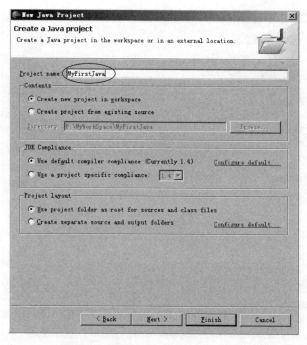

图 B-6 建立一个 MyFirstJava 工程

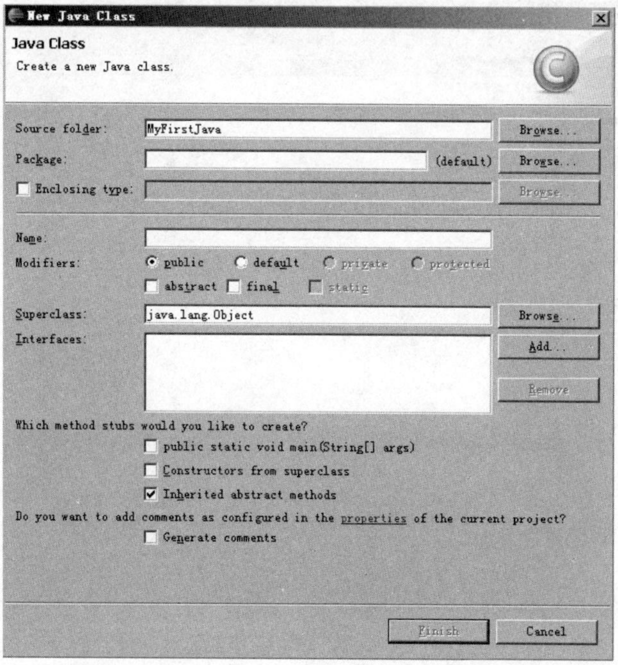

图 B-7 新建一个类

Java 程序"这句话,可以直接在 main()方法中加入相应语句即可。如图 B-9 所示。

编写程序的过程中会发现 Eclipse 的更多优点,比如对象或类名"."后内容的自动提

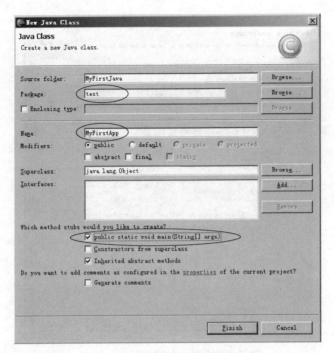

图 B-8 输入类名等项目

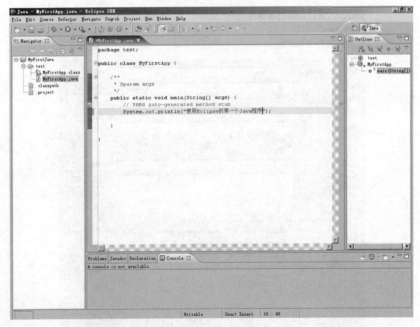

图 B-9 在 Eclipse 中编写代码

示、语法错误的红色波浪线提示等。

(5) 运行程序。

在默认设置下，Eclipse 会自动在后台编译，看到界面上的程序代码没有错误提示（红色波浪线或红色小叉)后,只需保存程序,然后选择 Run→Run As→Java Application 命令,或在有 main()方法的代码编写窗口中右击,从弹出的快捷菜单中选择 Run As→Java Application 命令,即可在 Eclipse 的控制台看到输出,如图 B-10 所示。

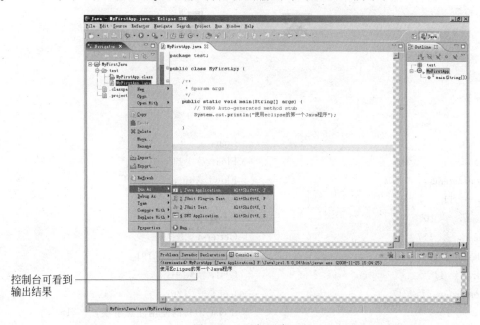

控制台可看到输出结果

图 B-10　运行程序

索　引

abstract，　11

ActionEvent，　248

ActionListener，　204

awt，　11

boolean，　10

Boolean，　117

BorderLayout，　191

break，　11

ButtonGroup，　217

byte，　10

Byte，　117

catch，　11

char，　10

Character，　117

Color，　193

Component，　127

ConfirmDialog，　123

Container，　193

continue，　11

Cursor，　262

DefaultMutableTreeNode，　238

DOS 环境下经常使用的命令，　6

double，　10

Double，　115

do…while"直到型"循环，　17

Eclipse，　5

Error，　181

Exception，　181

extends，　11

final，　11

finally，　11

final 常量，　163

float，　9

Float，　116

FlowLayout，　191

Font，　193

for 循环，　17

Getters，　75

GridLayout，　191

GUI，　191

Icon，　126

if else 语句的使用注意事项，　15

implements，　11

import，　11

Inf，　44

－Inf，　44

InputDialog，　124

InputEvent，　267

int，　1

Integer，　112

interface，　11

J2EE，　3

J2ME，　3

J2SE，　3

java，　6

Java Applet，　3

Java Applet 小程序，　3

Java Application，　4

Java 核心包，　116

Java 所有的关键字，　11

JButton，　191

JCheckBox，　196

JCheckBoxMenuItem，　224

JColorChooser，　273

JComboBox，　219

JDialog，　196

JFileChooser，　270

JFrame，　191

JLabel，　196

JMenu，　191

JMenuBar，　191

JMenuItem，　191

JOptionPane，　115

JPanel，　191

JPasswordField，　213

JRadioButton，　217

JRadioButtonMenuItem，　224

JScrollPane，　196

JSplitPane，　196

JTable，　196

JTextArea，　191

JTextField，　211

JTree，　196

KeyEvent，　251

KeyListener，　250

length，　35

long，　10

main()方法，　7

Math，　115

MessageDialog，　124

MouseEvent，　251

MouseListener，　250

MouseMotionListener，　250

NaN，　44

new，　11

null，　11

null 布局，　232

Object，　26

OOP，　26

OptionDialog，　125

package，　11

private，　11

protected，　11

public，　1

Random，　115

Runnable，　278

RuntimeException，　182

Scanner，　37

Setters，　75

short，　10

Short，　117

showXXXDialog()，　123

static，　1

String，　4

StringBuffer 类，　134

String 类，　112

super，　11

Swing，　191

switch 多分支，　16

switch 语句的使用注意事项，　16

synchronized，　11

this，　11

Thread，　278

throw，　11

Throwable，　181

throws，　11

Timer，　278

try，　11

Vector，　130

while“当型”循环，　17

WindowEvent，　251

WindowListener，　250

包，　11

编译，　3

变量作用域的相关说明，　102

标识符命名规则及规范，　7

布局管理类，　196

猜数字游戏，　128

常量，　10

常用的类型转换方法，　9

超类或父类，　143

成员变量，　27

成员方法，　27

抽象方法，　160

抽象类，　160

创建一维数组的注意事项，　52

单分支 if，　12

单向值传递，　83

定义变量的格式, 39

对象, 2

对象的创建, 25

对象的声明, 30

对象的实体, 31

对象的使用, 32

对象的引用, 31

多分支 if, 14

多线程, 2

方法的调用, 28

方法的定义, 31

方法的返回值, 28

方法的覆盖, 141

方法重载, 87

访问修饰符, 7

复合赋值运算符, 49

赋值运算符, 45

赋值运算符的使用注意事项, 49

各类型间的转换方向, 41

构造方法, 12

关系运算符, 38

关系运算符的使用注意事项, 48

关于方法定义和调用的总结, 78

关于方法返回值的相关说明, 80

继承, 20

接口, 29

进程, 278

静态成员变量, 108

静态成员变量的相关说明, 110

静态成员方法, 108

静态成员方法的相关说明, 111

控制语句, 12

类, 3

逻辑运算符, 38

逻辑运算符的使用注意事项, 48

冒泡排序法, 58

面向对象程序设计思想, 25

命令行参数, 1

平台无关, 2

强制类型转换, 39

生命周期, 97

声明一维数组的注意事项, 50

实参, 77

使用数组元素的注意事项, 57

事件, 27

事件处理机制, 247

事件处理类、接口, 249

事件监听, 249

事件源, 249

数组, 8

数组的初始化, 53

数组的首地址, 63

数组的引用, 63

双分支 if, 13

算术运算符, 45

算术运算符的使用注意事项, 45

条件运算符, 49

条件运算符的使用注意事项, 50

线程, 278

新建状态, 284

形参, 77

循环结构语句的使用注意事项, 19

异常, 8

异常处理机制, 180

异常类, 181

语句块, 99

源文件, 3

运行, 1

运行时多态, 156

运行状态, 284

终止状态, 284

注释语句, 11

转义字符, 40

子类, 22

自定义界面类, 208

自增、自减运算符, 46

字节码文件, 3

阻塞状态, 284

最终方法, 160

最终类, 160

作用域, 97